Kathrin Heckner, Evelyne Keller

Teamtrainings erfolgreich leiten

Fahrplan für ein dreitägiges Seminar zur Teamentwicklung und Teamführung

Edition Training aktuell, managerSeminare Verlags GmbH

Kathrin Heckner, Evelyne Keller
Teamtrainings erfolgreich leiten
Fahrplan für ein dreitägiges Seminar zur Teamentwicklung und Teamführung

2. Auflage 2011
Endenicher Str. 41, D-53115 Bonn
Tel: 0228 – 977 91-0, Fax: 0228 – 61 61 64
info@managerseminare.de
www.managerseminare.de

ISBN: 978-3-941965-13-3

Herausgeber der Edition Training aktuell:
Ralf Muskatewitz, Jürgen Graf, Nicole Bußmann
Lektorat: Ralf Muskatewitz
Cover: istockphoto
Druck: Kösel GmbH und Co. KG, Krugzell

Inhalt

Ihr Reiseantritt

II. Seminarbausteine und Geschichten

Zusätzliche Seminarbausteine von A bis Z

Zehn Geschichten und Metaphern für Teamseminare

III. Basics: Zehn Faktoren erfolgreicher Trainingsgestaltung

Anhang

Ihr Reiseantritt

Worum geht es?

Das Buch wird Sie unterstützen, Teamtrainings erfolgreich zu leiten. Sie finden in diesem Buch einen detaillierten Fahrplan, wie Sie ein dreitägiges Seminar zum Thema „Teams entwickeln und steuern" aufbauen und durchführen können.

In unserem Buch finden sich exakte Beschreibungen eines professionellen Trainingsablaufes. Alle Methoden, Inputs und Übungen basieren auf langjährigen Erfahrungen in Teamtrainings, sodass Sie sowohl einen bewährten und verlässlichen Methodenkoffer als auch einen erprobten Leitfaden zur Durchführung an die Hand bekommen.

Seminarfahrplan für ein dreitägiges Training

Der rote Faden des dreitägigen Trainings beschreibt detailliert die einzelnen Bausteine mit Traineranleitungen und Visualisierungen, die wir direkt aus unseren Trainings entnommen haben. Zudem reichern zahlreiche Erläuterungen, Tipps und Hintergrundwissen den Seminarfahrplan zu einer umfassenden und exakten Routenbeschreibung für Sie an. Mit unseren Bausteinen können Sie sich im Training nicht verfahren!

Zusätzliche methodische Bausteine

Um die Wegstrecke möglichst abwechslungsreich zu gestalten und an die individuellen Reisewünsche des Auftraggebers und der Teilnehmer anpassen zu können, haben wir für Sie außerdem 26 zusätzliche und langjährig erprobte Seminarbausteine bereitgestellt, die Ihnen einen passgenauen und kreativen Routenverlauf ermöglichen. Einen Anstoß zum Nachdenken über das Wesen der Teamarbeit bieten die Beschreibungen von zehn Geschichten und Metaphern. Das Buch schließt ab mit der Darstellung von zehn Faktoren für eine erfolgreiche Trainingsgestaltung, eine Hilfestellung für die Seminarplanung und -durchführung.

Die Teilnehmer erfahren, wie sie Teams entwickeln und steuern

Damit unsere gemeinsame Reise nicht in einer Sackgasse endet: Unser Seminar zeigt nicht, wie ein Trainer in einer Gruppe eine klassische Teamentwicklung durchführt. In unserem Seminar erfahren die Teilnehmer, wie sie Teams entwickeln und steuern können – und dies nicht nur auf theoretische Weise, sondern indem die Seminargruppe die Methoden für die Weiterentwicklung von Teams großteils direkt selbst anwendet und ausprobiert! Hierzu greifen wir unsere Erfahrungen mit Teamtrainings praxisnah auf und bieten Ihnen Seminarkonzept und Methodensammlung in einem Buch. Teams begegnen uns in vielen Lebensbereichen. Es ist Trend, ein „Team" zu sein. Doch nur selten wird hinterfragt, was eine Gruppe von Menschen zu einem richtigen Team macht. Bei der Auswahl der weit über 50 Methoden- und Inputbeschreibungen haben wir uns von zwei wesentlichen Fragen leiten lassen:

- Was ist nützlich für die konkrete Arbeit in und mit Teams?
- Was ist hilfreich, um Teamprozesse zu verstehen?

Die Reiseroute bestimmen Sie – Sie können von vorne nach hinten lesen oder etappengenau einzelne Bausteine auswählen. Wie auch immer Sie verfahren – wir wünschen Ihnen viel Spaß dabei!

Ihre Kathrin Heckner und Evelyne Keller

Eine Anmerkung, bevor es losgeht: Wir verwenden in diesem Buch meistens die herkömmliche, männlich geprägte Sprachform, um den Text lesbar zu gestalten. Selbstverständlich sind stets beide Geschlechter gemeint.

Für wen wird dieses Buch interessant sein?

Dieses Buch richtet sich an ...

- junge Trainer und Seminarleiter, die nach einem Leitfaden zur Durchführung ihrer ersten Teamentwicklungsseminare suchen,
- erfahrene Teamtrainer, die ihr Methodenrepertoire erweitern möchten,
- Trainer mit anderen Themenschwerpunkten, die Bausteine aus dem Bereich Teamentwicklung in ihre Seminare einfließen lassen wollen,
- Trainer aller Themenschwerpunkten, die ein größeres Verständnis für gruppendynamische Prozesse entwickeln möchten und nach Anleitungen suchen, ihre Seminargruppen besser steuern zu können,
- Personalentwickler, die sich zur Konzeption und Durchführung von Teamtrainings Anregungen wünschen,
- und natürlich alle Team- und Projektleiter, die ihr Team besser verstehen und selbstständig weiterentwickeln wollen.

Nicht zuletzt richtet sich das Buch an alle, die interessiert daran sind, mehr darüber zu erfahren, wie erfolgreiches Arbeiten in Teams gelingen kann. Teamarbeit ist heute gang und gäbe, jedoch machen wir uns nur selten Gedanken darüber, welche Voraussetzungen erfüllt sein sollten, damit Teams tatsächlich gut zusammenarbeiten können. Derweil ist die erfolgreiche Zusammenarbeit in Teams kein Zauberwerk! In unserem Buch finden Sie zahlreiche Methoden und Instrumente, die in fast jedem Team einfach anwendbar und problemlos umsetzbar sind – und große Wirkung erzielen. Probieren Sie es einfach mal aus!

Was enthält dieses Buch?

„Erfolgreiches Arbeiten in Teams" und „Teamentwicklungen" sind ein weites Feld, wie eine Vielzahl von Theorien, Studien und Methoden zu diesem Themengebiet belegen. Unser Buch erhebt keinen Anspruch auf Vollständigkeit. Bei der Auswahl unserer Inhalte und Methoden haben wir uns vielmehr von der direkten Umsetzbarkeit und praktischen Relevanz für die tägliche Arbeit mit Teams leiten lassen. Unser Buch setzt stark auf die Reflexions- und Erkenntnisfähigkeit unserer Teilnehmer. Diese werden geschult, ihre Persönlichkeit, ihr eigenes Verhalten und ihre Denk- und Handlungsmuster zu verstehen und zu hinterfragen. Dabei schlagen wir einen konsequent stärken- und lösungsorientierten Weg ein. Zudem wird von der ersten Minute des Seminars auf die Individualität und die besonderen Teamherausforderungen der Teilnehmer eingegangen. Unser Ziel ist es, für jeden Einzelnen den Unterschied zu finden, der den Unterschied macht!

Inhalte und Methoden

Um dies zu erreichen, arbeiten wir mit folgenden Inhalten und Methoden:

Inhaltsschwerpunkte

- Teamdefinition
- GRPI-Modell zur Optimierung der Teamzusammenarbeit
- Teamentwicklungsuhr
- Feedback geben und nehmen
- Teamrollen
- Seerosenmodell
- Teamgebote
- Erfolgsfaktoren von Teams
- Wertequadrat
- TZI-Dreieck
- Konfliktlösung in Teams
- Lösungsorientierung für Teams
- Persönlichkeitsstile und Teamkulturen
- Moderationen und Teambesprechungen
- Kommunikation in Teams
- Kreativität in Teams
- Coaching-Kompetenz für Teams
- Teamvision

Methoden

- Arbeit mit Teambildern
- Arbeit mit Geschichten und Metaphern
- Gruppendynamischen Übungen
  - Zin-Obelisk
  - Turmbau mit Workern und Planern
  - Das fliegende Ei
  - Das Seilquadrat
  - Blind Walk im Wald
  - Teams im Dreieck
  - NASA-Übung
- Kollegiale Praxisberatung
- Systemisches Denken – Perspektivenwechsel und Lösungsorientierung

- Praxisvernissage
- Themenzentrierter Interaktion
- Transaktionsanalyse
- Moderationsmethoden
  - Blitzlicht
  - Zuruffrage
  - Kartenabfrage
- Warm-ups
  - Tempo-Morgenrunde
  - Schönstes Teamerlebnis
  - Drei Stühle
  - Intuitionsübung
- Aktivierungen
  - Der kreisende Projektball
  - Zauberstab
  - Ball über Boden
  - 9-Punkt-Rätsel
  - Bewegung, die mir gut tut
  - Kofferpacken
  - Teams hoch drei kunterbunt
  - 1.000 und eine Teamgeschichte
- Cool-downs
  - Feedbackrunde in fünf Worten
  - Abschluss mit kleiner Nachtaufgabe
  - Abschluss mit Motivkarten
  - Teamernte einfahren
- Gegenseitiges Feedback
  - www.feedback.de-Schema
  - Persönliche Feedback-Worte schenken
  - Tonys drei Karten
- Kleingruppen- und Einzelarbeit
- Metakommunikation
- Selbsteinschätzungstests

Literaturempfehlungen

Zum Einlesen und vertiefendem Nachlesen für erfolgreiche Teamarbeit empfehlen wir:

- Antons, Klaus: Einführung in die Gruppendynamik. Hogrefe-Verlag, 2000.
- Belbin, Meredith: Team roles at work. Oxford, 1993.
- Berne, Eric: Struktur und Dynamik von Gruppen und Organisationen. Fischer, 1991.
- Francis, Dave/Young, Don: Mehr Erfolg im Team. Windmühle GmbH Verlag, 5. Aufl. 1998.
- Geisbauer, Wilhelm: Reteaming. Methodenhandbuch zur lösungsorientierten Beratung. Carl-Auer-Systeme, 2006.
- Gellert, Manfred/Nowak, Claus: Teamarbeit, Teamentwicklung und Teamberatung. Ein Praxisbuch für die Arbeit in und mit Teams. Limmer Verlag, 4. Aufl. 2010.
- Hackman, Richard: Leading Teams. Setting the stage for great performances. McGraw Hill Professionals, 2002.
- Katzenbach, John/Smith, Douglas: TEAMS – der Schlüssel zur Hochleistungsorganisation. Heyne, 1998.
- Königswieser, Roswita/Exner, Alexander: Systemische Interventionen. Schäffer-Poeschel, 1998.
- Langmaack, Barbara/Braune-Krickau, Michael: Wie die Gruppe laufen lernt. Beltz, 2000.
- Meier, Daniel: Wege zur erfolgreichen Teamentwicklung. Solution-Surfers, Basel, 2004.
- Stahl, Eberhard: Dynamik in Gruppen – Handbuch der Gruppenleitung. Beltz, 2002.

Wie ist dieses Buch aufgebaut?

Leichte Orientierung

Um sich leicht orientieren zu können, ist das Buch nach folgendem Schema aufgebaut:

Ziele:	Was sind die Ziele des Seminarbausteins?
Zeit:	Wie lange dauert der Baustein ungefähr? Wie viel Puffer sollte man einplanen?
Material:	Welche Materialien werden benötigt? Was muss vorbereitet werden?
Überblick:	Welche sind die wichtigsten Schritte beim Vorgehen?
Erläuterungen:	Warum wird genau dieses Thema zu genau diesem Zeitpunkt mit genau dieser Vorgehensweise behandelt?

Vorgehen: Wie kann der Trainer konkret vorgehen? Welche Methoden kann er nutzen? Wie kann er den Input präsentieren und die Übungen anleiten?

Hinweise: Worauf sollte der Trainer achten? Was sind häufige Reaktionen der Teilnehmer? Welche typischen Stolpersteine gibt es? Welche methodischen oder inhaltlichen Alternativen gibt es? Welches Hintergrundwissen zu Methoden und Inhalten kann dem Trainer Sicherheit geben?

Literatur: Welche Bücher sind zur vertiefenden Lektüre empfehlenswert bzw. wurden als Quelle herangezogen?

Download: Als Leserservice erhalten Sie einige der vorgestellten Arbeitsblätter, Testbögen und Kopiervorlagen zusätzlich als Download-Ressource. Die Ressourcen sollen Ihnen die Arbeit mit dem Buch erleichtern. Sie sind am Ende eines Beitrags kenntlich gemacht

Worauf ist zu achten?

Rahmenbedingungen

Unser Buch bietet eine praxiserprobte Beschreibung des Ablaufes eines dreitägigen Teamseminars. Wir sind dabei von folgenden Rahmenbedingungen ausgegangen:

- Das Seminar dauert drei Tage, jeweils von 9.00 Uhr bis 17.00 Uhr.
- Es gibt eine einstündige Mittagspause sowie eine kurze Vormittags- und Nachmittagspause.
- Es nehmen 12 Teilnehmer an dem Seminar teil, die sich vor Seminarbeginn großteils noch nicht kennen.
- Das Seminar wird von einem Trainer geleitet.

Der Seminarfahrplan und die Zusatzbausteine bieten jede Menge an Gestaltungsideen und Umsetzungsplänen. Auch wenn alle Bausteine vielfach erprobt sind: Ein Teamentwicklungstraining lässt sich nicht eins zu eins in ein Buch „pressen". Ein Teamentwicklungstraining lebt von der Dynamik der Gruppe, der Beziehung unter den Teilnehmern, den Erfahrungen der Teilnehmer, der Steuerung durch den Trainer – kurzum durch all das, was ein Training zu einem Training macht. Bei unserem Seminar gilt dies aufgrund der zahlreichen gruppendynamischen Übungen, die in Abhängigkeit von den Seminarteilnehmern jeweils unterschiedlich verlaufen, auf besondere Weise. Der Trainer ist hier gefragt, neben dem geplanten methodischen Ablauf individuell auf die einzelnen Teilnehmer und die Seminargruppe einzugehen. Dies erfordert eine entsprechende Ausbildung und auch ein wenig Erfahrung. Doch nur Mut: Mit unserem Buch haben Sie schon mal das passende Grundgerüst!

Wer sich näher für unsere Trainingskonzeptionen interessiert: Auf unserer Homepage *www.i-em.net* finden Sie weitere Informationen.

I.

Seminarfahrplan: Teams entwickeln und führen

Auf einen Blick

Erster Tag	Zweiter Tag
▶ Begrüßung ▶ Tempo-Morgenrunde ▶ Vorstellung des Trainers anhand von fünf Fragen ▶ Überblick über das Seminar ▶ Erstellen von Teambildern ▶ Vorstellung der Teambilder im Plenum	▶ Überblick ▶ Morgenrunde: „Mein schönstes Erlebnis mit Teams" ▶ Teamentwicklungsuhr: Phasen eines Teams und Steuerung ▶ Feedback geben und annehmen ▶ Teamrollen und Teamzusammensetzung
▶ Zauberstab ▶ Kennzeichen eines guten Teams ▶ Teamdefinition/Unterschied Gruppe vs. Team ▶ Das GRPI-Modell – Input ▶ Der Zin-Obelisk – Teamübung ▶ Der Zin-Obelisk – Reflexion ▶ Feedbackrunde in fünf Worten	▶ Der kreisende Projektball ▶ Turmbau mit Workern und Planern ▶ Reflexion Turmbau ▶ Abschluss mit kleiner Nachtaufgabe

I. Der Seminarfahrplan

zum Thema
Teams entwickeln und führen

Dritter Tag	Start/Stopp
▶ Drei Stühle mit Auflösen der Nachtaufgabe ▶ Überblick ▶ Sammlung konkreter Teamheraus-forderungen und -fragen ▶ Praxisvernissage „Walk and talk“ – Arbeit an konkreten Teamheraus-forderungen und -fragen ▶ Das Seerosenmodell	9.00 12.30
▶ Ball über Boden ▶ Die Geschichte „Himmel und Hölle“ ▶ Kollegiale Praxisberatung ▶ Sieben auf einen Streich ▶ Persönliche Feedback-Worte schenken ▶ Abschluss mit Motivkarten ▶ Abschluss des Seminars	13.30 17.00

Vor dem Seminarbeginn

Vorbereitung des Seminarraums

Bereiten Sie Ihre Bühne vor

Der Trainer sollte frühzeitig im Seminarraum sein und sich dort mit Medien und Technik vertraut machen. Üblicherweise wird bereits im Vorfeld geklärt, wie groß der Seminarraum und wie die Bestuhlung ist sowie welche Medien zur Verfügung stehen. Beim Herrichten des Seminarraums sollte der Trainer berücksichtigen, dass er sich seine „Bühne" für die kommenden drei Tage schafft. Insofern sollte gut überlegt werden, wo Pinnwände und Flipcharts hingestellt und wo Moderationsmaterialien, die Teilnehmerunterlagen sowie Laptop und Beamer am besten aufgehoben sind. Die Raumatmosphäre hat Einfluss auf die Seminaratmosphäre. Sowohl der Trainer als auch die Teilnehmer sollen sich wohlfühlen. Deshalb im Vorfeld ruhig ein wenig austesten, wo was am besten steht.

Vorbereitung für einen guten Start

Die ersten fünf Minuten entscheiden über den weiteren Trainingsverlauf

Die ersten fünf Minuten eines jeden Seminars sind sehr wichtig: Zu Beginn des Trainings werden die entscheidenden Weichen gestellt, wie der Trainer bei den Teilnehmern ankommt. Innerhalb der ersten Minuten bilden sich die Zuhörer intuitiv und meist unbewusst ein erstes Urteil über die präsentierende Person, deren Glaubwürdigkeit und Kompetenz – und damit auch über ihr weiteres Interesse an dem Seminar. Wir Menschen neigen dazu, uns ein einmal getroffenes Urteil möglichst selbst immer wieder zu bestätigen. Dies geht einher mit einer selektiven Wahrnehmung: Ein Teilnehmer, der einen Trainer in den ersten Minuten als unsicher wahrnimmt, wird im weiteren Verlauf des Trainings verstärkt die Signale wahrnehmen, die er als weiteres Zeichen der Unsicherheit, unter Umständen sogar Inkompetenz, interpretieren kann. Fällt das erste Urteil hingegen positiv aus, so nimmt er auch verstärkt Signale der Kompetenz und Sicherheit des Trainers wahr, um sich seinen ersten Eindruck zu bestätigen. Ein Trainer sollte dabei bedenken: Die Aufmerksamkeit der Teilnehmer liegt zunächst nicht auf dem Inhalt des Gesagten, sondern auf den nonverbalen Signalen des Trainers, wie Körpersprache und Auftreten. Die Seminarteilnehmer machen sich im wahrsten Sinne des Wortes ein Bild von dem Trainer als Experten für das jeweilige Seminarthema. Jeder Trainer sollte dies in seinem Auftreten berücksichtigen und dabei beachten, dass er bereits in der Zeit vor dem eigentlichen Seminarbeginn – also auch bei den letzten Vorbereitungen – im Rampenlicht steht!

Am ersten Seminartag wird der Grundstein für die weitere Zusammenarbeit gelegt. Zunächst stehen das Kennenlernen, die Orientierung über den weiteren Seminarverlauf und das Erstellen von Teambildern als visuelle Bezugspunkte an. Anschließend werden die Kennzeichen eines guten Teams erarbeitet, Teamdefinitionen geklärt und ein Team-Modell vorgestellt. Am Nachmittag steht dann eine erste gruppendynamische Teamübung auf dem Programm, bei der die Teilnehmer erarbeiten, wie der Informationsaustausch und die Lösungsfindung im Team besser gelingt. Der Tag endet mit einer Abschlussrunde.

Auf einen Blick

Der erste Seminartag

Begrüßung 09.00 Uhr

Orientierung

Ziele:
- ▶ Die Teilnehmer willkommen heißen
- ▶ Anfangsunsicherheit nehmen
- ▶ Neugier auf das Seminar wecken

Zeit:
- ▶ 5 Minuten

Material:
- ▶ Flipchart „Herzlich willkommen"

Überblick:
- ▶ Der Trainer begrüßt die Teilnehmer und heißt sie herzlich willkommen

Erläuterungen

Die ersten Minuten sollte der Trainer dazu nutzen, eine entspannte Seminaratmosphäre herzustellen. Dies gelingt am besten mit einem Lächeln und bewusstem Blickkontakt zu allen Teilnehmern. Die Anfangsunsicherheit, die sowohl bei den Teilnehmern als auch beim Trainer in einer neuen Gruppe vorherrschen kann, baut der Trainer ab, indem er einen emotionalen Bezug zu den Teilnehmern herstellt, z.B. indem er in den ersten Minuten etwas von sich als Person preisgibt. Die Zeiten eines „Frontaltrainings" mit einer Dauerberieselung der Teilnehmer vonseiten des Trainers sind vorbei – in vielen Studien wurde nachgewiesen, dass der Lernerfolg am höchsten ist, wenn sich die Teilnehmer aktiv mit den Inhalten auseinandersetzen können. Sinnvoll ist es deshalb, die Teilnehmer erst gar nicht in eine passive Konsumhaltung zu bringen, sondern sie von der ersten Minute an zu Wort kommen zu lassen und aktiv in das Seminar einzubeziehen.

Vorgehen

Vor Seminarbeginn hängt der Trainer ein Willkommens-Flipchart auf.

Hier ein Beispiel für eine Willkommensansage: *„Einen wunderschönen guten Morgen und ein herzliches Willkommen zu unserem Seminar ‚Teams entwickeln und führen'. Ich hoffe, Sie hatten alle eine gute Anreise – und sind mindestens genauso gespannt wie ich auf die gemeinsamen drei Tage. Ich bin mir sicher, dass sich die meisten von Ihnen gerade fragen, was Sie in den Team-Tagen erwartet, was da auf Sie zukommt. Um Ihnen die Orientierung zu erleichtern, werde ich Ihnen gleich einen Überblick geben – sowohl was die inhaltlichen Punkte als auch die organisatorischen Begebenheiten betrifft. Nach dieser kleinen Einführung nutzen wir natürlich die Gelegenheit, uns alle kennenzulernen, schließlich wollen wir die drei Tage intensiv zusammenarbeiten – und dabei soll auch der Spaß nicht zu kurz kommen. Es ist mir wichtig, dass Sie sich hier wohlfühlen und möglichst viel für sich mitnehmen können."*

Hinweise

- Wenn Sie sich als Trainer in der Startphase eines Seminars ein wenig unsicher fühlen, so schreiben Sie sich vorab ihre Einstiegssätze auf Moderationskarten. Das gibt Sicherheit, auch wenn diese kleinen Hilfen in der Regel dann gar nicht benötigt werden.
- Mit etwas Musik im Hintergrund zum Eintreffen der Teilnehmer beginnt jedes Seminar beschwingter.
- Die Warm-up-Phase ist wesentlich für die Beziehungsebene zwischen Trainer und Teilnehmer! Achten Sie deshalb darauf, sich auch als Person einzubringen.

Nähere Infos zu den verschiedenen Phasen und Funktionen eines Seminars finden Sie auch im Baustein „Aufbau eines Seminars“, Seite 315ff.

Literatur

- Geißler, Karlheinz: Anfangssituationen. Beltz, 1999.
- König, Stefan: Warming-up in Seminar und Training. Beltz, 3. Aufl. 2007.
- Wendorff, Jörg: Das LEHRbuch. Trainerwissen auf den Punkt gebracht. managerSeminare, 2009.

09:05 Uhr Kennenlernen der Teilnehmer: Tempo-Morgenrunde

Orientierung

Ziele:
- Die Teilnehmer lernen sich gegenseitig kennen
- Jeder Teilnehmer wird aktiv in das Seminar einbezogen

Zeit:
- 40 Minuten (10 Min. Instruktion und Vorbereitungszeit, 25 Min. Vorstellungsrunde, 5 Min. Puffer)

Material:
- Flipchart „Tempo-Morgenrunde“

Überblick:
- Der Trainer erläutert den Ablauf der Tempo-Morgenrunde am Flipchart
- Die Teilnehmer erhalten 5 Minuten Zeit, sich vorzubereiten
- Jeder Teilnehmer stellt sich anhand der vorgegebenen Fragen in einer schnellen Tempo-Morgenrunde vor

Erläuterungen

Die Tempo-Morgenrunde ermöglicht einen schnellen Einbezug der Teilnehmer in das Seminar. Die Teilnehmer lernen sich kennen, sodass Anfangsunsicherheiten abgebaut werden und die Basis dafür gelegt wird, dass sich alle im Seminar wohlfühlen. Die Kennenlernrunde im großen Kreis ist bewusst kurz gehalten, da die sich anschließende Präsentation der individuellen Teambilder der Teilnehmer ein näheres Kennenlernen ermöglicht.

Vorgehen

Der Trainer leitet die Tempo-Morgenrunde ein: *„Bevor ich mich vorstelle, erhalten Sie zunächst die Möglichkeit, sich gegenseitig kennenzulernen – und zwar in unserer Tempo-Morgenrunde.“*

Dann deckt er das Flipchart „Tempo-Morgenrunde" auf.

„Ihre Aufgabe ist es nun, kurz und prägnant die folgenden Fragen mit je einem Satz zu beantworten. Bedenken Sie dabei, dass wir uns in einer Tempo-Runde befinden, das heißt, jeder von Ihnen hat insgesamt maximal zwei Minuten Zeit, sich vorzustellen. Die Fragen bzw. Sätze lauten wie folgt:

1. *Mein Name ist ...*
2. *Ich komme aus ...*
3. *Beruflich mache ich ...*
4. *Eine Leidenschaft von mir ist ...*
5. *Für das anstehende Seminar freue ich mich vor allem auf ...*

Bitte nehmen Sie sich fünf Minuten Zeit, für Sie stimmige Antworten zu finden. Anschließend starten wir querbeet mit der Kennenlernrunde."

Der Trainer schaut auf die Uhr und fragt nach gut drei Minuten nach: *„Wie schaut es bei Ihnen aus? Sie haben noch ein bis zwei Minute Zeit. Reicht Ihnen das?"* Je nach Rückmeldung der Teilnehmer startet die Tempo-Morgenrunde nach zwei oder drei Minuten. Der Trainer signalisiert den Start, indem er einen Ball in die Hände nimmt, sich an der rechten oder linken Seite des Stuhlkreises einen Stuhl für sich zurechtstellt und sich hinsetzt. Er fragt in die Runde: *„Wer möchte starten?"*

Derjenige, der sich meldet, bekommt den Ball zugeworfen und darf diesen nach seiner Vorstellung einem anderen Teilnehmer zuwerfen. Die Teilnehmer bleiben bei ihrer kurzen Vorstellung auf ihren Stühlen sitzen. Gerade am Anfang des Seminars reduziert dies Unsicherheiten – die Teilnehmer fühlen sich dabei wohler, als wenn sie direkt nach vorne in den Mittelpunkt „gezerrt" würden.

Der Ball geht so lange reihum, bis sich alle Teilnehmer kurz vorgestellt haben. Am Schluss erhält der Trainer den Ball wieder zugeworfen – und hat nun in der sich anschließenden Trainer-Vorstellungsrunde die Möglichkeit, sich selbst vorzustellen.

Hinweise

- Die Fragen und zu ergänzenden Sätze der Tempo-Morgenrunde lassen sich je nach Gruppe variieren.
- Der Trainer sollte darauf achten, dass zumindest eine persönliche oder etwas ungewöhnlichere Frage dabei ist. Dies führt bereits von Anfang an zu einer anderen Vertrauensbasis innerhalb der Gruppe, als wenn lediglich Daten und Fakten über den Lebensweg ausgetauscht werden. So gibt bereits jeder der Teilnehmer auch etwas Persönliches von sich preis, kann dabei aber selbst steuern, wie viel er offenlegen möchte.
- Der Trainer kann bereits in der Tempo-Morgenrunde einen Bezug zum Teamthema herstellen. Ein möglicher zu ergänzender Satz für die Tempo-Morgenrunde wäre dann beispielsweise „Teamarbeit bedeutet für mich ..."

Literatur

Eine Vielzahl von weiteren Kennenlern-Übungen findet sich in folgenden Büchern:

- Rachow, Axel (Hrsg.): Spielbar I bis III. managerSeminare.
- Seifert, Josef/Göbel, Heinz-Peter: Games. Spiele für Moderatoren und Gruppenleiter. Gabal, 2001.

Vorstellung des Trainers anhand von fünf Fragen 09:45 Uhr

Orientierung

Ziele:
- Die Teilnehmer können ausgewählte Fragen an den Trainer stellen
- Der Trainer führt die Zuruffrage als aktivierende Methode in das Seminar ein

Zeit:
- 15 Minuten

Material:
- Flipchart: „Ihre fünf Fragen an den Trainer"

Überblick:
- Kennenlernen des Trainers
- Aufbau der Beziehungsebene zwischen Trainer und Teilnehmer
- Einführung der Zuruffrage als aktivierende Methode

Erläuterungen

Nach der persönlichen Begrüßung und der Vorstellungsrunde der Teilnehmer untereinander ist nun die Zeit gekommen, dass die Teilnehmer den Trainer näher kennenlernen können. In aller Regel stellt sich der Trainer selbst vor und entscheidet somit, welche Informationen er seinen Teilnehmern mitteilen möchte. Durch die Übung „Ihre fünf Fragen an den Trainer" bekommen die Teilnehmer die Chance, das zu fragen, was für sie von Bedeutung ist. Der Trainer gibt bereits an diesem frühen Zeitpunkt des Seminars „das Ruder aus der Hand" und überträgt den Teilnehmern die Verantwortung. Nach unserer Erfahrung trägt dieses aktive Vorgehen dazu bei, dass sich die Beziehungsebene zwischen Trainer und Teilnehmer von Anfang an gut entwickelt. Zusätzlich spüren die Teilnehmer schon zu Beginn des Seminars, dass sie aktiv in das Seminar eingebunden werden und Inhalte beisteuern sollen.

Vorgehen

Der Trainer leitet die Vorstellung des Trainers ein.

„Nachdem ich Sie ja zu Beginn des Seminars um etwas Geduld gebeten habe, bevor ich mich selber vorstelle – und auch nachdem Sie sich nun untereinander ein bisschen besser kennengelernt haben, bekommen Sie jetzt die Chance, etwas mehr über mich zu erfahren. Normalerweise ist das der Punkt, an dem ich Sie über ausgewählte Etappen vor allem meines beruflichen Weges informiere, Ihnen meine Qualifikationen mitteile und warum ich heute mit Ihnen dieses Seminar durchführe. Aber genau dies wird heute nicht passieren."

Der Trainer präsentiert das Flipchart „Ihre fünf Fragen an den Trainer":

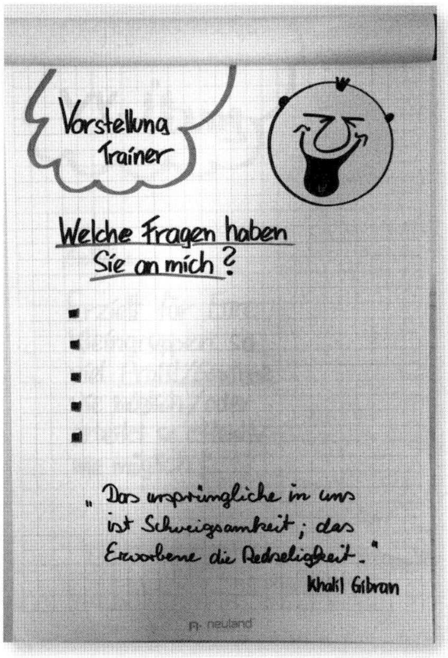

„Sie haben nun die Möglichkeit, mir genau fünf Fragen zu stellen, auf die ich dann möglichst wahrheitsgemäß antworten werde. Überlegen Sie ruhig innerhalb der Gruppe, welche fünf Fragen Sie gerne stellen würden. Ich werde die Fragen zunächst hier am Flipchart sammeln und sie im Anschluss beantworten."

Je nach Gruppe werden spontan die ersten Fragen gestellt oder die Gruppe benötigt ein wenig Bedenkzeit. Der Trainer bleibt in dieser Zeit am Flipchart und wartet auf die ersten Fragen, die er auf das bereits vorbereitet Flipchart schreibt.

In aller Regel wird sich ein Fragen-Mix aus beruflichen und privaten Fragen ergeben. Der Trainer kann nach dem Sammeln der fünf Fragen in beliebiger Reihenfolge auf die Fragen antworten.

Hinweise

▶ Die Frage nach dem Duzen oder Siezen

Der Abschluss der Vorstellungsrunde des Trainers bietet in der Regel eine gute Gelegenheit, die Frage nach dem Duzen oder Siezen zu klären, die sich früher oder später in jedem Seminar stellt. Hier gibt es keine generellen Richtlinien. Die Entscheidung ist abhängig vom Umfeld, in dem das Seminar stattfindet. Während in sozialen Bereichen oder im Hochschulkontext ein Duzen nach Nachfrage des Trainers und Einholen des Okays von allen durchaus üblich ist, wird in anderen Branchen eher gesiezt. Der Trainer sollte auf alle Fälle darauf achten, dass keiner zu einem „Duzen“ genötigt wird.

▶ Mediengestaltung

Flipcharts und Pinnwände, die bereits zu einem Teil im Vorfeld des Seminars vorbereitet wurden, wirken sehr professionell. Man spricht hier von sog. halbfertigen Medien. Diese geben jedem Seminar eine gewisse Einzigartigkeit und erhöhen insgesamt die Qualität eines jeden Trainings. Die Teilnehmer bekommen die Möglichkeit, sich aktiv bei der Gestaltung der Medien einbringen zu können. Das Seminar wird durch die Fertigstellung der halb fertigen Medien vor den Augen der Teilnehmer individuell an den Bedürfnissen der Teilnehmer ausgerichtet. Dies zeugt von einer gewissen Wertschätzung des Trainers gegenüber seinen Teilnehmern und erhöht insgesamt die Wertigkeit des Medieneinsatzes. Nähere Informationen zum optimalen Einsatz und zur Gestaltung von Medien erhalten Sie in dem Baustein „Optimaler Medieneinsatz“, Seite 324 ff.

▶ Über die Zuruffrage

Die Zuruffrage ist eine klassische Moderationstechnik und funktioniert wie folgt:

- Der Trainer visualisiert eine Frage und liest diese laut vor.
- Er erfragt, ob die Frage bzw. Aufgabenstellung allen klar ist.
- Die Teilnehmer antworten nach einer kurzen Nachdenkzeit nacheinander, aber ohne festgelegte Reihenfolge.
- Die Antworten werden vom Trainer mitgeschrieben. Dieser achtet darauf, die Beiträge wörtlich zu übernehmen und fragt im Zweifelsfall nach: „Wie kann ich das notieren?“
- Diskussionswünsche der Teilnehmer werden zurückgestellt.

Nähere Hinweise zur Anwendung der Zuruffrage finden Sie auf S. 329.

10:00 Uhr Überblick über das Seminar

Orientierung

Ziele:
- Transparenz schaffen

Zeit:
- 5 Minuten

Material:
- Pinnwand „Unser Seminarfahrplan"

Überblick:
- Der Trainer informiert über die Rahmenbedingungen des Seminars
- Er gibt den Teilnehmern einen Überblick über die Seminartage

Erläuterungen

Um den Seminarteilnehmern die notwendige Orientierung zu geben, bietet es sich an, mit einer sog. Transparenz-Pinnwand zu arbeiten. Wir gestalten unseren Seminarfahrplan in der Regel so, dass wir die Seminarbausteine auf Moderationskarten schreiben und während des Seminartages schrittweise ergänzen. So dient der Seminarfahrplan ideal als Rückblick für die Feedbackrunde sowie auch als Einstieg für den neuen Tag. Falls die Moderationskarten mit den Bausteinen bereits vorgeschrieben werden, sind sie zudem ein perfekter Merkzettel für den Trainer, welcher Baustein als Nächstes an der Reihe ist.

Vorgehen

„Nachdem wir uns gegenseitig ein wenig näher kennengelernt haben, möchte ich Ihnen natürlich auch verraten, was die folgenden Tage für Sie beinhalten. Allzu sehr möchte ich natürlich noch nicht ins Detail gehen, aber damit Sie sich während unserer drei Seminartage immer orientieren können, habe ich für Sie unseren Seminarfahrplan auf einer Pinnwand vorbereitet."

Der Trainer präsentiert die Pinnwand „Unser Seminarfahrplan".

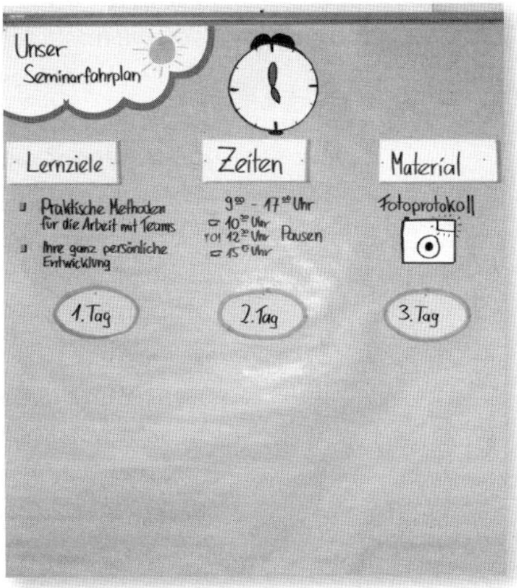

„In den drei Tagen sollen Sie möglichst viel über Teams erfahren und jede Menge praktischer Methoden für die Arbeit in und mit Teams an die Hand bekommen. Ich würde mir wünschen, dass auch jeder ganz individuell etwas für sich und seine persönliche Entwicklung mitnehmen kann. Zu den Inhalten erzähle ich Ihnen gleich ein wenig mehr. Zunächst jedoch will ich Ihnen den organisatorischen Ablauf präsentieren: Wir starten jeden Morgen um 9 Uhr und werden gegen 17 Uhr aufhören. Vormittags und nachmittags gibt es jeweils eine kürzere Kaffeepause und gegen 12.15 Uhr eine längere Mittagspause. Und damit Sie nicht ständig mitschreiben müssen, sondern sich ganz auf das Seminar konzentrieren können, werde ich Ihnen alle Flipcharts und Pinnwände in einem Fotoprotokoll zusammenstellen. Gibt es soweit zum organisatorischen Ablauf noch Fragen?"

Dann fährt er fort:
„Wie Sie sehen, sind auf unserem Seminarfahrplan bislang nur die Tage notiert. Sie fragen sich vielleicht, warum das so ist. Nun, ich werde unseren Seminarablauf auf Karten notieren und fortlaufend ergänzen, sodass wir immer alle einen aktuellen Stand über die Inhalte haben. So können wir den Seminarfahrplan zur Orientierung und auch als Rückblick auf Vergangenes nutzen.

Bevor wir jedoch von Rückblicken reden, sollte ich Ihnen sicherlich erst mal einen kleinen inhaltlichen Ausblick geben, auch wenn ich noch nicht zu viel verraten möchte. Wir werden heute zunächst Ihre Teamsituationen kennenlernen und uns überlegen, wann man überhaupt von einem Team sprechen kann und was ein gutes Team kennzeichnet. Ich werde Ihnen nachmittags ein Modell zur Optimierung der Teamzusammenarbeit vorstellen, und Sie dürfen ausprobieren, wie gut Sie als Team zusammenarbeiten. Hierzu werden wir zwei Gruppen bilden, die gegeneinander antreten. Morgen werden wir uns dann mit den verschiedenen Teamentwicklungsphasen und den unterschiedlichen Teamrollen auseinandersetzen. Auch hier werden Sie die Möglichkeit erhalten, sowohl den Entwicklungsstand als auch die Teamrollen an Ihrem eigenen Team zu reflektieren. Der morgige Nachmittag steht ganz im Zeichen einer großen Teamübung. Den dritten Seminartag werden wir dazu nutzen, Ihre indi-

viduellen Teamherausforderungen und -fragen anzugehen. Dazu werde ich Ihnen unter anderem die Methode der kollegialen Praxisberatung vorstellen. Zudem werden Sie konkrete Maßnahmen für Ihr Team ableiten und sich gegenseitig persönliches Feedback geben. Dies als grobe Reiseroute für eine allererste Orientierung. Natürlich habe ich noch jede Menge weiterer Reise-Highlights für Sie im Gepäck. Lassen Sie sich einfach überraschen!"

Hinweise

- Ob Transparenz-Pinnwand oder ein Flipchart – in jedem Seminar sollten die wesentlichen Rahmenbedingungen wie Zeiten, Pausen und Inhalte visualisiert werden, sodass die Teilnehmer sich über alle Seminartage hinweg orientieren können.
- Die Transparenz-Pinnwand bietet Platz für Kreativität. So kann beispielsweise eine Reiseroute aufgemalt werden und die Inhalte als „Reisestationen" dargestellt werden.
- Der inhaltliche Ausblick sollte nicht zu ausführlich ausfallen. Wie die Erfahrungen zeigen, können die Teilnehmer in der Regel noch wenig mit den geplanten Bausteinen und Inhalten verbinden, sodass nur wenig gespeichert wird. Insofern sollte tatsächlich nur der grobe inhaltliche Rahmen erläutert werden. Dies hat zudem den Vorteil, dass sich der Trainer für die weiteren Seminartage eine gewisse Flexibilität in Hinblick auf einzelne Bausteine und deren Reihenfolge bewahrt!

Literatur

Interessante Gestaltungstipps für Flipcharts und Pinnwände finden sich in:

- Rachow, Axel: Sichtbar. Die besten Visualisierungs-Tipps für Präsentation und Training. managerSeminare, 2009.
- Hausmann, Martin/Scholz, Holger: Bikablo – das Trainerwörterbuch der Bildsprache und Bikablo 2.0. Erhältlich über Neuland Gmbh & Co. KG, Fulda.

Erstellen von Teambildern – Einzelarbeit 10:05 Uhr

Orientierung

Ziele:
- Die Teilnehmer reflektieren ihre Teamsituation
- Die Teilnehmer erstellen individuelle Teambilder, anhand derer sie ihr Team in der Gruppe vorstellen

Zeit:
- 35 Minuten (5 Min. Instruktion, 30 Min. Zeit zum Erstellen)

Material:
- Flipchart „Ihr individuelles Teambild"
- Für jeden Teilnehmer einen leeren Flipchartbogen
- Moderationsmaterial (Stifte, Karten, Kleber) in ausreichender Anzahl

Überblick:
- Der Trainer erläutert die Aufgabe
- Die Teilnehmer erhalten Zeit, sich ein Bild/eine Metapher für ihr Team zu überlegen und ihr individuelles Teambild auf einem Flipchartbogen anzufertigen

Erläuterungen

In diesem Buch wird an vielen Stellen mit Bildern und Metaphern gearbeitet. Warum? Ein Bild sagt oft mehr als tausend Worte. In Bildern verdichtet sich erlebte Wirklichkeit. Erfahrungen und Erlebnisse sind komplex und daher vielfach nicht direkt in Worten zu vermitteln. Ein Bild vereinigt, im Gegensatz zu Worten, alle sichtbaren Aspekte. Der Bildmaler oder -betrachter kann Gefühle und Emotionen hineinlegen. Dabei wird die Subjektivität deutlich: Bilder sind selten eindeutig, sondern werden von verschiedenen Menschen verschieden gedeutet. Dabei werden alle Sinne angesprochen. Wie ein Filter fordern Bilder und Metaphern eine neue Sicht-, Hör- und Fühlweise heraus. Beim Malen fließen oft unbewusste Aspekte mit ein, die dem Maler über die Betrachtung der anderen auf einmal sichtbar gemacht werden.

Zentral sind in diesem Seminar die individuellen Teambilder der Teilnehmer. Diese werden zu Anfang erstellt und dienen während des gesamten Seminars immer wieder als Bezugspunkt. Fachlicher Input wird soweit wie möglich direkt an den einzelnen Teambildern praxisnah umgesetzt. Die Teilnehmer erarbeiten sich dadurch Schritt für Schritt ihre ganz individuelle Teamanalyse und -entwicklung.

Vorgehen

Der Trainer leitet die Übung ein:

„In unserem Seminar steht der Praxisbezug an erster Stelle: Anstatt Ihnen viel theoretisches Wissen zu vermitteln, was ein gutes Team ausmacht und wie Teams erfolgreich zusammenarbeiten, arbeiten wir direkt mit Ihren Teams, sodass Sie die wesentlichen Informationen auch direkt umsetzen können. Hierfür ist es notwendig, dass Sie uns Ihr Team vorstellen."

Anschließend deckt er das Flipchart „Ihr individuelles Teambild" auf.

„Ihre Aufgabe lautet wie folgt: Bitte präsentieren Sie uns Ihr Team in einem Teambild. Finden Sie hierzu eine Analogie, ein Bild, eine Metapher, die charakteristisch für Ihr Team ist – und in dem/in der jedes Teammitglied (natürlich auch Sie) einen Platz erhält. Ihr Teambild sollte es uns ermöglichen, Beziehungen in Ihrem Team, Stimmungen und auch potenzielle Konflikte zu erkennen. Damit Sie sich etwas darunter vorstellen können: Ein Beispiel für ein Teambild wäre ein Boot, in dem

Sie als Teamleiter und Kapitän das Ruder in der Hand halten. Dann können Sie Ihren Teammitgliedern andere Rollen auf dem Boot zuweisen und aufmalen, ob beispielsweise alle in die gleiche Richtung steuern."

Wichtig ist, dass der Trainer seinen Teilnehmern den Druck nimmt, „Kunstwerke" zu erstellen:
„Sie benötigen keine unglaublich originelle Idee oder wunderschönen Zeichnungen. Gehen Sie hier lieber spontan vor. Wichtig ist nur, dass Sie das, was Ihnen in Bezug auf Ihr Team wichtig erscheint, darstellen können."

Der Trainer fragt nach, ob alle die Aufgabe verstanden haben. Hier taucht hin und wieder die Frage auf, ob es wichtig ist, die einzelnen Personen namentlich aufzuführen. Dies ist nicht wichtig. Hin und wieder ist einigen Teilnehmern auch unklar, wen sie alles zu ihrem Team zählen. Der Trainer überlässt die Entscheidung hierzu immer den Teilnehmern. Diese sollen entscheiden, wo sie die Grenze ihres Teams ziehen, sodass sie den optimalen Nutzen aus dem Seminar für sich mitnehmen können. Um den Teilnehmern Sicherheit zu bieten, kann der Trainer den Hinweis geben, dass es nicht wichtig ist, die Realität eins zu eins abzubilden, sondern die wesentlichen Teambedingungen zu verdeutlichen – und hier bestimmt jeder selbst, was für ihn in Bezug auf sein Team wichtig ist.

Sind alle Fragen geklärt, haben die Teilnehmer 30 Minuten Zeit, ihr individuelles Teamflipchart zu erstellen. Der Trainer achtet darauf, dass ausreichend Stifte, Karten und Kleber vorhanden sind und steht während der Einzelarbeit der Teilnehmer als Ansprechpartner zur Verfügung.

Hinweise

- Der Trainer sollte bei den Teambildern sein Augenmerk darauf richten, dass tatsächlich „Bilder" entstehen, die auch für Außenstehende etwas über das Team erzählen. So sollte in der Anfangszeit der Übung darauf geachtet werden, dass die Teilnehmer nicht etwa nur die Namen der Teammitglieder aufschreiben oder das Organigramm aufzeichnen.
- Als gutes Beispiel für ein Teambild hat sich neben dem Boot das Auto herausgestellt: *„Stellen Sie sich vor, Ihr Team wäre ein Auto. Was für ein Auto wäre es? Ein flotter Sportwagen oder eine solide Familienkutsche? Welches Teammitglied nimmt die Rolle des Motors ein?*

Wer sorgt für klare Sicht?" Mit solchen Erläuterungen fällt es den Teilnehmern in der Regel leichter, den Weg in die bildhafte Kommunikation zu finden.

- Die Teilnehmer dürfen während der Übung schauen, was die Seminarkollegen „fabrizieren". Dies nimmt in der Regel die übliche Hemmung, etwas zu malen und regt die Fantasie an. Wie wir festgestellt haben, tauchen kreativere Ideen und aussagekräftigere Bilder auf, wenn die Teilnehmer umhergehen und sehen, was die Kollegen entwerfen.
- Der Trainer sollte auf eine ruhige Atmosphäre achten. Die Übung erfordert ein anderes Denken, als wir es üblicherweise gewohnt sind. Die Teilnehmer machen sich häufig zum ersten Mal Gedanken über ihr Team in dieser Form. Jeder sollte sich in Ruhe die Zeit nehmen können, über seine Teamsituation nachzudenken und zu überlegen, wie er diese treffend auf Papier festhalten kann.

Literatur

Näheres zur Arbeit mit Bildern findet sich in:

- Mahlmann, Regina: Sprachbilder, Metaphern & Co. Einsatz von bildlicher Sprache in Coaching, Beratung und Training. Beltz, 2010.

10:40 Uhr Kurze Pause

Vorstellung der Teambilder im Plenum 10:50 Uhr

Orientierung

Ziele:
- Die Teilnehmer stellen der Gruppe ihr Team vor
- Die Teilnehmer verdeutlichen sich – unterstützt von der Außenperspektive der Seminarkollegen – Stärken und Schwächen ihres Teams
- Die Teilnehmer lernen im gegenseitigen Austausch die Vielfältigkeit und unterschiedlichen Funktionsweisen von Teams kennen

Zeit:
- 100 Minuten (6 bis 8 Min. je Teambild)

Material:
- Klebestreifen zum Aufhängen der Teambilder

Überblick:
- Alle Teambilder werden verteilt im Raum an den Wänden aufgehängt
- Die Teilnehmer verschaffen sich zunächst einen Gesamtüberblick über alle Teambilder
- Im ersten Schritt interpretieren/assoziieren die Kollegen, was ihnen beim Betrachten des jeweiligen Bildes auffällt
- Im zweiten Schritt erläutert der „Maler" sein Teambild und stellt den anderen sein Team mithilfe des Teambildes vor

Erläuterungen

Nachdem alle ihr Teambild erstellt haben, geht es nun an die Vorstellung der Teambilder. Für das Seminar ist dies einer der zentralen Bausteine. Die Teilnehmer haben sich zunächst einmal selbst Gedanken über ihr Team gemacht und erfahren durch die Eindrücke der Betrachter sehr viele zusätzliche Aspekte zu ihrem Team. In der Regel wird hier eine Vielzahl von bewussten, aber bislang nicht transparent gemachten und auch unbewussten Teamaspekten sichtbar. Zudem lernen die Teilnehmer über die Vielzahl und Vielfältigkeit der verschiedenen Teams die Komplexität von Teamstrukturen kennen. Die Vorstellung der Teambilder legt den Grundstein für die weiteren Seminarinhalte, die der Trainer und natürlich auch die Teilnehmer immer wieder anhand der konkreten Teambilder verdeutlichen und konkretisieren können.

Vorgehen

Wenn alle Teilnehmer ihr Flipchart erstellt haben, bittet der Trainer die Teilnehmer, die Flipchartbögen mit Klebestreifen an den Wänden zu befestigen, idealerweise so, dass etwas freier Raum zwischen den Flipcharts bleibt und jeder frei zugänglich an seinen Flipchartbogen kommt, um beispielsweise im weiteren Verlauf des Seminars Moderationskarten anzukleben oder Ergänzungen vornehmen zu können. Die Teilnehmer sind zu diesem Zeitpunkt sehr gespannt, mit welchen „Malkünsten" ihre Kollegen aufwarten. Der Trainer gibt deshalb den Teilnehmern fünf Minuten Zeit, sich einen ersten Eindruck zu verschaffen:

„Ich kann mir vorstellen, dass Sie gespannt sind zu sehen, was Ihre Kollegen angefertigt haben. Die nächsten fünf Minuten sind dafür gedacht, dass Sie sich einfach mal alle Teambilder kurz anschauen und erste Eindrücke mitnehmen."

Nach Ablauf der fünf Minuten leitet der Trainer die Präsentation der Teambilder ein:
„Ich würde vorschlagen, dass nun jeder die Möglichkeit erhält, uns sein Team mithilfe seines Teambildes vorzustellen. Wer möchte beginnen?"

In der Regel findet sich hier immer ein Freiwilliger. Warten Sie als Trainer einfach ein wenig ab. Ansonsten können Sie auch mit Blickkontakt jemanden motivieren, zu beginnen.

Die Teilnehmer versammeln sich um das entsprechende Teambild. Der Trainer erläutert nun die Vorgehensweise:
„Ich möchte zunächst die Betrachter bitten, das Teambild genau zu betrachten und frei zu assoziieren, was für einen Eindruck das Team auf sie macht, was ihnen auffällt. Hierbei darf wild spekuliert werden. Sie können uns schildern, was Sie sehen oder wahrnehmen, wie das auf Sie wirkt, was Sie sehen, woran es Sie erinnert und was Sie vermuten, was es bedeutet. In dieser Phase hält sich der Teambild-Ersteller bewusst zurück und kommentiert nicht. Anschließend erhalten Sie als Teambild-Maler natürlich Gelegenheit, uns Ihr Team vorzustellen und zu verdeutlichen, was Sie sich während des Malens gedacht haben. Im Anschluss daran können die anderen Fragen stellen oder auch Vermutungen äußern."

Hinweise

- Der Trainer kann den Prozess unterstützen, indem er ebenso Fragen stellt, um auf das ein oder andere Auffällige hinzuweisen. Allerdings sollte er hier nicht die federführende Rolle übernehmen. Das ist gerade am Anfang wichtig, da sich sonst die Präsentation in ein Zweier-Gespräch zwischen Präsentierendem und Trainer verliert.
- Der Trainer kann bereits in der Teambild-Präsentation eine lösungsorientierte Sichtweise einbringen, indem er jeden Teilnehmer fragt: *„Was würden Sie sich konkret für Ihr oder in Ihrem Team wünschen?"*
- Der Trainer achtet während der Präsentation auf eine wertschätzend-beobachtende, nicht kritisierende Einstellung und Kommunikation der Teilnehmer untereinander.
- Die Präsentation der Teambilder sollte im Stehen durchgeführt werden, da die Gedanken so freier fließen und mehr Dynamik als im Sitzen entsteht. Der Trainer gibt aber den Teilnehmern die Möglichkeit, sich zwischendurch hinzusetzen oder anzulehnen: *„Sie können sich gerne zwischendurch anlehnen oder sich einen Stuhl nehmen: Wichtig ist nur, dass sich jeder so positioniert, dass er freien Blick auf das Teambild hat."* Häufig wechseln die Teilnehmer nach und nach vom Stehen ins Sitzen. Oft orientieren sie sich dabei am Verhalten des Trainers.
- Der Trainer sollte bei der Vorstellung der Teambilder darauf achten, zwischendurch kleine Pausen einbauen. Die Vorstellung der Teambilder ist anstrengend! Spätestens nach sechs Teambildern sollte eine kurze Pause oder Aktivierung erfolgen.
- Ganz wichtig: Zeiten einhalten! Bei komplexen Teamsituationen kann ansonsten eine Teamvorstellung auch über eine halbe Stunde gehen. Wie die Erfahrungen auch zeigen, dauert die Vorstellung der einzelnen Teambilder länger, je mehr schon vorgestellt wurden. Die Teilnehmer haben sich dann bereits zu vielen der bei anderen vorgestellten Punkte eigene Gedanken zu ihrem Team gemacht, sodass auf mehr Aspekte hingewiesen wird, als dies bei den ersten Teambildern der Fall ist. Der Trainer sollte deshalb unbedingt auf die Zeiten achten. Er kann die Teilnehmer darauf aufmerksam machen, dass es momentan nur um eine erste Vorstellung ihres Teams geht – viele Einzelaspekte werden im weiteren Verlauf des Seminars detailliert aufgegriffen.

Mittagspause 12:30 Uhr

13:30 Uhr Zauberstab – Übung

Orientierung

Ziele:

- Verhindert das gefürchtete „Suppenkoma" (Mittagstief)
- Bringt neuen Schwung in die Gruppe. Teilnehmer lernen auf spielerische Art gruppendynamische Prozesse kennen

Zeit:

- 10 bis 15 Minuten

Material:

- Einen mindestens 1,5 m langen Stab (hier eignen sich Bambusstäbe oder Zeltstangen, beides erhältlich im Baumarkt)

Überblick:

- Der Trainer erläutert die Aufgabe: Die Teilnehmer müssen den Stab gemeinsam balancierend auf den Zeigefingern auf dem Boden ablegen
- Die Aufgabe scheint einfach, bald zeigen sich jedoch die Tücken. Der Stab geht wie von Zauberhand statt nach unten nach oben
- Anschließend kurze Reflexion über die Zusammenarbeit in der Gruppe

Erläuterungen

Nach der Mittagspause fallen die Teilnehmer in der Regel in das sogenannte „Suppenkoma". Konzentration und Aufnahmefähigkeit lassen deutlich nach. Gerade die Vorstellung der Teambilder am Vormittag ist für die Teilnehmer anstrengend. Insofern ist eine Aktivierung der Teilnehmer nach der Mittagspause in der Regel sinnvoll. Bei einem Teamseminar bietet es sich an, direkt eine kleine Teamübung einzubauen. Der Zauberstab ist hierfür ideal, da er die Teilnehmer in Bewegung bringt, nicht zu lange dauert und dennoch viele Möglichkeiten zur Reflexion der Gruppendynamik mit sich bringt.

Vorgehen

Der Trainer leitet die Übung ein:
„Ich hoffe, Sie alle hatten eine entspannte Mittagspause. Um dem von Trainern gefürchteten ‚Suppenkoma' entgegenzuwirken, schlage ich

vor, dass Sie sich einer kleinen Herausforderung stellen. Ich habe eine einfache Aufgabe für Sie: Sie sollen diesen Stab gemeinsam auf den Boden legen."

Er zeigt den „Zauberstab" und erläutert die Rahmenbedingungen:
„Bitte stellen Sie sich hierzu in einem Abstand von ca. 40 bis 50 Zentimeter gegenüber leicht versetzt und Schulter an Schulter in zwei Reihen auf. Strecken Sie bitte eine Hand mit ausgestrecktem Zeigefinger vor. "

Abb.: Die Teilnehmer stellen sich leicht versetzt gegenüber in zwei Reihen auf.

Der Trainer legt den Stab locker auf die Zeigefinger der Teilnehmer, die sich etwas über Hüfthöhe befinden sollten. Er achtet darauf, dass er zunächst etwas Druck auf den Stab ausübt, sodass dieser zumindest so lange möglichst regungslos verharrt, bis die Aufgabe den Teilnehmern erläutert wurde.
„Bitte legen Sie nun den Stab einfach auf die Erde ab. Die einzige Bedingung hierbei ist: Jeder muss mit seinem Zeigefinger ständig Kontakt mit dem Stab haben – und natürlich darf der Stab auch mit nichts anderem berührt werden. Er darf nur auf Ihren Zeigefingern liegen. Und hier kommt das Startsignal – viel Erfolg!"

Überraschenderweise geht der Stab in der Regel erst mal nach oben anstatt nach unten. Dies löst oft heftige Diskussionen aus, schnell werden Schuldige ausgemacht. Je nach Gruppe bleibt es bei Verdächtigungen und fehlgeschlagenen Versuchen, häufiger jedoch übernehmen einige in der Gruppe das Kommando und versuchen durch gemeinsame Vorgehensweise, beispielsweise durch klare Ansagen, die Aufgabe erfolgreich zu meistern.

Während der Aufgabe achtet der Trainer darauf, dass alle Teilnehmer immer Kontakt zu dem Stab halten und der Stab tatsächlich nur auf den Zeigefingern aufliegt.

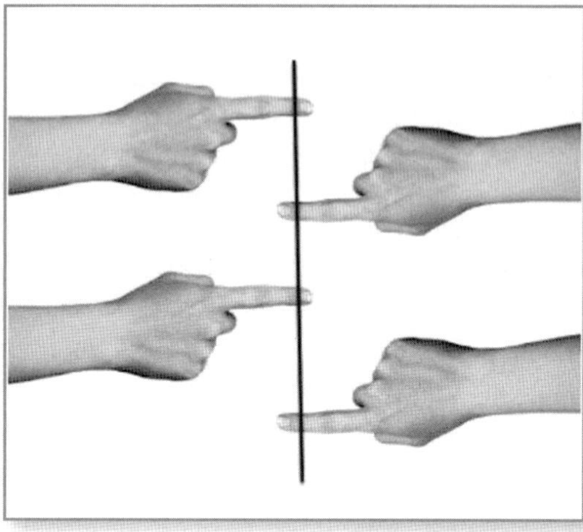

Abb.: Alle Teilnehmer halten den Kontakt zum Stab, der auf dem Zeigefinger aufliegt.

Reflexion

Sobald es der Gruppe gelungen ist, den Stab erfolgreich auf dem Boden abzulegen, gratuliert der Trainer und hebt die erfolgreiche Zusammenarbeit hervor. Als mögliche Reflexionsfrage bietet sich an: *„Was hat dazu beigetragen, diese schwierige Aufgabe so erfolgreich zu erledigen?"*

In der Regel kommt es bei dieser Übung zumindest in der Anfangsphase zu Turbulenzen in der Gruppe. Diese sollten ebenfalls in der Reflexionsrunde thematisiert werden:

- Wie haben Sie die Übung erlebt?
- Warum hat es am Anfang nicht so gut geklappt?
- Wie hätte es besser laufen können?
- Wie sind Entscheidungen in der Gruppe zustande gekommen?
- Hat jemand dominiert? Wenn ja, wer?
- Welche Strategie bzw. Taktik wurde verfolgt?
- Welche Konflikte bzw. Schuldzuweisungen traten auf? Wie wurden diese gelöst?

Hinweise

- Für die Reflexionsrunde bietet es sich an, dass alle Teilnehmer wieder im Stuhlkreis Platz nehmen. Die Reflexion kann in Form eines Gruppenaustauschs erfolgen, entweder moderiert durch den Trainer oder auch mithilfe der Blitzlicht-Methode. Der Trainer kann die Aussagen oder Ergebnisse der Teilnehmer auf einem Flipchart visualisieren. Für den weiteren Seminarverlauf eignet sich sehr gut für die Mitvisualisierung die Frage „Wie hätte die Zusammenarbeit im Team noch besser laufen können?"

- Der Zauberstab eignet sich als erste kleinere Teamübung, da sich jeder Teilnehmer einbringen muss, sich die Verantwortung aber auf alle Schultern verteilt. Die Übung unterstützt somit den Gruppenfindungsprozess.
- „Blitzlicht" (Näheres zum Blitzlicht auf Seite 327f.):
  Das Blitzlicht ist wie die Zuruffrage eine klassische Moderations- und Trainingsmethode. Ein Blitzlicht funktioniert wie folgt:
  - Die TN antworten der Reihe nach in einem kurzen Satz auf eine vorbereitete Frage.
  - Jeder kann etwas sagen.
  - Jeder spricht von sich selbst.
  - Jeder spricht möglichst kurz.
  - Die Beiträge werden weder kommentiert noch diskutiert.

  Das Blitzlicht dient dazu:
  - ein schnelles Meinungsbild der Gruppe einzuholen
  - alle zu Wort kommen zu lassen
  - situativ auf schnelle Weise Transparenz zu schaffen

Literatur

Diese und weitere Aktivierungsübungen finden sich in folgenden Büchern:

- Klein, Zamyat M.: Das tanzende Kamel. Kreative und bewegte Spiele für Trainings und Seminare, managerSeminare, 2008.
- Rachow, Axel (Hrsg.): Spielbar I bis III. managerSeminare.
- Schilling, Gert: Seminar-Spiele. Gert Schilling Verlag, 2004.
- Seifert, Josef/Göbel, Heinz-Peter : Games. Spiele für Moderatoren und Gruppenleiter. Gabal, 2004.

13:45 Uhr Kennzeichen eines guten Teams – Hinführung

Orientierung

Ziele:
- Die Teilnehmer werden zum Thema „Teams" hingeführt
- Die Teilnehmer reflektieren, was ein gutes Team ausmacht

Zeit:
- 15 Minuten

Material:
- Flipchart „Was kennzeichnet ein gutes Team?"

Überblick:
- Der Trainer sammelt über eine Zuruffrage am Flipchart die Kennzeichen eines guten Teams

Erläuterungen

Die Teilnehmer werden mit einer Zuruffrage an die inhaltlichen Bausteine des Nachmittags herangeführt. Hierbei sollen sie sich überlegen, was ein gutes Team kennzeichnet. Diese Kriterien werden gesammelt und können im weiteren Seminarverlauf immer wieder als Anker dienen.

Vorgehen

Der Trainer deckt das Flipchart mit der Überschrift „Was kennzeichnet ein gutes Team?" auf.

„Bevor wir uns dem Thema nähern, ab wann man bei mehreren Menschen überhaupt von einem Team sprechen kann, möchte ich Ihnen vorab gerne eine Frage stellen. Bitte überlegen Sie zunächst, was für Sie ein gutes Team kennzeichnet – denken Sie dabei beispielsweise an eigene positive Erfahrungen in Teams, denken Sie an Ihr Teambild und denken Sie vielleicht an eine erfolgreiche Sportmannschaft. Was sind für Sie Erfolgskriterien eines guten Teams? Bitte überlegen Sie zunächst eine Minute kurz für sich!"

Der Trainer achtet auf die Zeit. Nach einer Minute fragt er in die Runde:

„Nachdem Sie kurz Zeit hatten zu überlegen, rufen Sie bitte Ihre Ideen frei in die Runde. Ich werde dies am Flipchart mitnotieren. Eine Wortmeldung ist nicht notwendig, aber bitte nicht ganz so schnell, damit ich alle Kriterien aufschreiben kann. Jede Idee ist willkommen!"

Alle von den Teilnehmern genannten Kriterien werden notiert. Der Trainer achtet darauf, dass es sich bei der Zuruffrage lediglich um eine unkommentierte Sammlung und keine Bewertung verschiedener Kriterien handelt und die Teilnehmer nicht in eine Diskussion einsteigen.

Falls erforderlich, weist der Trainer die Teilnehmer nochmals kurz darauf hin:

„Die Kennzeichen stellen für uns eine allererste Sammlung dar. Deswegen werden wir hier noch gar nicht bewerten, sondern einfach mal ‚brainstormen', was Ihnen durch den Kopf geht. Deshalb bitte keine Diskussion oder Bewertung von einzelnen Beiträgen."

In der Regel kommen bei einer Zuruffrage nach einer kurzen Anlaufzeit sehr viele Beiträge. Irgendwann ebbt dies ab. Als Trainer lohnt es sich, hier nachzuhaken, denn die zweite Phase bringt oft die besten Ideen. Der Trainer kann die Teilnehmer ermuntern, noch mal ganz in Ruhe nachzudenken und sich dem Thema aus anderen Perspektiven zu nähern:

„Jetzt haben wir ja schon jede Menge gesammelt. Denken Sie ruhig noch mal ein wenig nach, vielleicht auch aus einer anderen Perspektive. Fallen Ihnen noch Kennzeichen ein?"

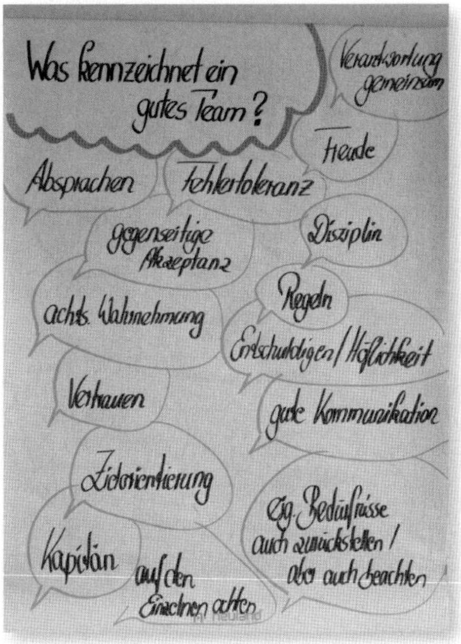

Wenn keine weiteren Beiträge mehr kommen, fasst der Trainer die gesammelten Ideen zusammen und hängt anschließend das Flipchart im Seminarraum auf.

Hinweise

- Die Hinführung dient nicht dazu, tatsächlich alle Kriterien eines guten Teams zusammenzutragen. Jeder Teilnehmer soll die Gelegenheit haben, gedanklich in das Thema einzusteigen. Insofern zählt hier nicht die Vollständigkeit, sondern das gedankliche „Ins-Boot-Holen" der Teilnehmer.
- Der Trainer kann das Flipchart an der Seminarwand aufhängen und im weiteren Verlauf des Seminars immer wieder darauf verweisen und reflektieren, inwieweit die von den Teilnehmern selbst gesammelten Kriterien auch tatsächlich in den Teamübungen umgesetzt wurden.

Literatur

- Francis, Dave/Young, Don: Mehr Erfolg im Team. Windmühle, 5. Aufl. 1998.

Teamdefinition/Unterschied Gruppe vs. Team – Input und Übung 14:00 Uhr

Orientierung

Ziele:

- Die Teilnehmer kennen und verstehen die Grundmerkmale eines Teams
- Sie reflektieren die Unterschiede zwischen „Team“ und „Gruppe“

Zeit:

- 40 Minuten

Material:

- Pinnwand: Unterschiede zwischen „Team“ und „Gruppe“
- Überschriftskarten: Ziele, Rollenverteilung, Verbindlichkeit, Aktivität, Verantwortung
- DIN-A4-Blätter mit den jeweils passenden Beschreibungen zu „Team“ und „Gruppe“ (Vorlage als PDF-Download)
- Flipchart: Definition „Team“

Überblick:

- Klärung des Begriffs „Team“ mit den drei Grundmerkmalen: „gemeinsame Teamaufgabe“, „gemeinsame Verantwortung“, „Kompetenz zur Selbstverantwortung“
- Unterscheidung zwischen „Team“ und „Gruppe“, indem die Teilnehmer gemeinsam die vom Trainer vorbereiteten Kriterien an der Pinnwand richtig „erpuzzeln“

Erläuterungen

In der ersten Hälfte des Seminartages ging es darum, mit dem Kennenlernen und dem Erstellen sowie Vorstellen der Teambilder die Basis für die weitere Zusammenarbeit im Seminar zu schaffen. Vor allem die erstellten Teambilder der Teilnehmer werden sich wie ein roter Faden durch das Seminar ziehen.

Der theoretische Einstieg in das Thema beginnt nun mit der Unterscheidung zwischen einem Team und einer Gruppe anhand des Beispiels einer „Gruppe an der Haltestelle“ und eines „Sportteams“. Die Teilnehmer versuchen, die vorbereiteten Beschreibungen entweder der „Gruppe an der Haltestelle“ oder dem „Sportteam“ zuzuordnen. Im

Anschluss stellt der Trainer mithilfe eines Flipcharts die Teamdefinition vor. Es ist wichtig, dass gemeinsam mit den Teilnehmern ein einheitliches Teamverständnis erarbeitet wird sowie die Unterschiede zwischen Gruppe und Team geklärt werden, da Missverständnisse in der Definition leicht zu unrealistischen Erwartungen an das eigene Team führen können.

Vorgehen

Der Trainer hat die Überschriftskarten sowie die Moderationskarten bereitgelegt und eröffnet die Übung:
„Was verstehen Sie unter einem Team? Bilden zwei Menschen Ihrer Ansicht nach bereits ein Team? Und wie ist es mit 20 Personen? Wer oder was entscheidet darüber, ob es sich um ein Team handelt oder nicht? Beim Begriff des Teams werden viele von Ihnen an eine Sportmannschaft denken. Alle Spieler verfolgen das gemeinsame Ziel zu siegen. Dafür müssen sie ihre Einzelleistungen geschickt miteinander kombinieren, um die beste Leistung zu erzielen und das Spiel zu gewinnen. Eine gute Fußballmannschaft besteht zum Beispiel nicht aus lauter Stürmern. Mögen diese auch noch so gut sein, ohne Torwart und Verteidigung ist das Spiel nicht zu gewinnen. Die Rolle eines jeden Einzelnen ist wichtig und muss allen im Team bekannt sein, damit das Zusammenspiel klappt. Zusätzlich benötigt jede Mannschaft einen Trainer oder Coach, der die Taktik bestimmt, also die Methode und Vorgehensweise vorgibt, wie im Team „gearbeitet" wird.

In Ihrer Arbeit bilden Sie möglicherweise mit Kollegen oder Mitarbeitern ein Team. Aber gehört tatsächlich jeder zum Team, mit dem Sie zusammenarbeiten? Was verbindet Ihr Team? Wo beginnt und wo endet es? Wer bestimmt, was wie wann von wem und wo gemacht wird? Bevor wir uns der Teamentwicklung zuwenden, müssen wir zunächst klären, was eigentlich unter dem Begriff ‚Team' zu verstehen ist. Dazu werden wir eine Gruppe, die ganz offensichtlich kein Team repräsentiert, mit einem echten Team vergleichen. Bitte stellen Sie sich eine Gruppe wartender Personen an einer Bushaltestelle vor und eine Fußballmannschaft. In welchen Merkmalen unterscheiden sich diese Gruppen voneinander?"

Jetzt legt er die Überschriftenkarten mit den Kategorien auf den Boden.

„Wir unterscheiden nun die Fußballmannschaft und die Wartenden an der Bushaltestelle mithilfe der folgenden Kategorien: Ziele, Rollenverteilung, Verbindlichkeit, Aktivität und Verantwortung."

Im Anschluss verteilt er die vorbereiteten DIN-A4-Blätter mit den nachfolgenden Beschreibungen wahllos an verschiedene Teilnehmer (Download).

DIN-A4-Blätter

- Unverbunden: ohne gemeinsames kommuniziertes Ziel (Ziel: Gruppe)
- Auf Zeit zusammengebunden mit gemeinsam kommunizierter Zielsetzung (Ziel: Team)
- Eine Rollendifferenzierung ist nicht sichtbar (Rollenverteilung: Gruppe)
- Die Rollen und Aufgaben sind klar verteilt und allen Beteiligten bekannt (Rollenverteilung: Team)
- Unverbindliches Nebeneinander oder eher zufälliges Zusammenwirken (Verbindlichkeit: Gruppe)
- Verbindlichkeit in Bezug auf Meetings und Arbeitsabläufe mit wechselseitigen Abhängigkeiten (Verbindlichkeit: Team)
- Passives Warten (Aktivität: Gruppe)
- Jeder Einzelne trägt aktiv zur Lösung der Aufgabe bei (Aktivität: Team)
- Keine gemeinsame Verantwortung für ein Ergebnis (Verantwortung: Gruppe)
- Gemeinsame Verantwortung für das Arbeitsergebnis nach außen (Verantwortung: Team)

„Schauen Sie sich jetzt bitte Ihre Blätter mit den Merkmalen an und überlegen Sie gemeinsam, ob das Merkmal auf Ihrem Blatt eher zu einer Gruppe oder einem Team passt und in welche der hier vor Ihnen liegenden Kategorien Sie Ihr Merkmal einordnen würden."

Der Trainer dreht die Pinnwand um, die er im Vorfeld mit einer Überschriftenwolke „Unterscheidung Gruppe-Team" und den Unterteilungen „Gruppe an der Haltestelle" und „Fußballmannschaft" vorbereitet hat.

„Wenn Sie sich einig sind, dann hängen Sie bitte Ihr Blatt mit dem Merkmal und der dazugehörigen Kategorie zur ‚Gruppe' oder ‚Fußballmannschaft' zugeordnet an diese Pinnwand."

Die Teilnehmer erarbeiten nun gemeinsam mit Unterstützung des Trainers die Pinnwand.

Dieser fasst nach Abschluss der Übung das Wesentliche noch mal zusammen:
„In der Spalte des Sportteams können Sie die meisten der Kriterien wiederfinden, die unserer Definition nach ein Team ausmachen."

Dann wiederholt er die Kriterien und versucht, diese mit realistischen Beispielen aus dem Arbeitsalltag der Teilnehmer zu verbinden. Falls ihm keine passenden Beispiele einfallen, so fragt er die Teilnehmer, ob ihnen konkrete Situationen hierzu einfallen.

Danach schließt er die Arbeit an der Pinnwand ab, indem er das Thema der optimalen Teamgröße anspricht:
„Worüber wir bislang noch nicht gesprochen haben, ist die optimale Anzahl von Teammitgliedern. Wie die Erfahrungen zeigen, sollte ein Team idealerweise aus drei bis acht Personen bestehen. Bei einer größeren Anzahl werden die notwendigen Gruppen- und Arbeitsprozesse häufig recht langwierig und uneffektiv. Aber auch ein zu kleines Team kann ‚gefährlich' werden, da eine gewisse kritische Masse an unterschiedlichen Fachleuten oftmals vorhanden sein muss, um ein qualitativ hochwertiges Ergebnis zu erreichen."

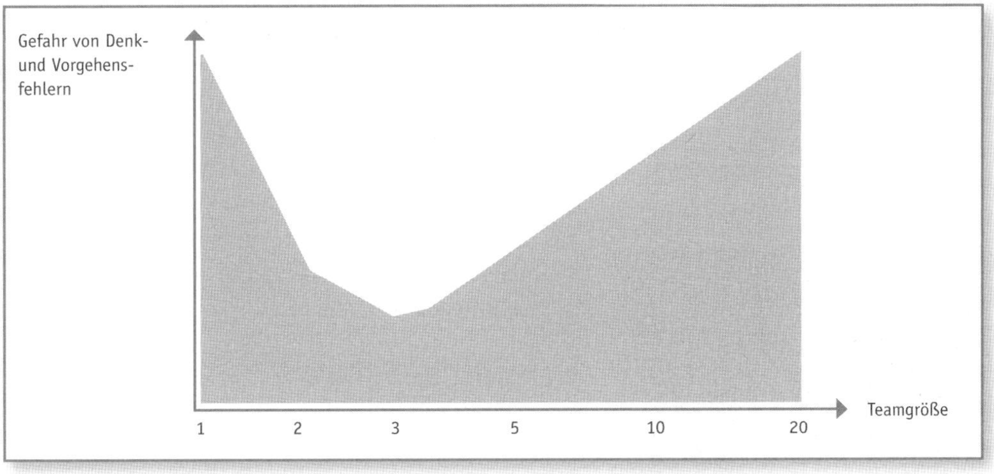

Die dargestellte Abbildung (aus Litke: Projektmanagement, 2007), die der Trainer am Flipchart aufmalen kann, zeigt, wie die Gefahr von Denk- und Vorgehensfehlern mit wachsender Teamgröße zunimmt. Mit der nachfolgenden Abbildung kann dargestellt werden, dass eine gewisse kritische Masse notwenig ist, um einen entsprechenden Output zu erlangen. Es ist die Kunst, in einem Team genau die richtige Balance zwischen Chaos und Kreativität zu finden.

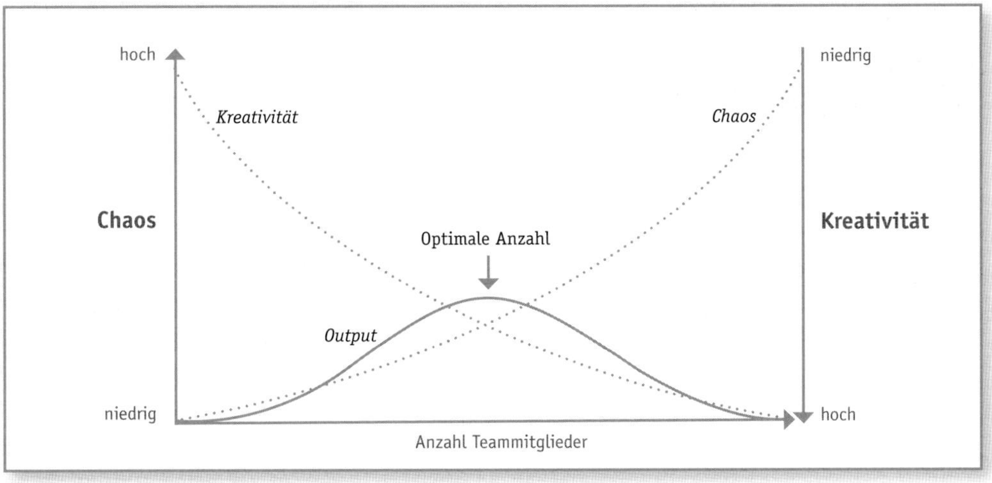

Abb.: Für einen gewünschten Output ist eine gewisse kritische Masse notwendig.

Zum Abschluss bittet der Trainer die Teilnehmer, zu ihrem Teambild zu gehen. Er stellt die folgende Frage: *„Was denken Sie, ist Ihr Team eher eine Gruppe Wartender an einer Bushaltestelle oder eine Fußballmannschaft?“*

Die Teilnehmer werden aufgefordert, mithilfe eines kurzen „Blitzlichts" auf diese Frage nacheinander zu antworten. Es kann vorkommen, dass einigen Teilnehmer zu diesem Zeitpunkt des Seminars bewusst wird, dass ihr vermeintliches Team eher eine Gruppe ist. Der Trainer geht an dieser Stelle des Seminars nicht näher darauf ein, um die Diskussion nicht zu vertiefen. Er kann die Teilnehmer aber darauf hinweisen, dass im weiteren Verlauf des Seminars Methoden vorgestellt werden, wie aus Gruppen tatsächliche Teams entstehen.

Der Trainer beendet mit dem Flipchart „Definition Team" diesen Seminarabschnitt.

„Halten wir fest, dass ein Team im Wesentlichen mit drei Grundmerkmalen beschrieben werden kann. Diese Grundmerkmale sind: ‚gemeinsame Teamaufgabe', ‚gemeinsame Verantwortung' und ‚Kompetenz zur Selbstverantwortung'. Das gemeinsame Verständnis eines Teams und vor allem auch die Unterschiede zwischen einer Gruppe und einem Team sind eine wesentliche Voraussetzung für den weiteren Verlauf des Seminars. Als Nächstes werden wir mithilfe des GRPI-Modells erfahren, wie ein Team genau diese drei Grundmerkmale, die Sie hier am Flipchart sehen können, mit großem Erfolg erfüllen kann."

Hinweise

- Der Baustein „Teamdefinition" ist wichtig für den weiteren Verlauf des Seminars. So muss zunächst ein gemeinsames Grundverständnis über Teams in der Seminargruppe hergestellt werden, bevor nähere Details zu Teamphasen oder -rollen besprochen werden können.
- Die Unterscheidung zwischen „Team" und „Gruppe" fällt den Teilnehmern nicht immer leicht. Hier wird in der Regel heftig diskutiert. Dies ist bewusst so gehalten. Jeder Teilnehmer soll dazu angeregt werden nachzudenken, was ein „Team" im klassischen Sinne ausmacht.
- Um den Begriff „Team" zu Anfang eines Teamseminars mit Leben zu füllen, ist der Vergleich zu Sportmannschaften ideal, da dieses Beispiel für viele der Teilnehmer mit eigenen Erfahrungen hinterlegt ist und erfolgreiche Sportmannschaften auf perfekte Weise das ideale

Team verkörpern. Für einen Trainer ergeben sich hier jede Menge an Beispielen und Parallelen.

Literatur

- Gellert, Manfred/Nowak, Claus: Teamarbeit, Teamentwicklung und Teamberatung. Ein Praxisbuch für die Arbeit in und mit Teams. Limmer Verlag, 4. Aufl. 2010.
- Litke, Hans-Dieter: Projektmanagement: Methoden, Techniken, Verhaltensweisen. Evolutionäres Projektmanagement. Carl Hanser Verlag, 2007.
- http://www.teialehrbuch.de/Kostenlose-Kurse/Projektplanung-mit-MS-Project-2003/images/059.jpg, am 10.07.2010

Download-Ressource

- DIN-A4-Blätter mit den Beschreibungen zu „Team“ und „Gruppe“. www.managerseminare.de/tmdl/b,199771

14:40 Uhr Das GRPI-Modell – Input

Orientierung

Ziele:

- Die Teilnehmer lernen die vier Steuerungsfaktoren zur Optimierung der Teamzusammenarbeit kennen
- Die Teilnehmer bekommen eine Methode an die Hand, neue Teams schrittweise zu formieren

Zeit:

- 40 Minuten

Material:

- Pinnwand „GRPI-Modell"
- Flipchart „Auftragsklärung"
- Flipchart „Checkliste Ziele"
- Flipchart „Checkliste Verantwortlichkeiten"
- Flipchart „Checkliste Arbeits- und Kommunikationsprozesse"
- Flipchart „Checkliste – So vereinbaren Sie Umgangsregeln in Teams"

Überblick:

- Der Trainer erläutert das GRPI-Modell als Grundstruktur für erfolgreiches Arbeiten im Team anhand der vier Faktoren „Ziele", „Rollen und Verantwortlichkeiten", „Prozesse" und „Normen und Werte"
- Für jeden der vier Faktoren werden Checklisten für die gemeinsame Erarbeitung im Team ausgeteilt

Erläuterungen

Das GRPI-Modell erläutert die vier verschiedenen Grundpfeiler für die erfolgreiche Zusammenarbeit im Team. Nachdem die Teilnehmer über die Zuruffrage „Was kennzeichnet ein gutes Team" an das Thema herangeführt wurden und im Anschluss daran die wesentlichen Kriterien für ein Team in Abgrenzung zu einer Gruppe erarbeitet haben, bildet der GRPI-Baustein den maßgeblichen Input-Faktor für den ersten Tag. Hier ist nun der Trainer gefragt, den Teilnehmern ein ihnen in der Regel unbekanntes Modell nahezubringen. Der Zeitpunkt vor der Kaffeepause ist hierfür ideal, da die Teilnehmer noch aufnahmefähig sind und nach der praktischen Übung mit ihren eigenen Teambildern ein großes Interesse dafür entwickeln, welche theoretischen Bausteine es zur Optimierung der Teamzusammenarbeit gibt.

Vorgehen

Der Trainer stellt das GRPI-Modell vor:

„Wie die vorangegangene Übung gezeigt hat, besteht die Aufgabe von Teams darin, zusammen ein Ziel zu erreichen, das ein Mitglied alleine nicht erreichen könnte. Durch die Kombination der Fähigkeiten und Ressourcen der einzelnen Teammitglieder können Synergie-Effekte entstehen. Dieser Effekt kann beispielsweise dazu führen, dass bei Sportteams eine Mannschaft mit den schlechteren Einzelspielern eine Mannschaft aus Stars schlägt. Neben der Kompetenz der Teammitglieder entscheidet die Organisation der Zusammenarbeit ganz wesentlich über die Leistung eines Teams. Das GRPI-Modell, das ich Ihnen nun vorstellen möchte, unterstützt Teams darin, eine effektive Art der Teamorganisation gemeinsam zu erarbeiten. Es basiert auf der Annahme, dass ein Team nur dann Spitzenleistungen erbringen kann, wenn die vier wesentlichen Bereiche der Zusammenarbeit gemeinsam organisiert werden. Ich werde Ihnen nun diese vier Steuerungsfaktoren der Zusammenarbeit eines Teams vorstellen. Beim GRPI-Modell handelt es sich um ein Prozessmodell, d.h., die Absprachen und Vereinbarungen über die Faktoren sollten regelmäßig im Team reflektiert und weiterentwickelt werden."

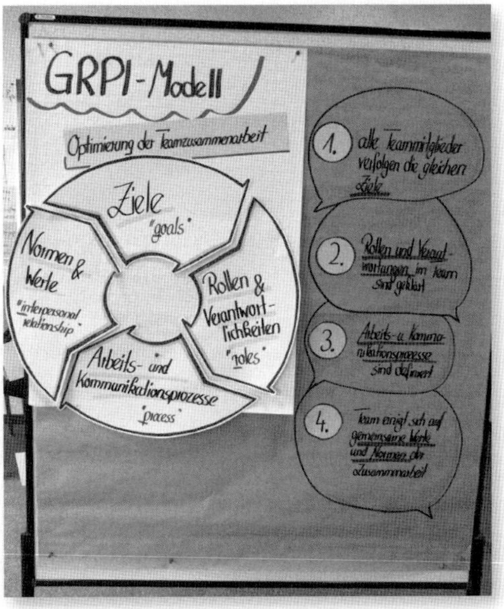

Nun präsentiert er die Pinnwand „Das GRPI-Modell – die vier Steuerungsfaktoren von Teams".

„Das ‚A und O' erfolgreicher Teamarbeit liegt darin, dass alle Teammitglieder die gleichen Ziele verfolgen. Bevor Sie sich jedoch mit den Teamzielen beschäftigen, ist es wichtig, dass der Auftrag des Teams geklärt ist."

Im Anschluss präsentiert er das Flipchart „Auftragsklärung".

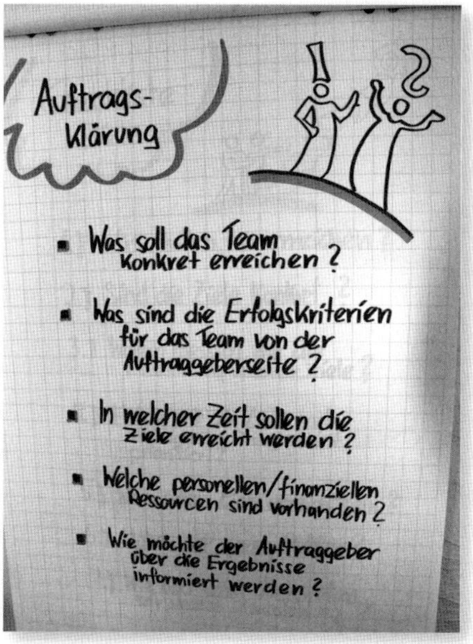

„Als Erstes gilt es festzulegen, was das Team konkret erreichen soll oder will. Was sind die Erfolgskriterien für das Team von der Auftraggeberseite? In welcher Zeit sollen die Ziele erreicht werden? Besprechen Sie auch im Team gemeinsam, welche personellen und finanziellen Ressourcen zur Verfügung stehen und in welchem Umfang und welchen Zeiträumen der Auftraggeber bzw. der Chef über die Ergebnisse unterrichtet werden möchte. Eine solche Auftragsklärung ist die Grundlage für jeden GRPI-Prozess. Die Auftragsklärung selbst muss nicht zwingend im Team erfolgen, dies kann auch der Teamleiter mit dem Auftraggeber bzw. dem übergeordneten Chef klären. Wichtig ist aber, dass alle Teammitglieder den Auftrag und die Rahmenbedingungen kennen.

Ist der Auftrag geklärt, sind die Ziele der Dreh- und Angelpunkt eines jeden erfolgreichen Teams."

Der Trainer weist auf den Pfeil „Goals – Ziele" an der Pinnwand. *„Der Existenzgrund des Teams lässt sich aus den Zielen ableiten. Sie sollten von allen Teammitgliedern getragen werden. Neben den Organisationszielen ist es sinnvoll, auch persönliche Ziele zu erfassen. Sie sind wichtig für die individuelle Motivation der einzelnen Teammitglieder. Ziele sollten mit Zeitfenstern kombiniert werden. In Ihrem Team können Sie die Ziele gemeinsam – etwa mit einer Kartenabfrage – anhand folgender Fragen erarbeiten."*

Der Trainer präsentiert das Flipchart „Checkliste Ziele" (Folgeseite) und liest die Punkte vor:

1. *Was wollen wir erreichen?*
2. *Sind die Ziele konkret beschrieben?*
3. *Woran messen wir die Erreichung unserer Ziele?*
4. *Haben wir die Ziele nach Wichtigkeit und Dringlichkeit priorisiert?*
5. *Bis wann wollen wir unsere Ziele/Teilziele erreichen?*
6. *Haben wir ausreichend Puffer?*
7. *Wie und wann überprüfen wir unsere Zielplanung?*

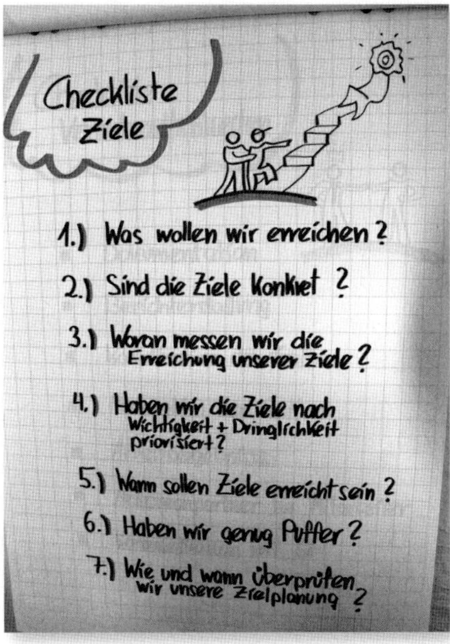

Nach der Präsentation fragt der Trainer nach den Erfahrungen der Teilnehmer mit Zielvereinbarungen im Team und moderiert den Austausch.

Im Anschluss daran deutet der Trainer an der Pinnwand auf den Pfeil „Roles – Rollen".
„Ein weiterer, wichtiger Steuerungsfaktor für Teams ist die Festlegung der Rollen und individuellen Verantwortlichkeiten des Teamleiters und der Teammitglieder. Jedem muss die Rolle, die er im Team einnimmt, klar sein. Die Rollenverteilung im Team muss transparent gemacht und gemeinsam besprochen werden. Hier der kleine Hinweis: Mit den unterschiedlichen Teamrollen werden wir uns noch ausführlich am zweiten Tag beschäftigen. Genau wie die Rollen, sind auch die Verantwortlichkeiten aller Teammitglieder zu klären. Dies sollte gemeinsam diskutiert, ausgearbeitet und anschließend schriftlich festgehalten werden. Dabei sollte auch geklärt werden, welche Kompetenzen erforderlich sind und welche davon vom Team abgedeckt werden können. Ich gebe Ihnen ein Beispiel für die Verantwortlichkeiten von Meetings und Kommunikation. Hier gilt es beispielsweise, folgende Punkte zu regeln: Wer koordiniert und moderiert die Teamtreffen? Wer ist für die Dokumentation und die Berichterstattung im Team verantwortlich? Wer hat welche Arbeitsergebnisse in seinem Verantwortungsbereich? Wer agiert in welchen Bereichen als Ansprechpartner für die Teammitglieder untereinander, aber auch zu

Kunden und Kollegen? Wer kommuniziert was ‚nach oben' und informiert das Team wiederum über wichtige Entscheidungen?"

Der Trainer präsentiert das Flipchart „Checkliste Verantwortlichkeiten".

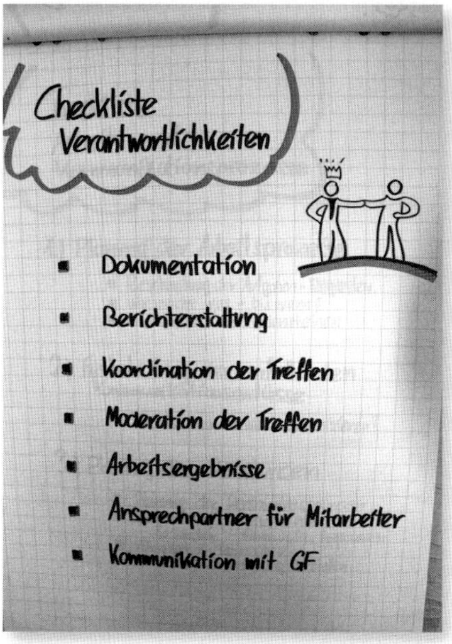

„So, nun haben wir bereits zwei der vier Steuerungsfaktoren des GRPI-Modells für die erfolgreiche Zusammenarbeit kennengelernt. Das ‚G' für die ‚Goals', also die Ziele, und das ‚R' für die ‚Roles', also die Rollen und Verantwortlichkeiten. Wie Sie an der Pinnwand sehen, fehlt uns noch der dritte Steuerungsfaktor, das ‚P' für englisch ‚Process', also die anfallenden Arbeits- und Kommunikationsprozesse.

Für eine effektive Zusammenarbeit ist es natürlich wichtig, die Arbeits- und Kommunikationsprozesse zu definieren. Hier können Sie anhand eines Drei-Stufen-Schemas vorgehen, das ich Ihnen am Flipchart vorstellen möchte."

Daraufhin erläutert er das Flipchart „Checkliste Arbeits- und Kommunikationsprozesse".

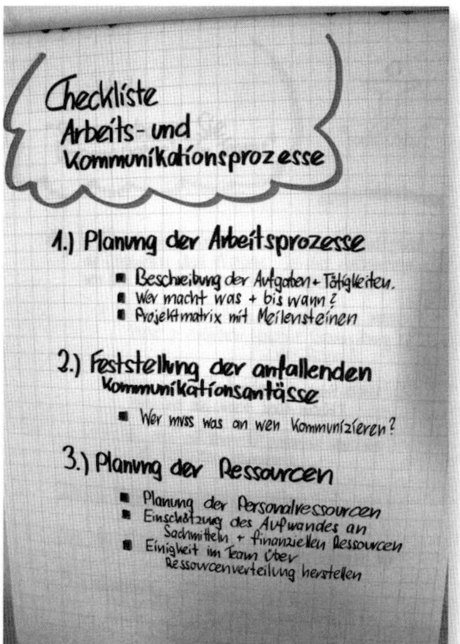

„In einem ersten Schritt gilt es, die Arbeitsprozesse zu planen. Wie gelingt es uns, unsere Ziele effektiv umzusetzen? Hierzu sollten die Aufgaben und Tätigkeiten beschrieben und festgehalten werden, die erledigt werden müssen, um die Ziele zu erreichen. Dabei sollte genau bestimmt werden, wer was bis wann zu erledigen hat. Dies alles lässt sich am besten in einer Projektmatrix aufstellen, die auch Anfang, Ende und sämtliche Meilensteine enthält. In einem weiteren Schritt gilt es die anfallenden Kommunikationsanlässe zu klären. Wer sollte was an wen wann kommunizieren? In einem dritten Schritt gilt es nun die dazu erforderlichen Ressourcen zu planen. Wie viel Personal ist erforderlich, welche Sachmittel und finanziellen Ressourcen werden benötigt? Wichtig ist dabei, Einigkeit im Team über die Ressourcenverteilung herzustellen. Ressourcen sind in der Regel immer knapp, sodass es hier häufig

zum Streit kommt. Deshalb ist es sinnvoll, dies im Team im Vorfeld offen anzusprechen und gemeinsam festzulegen, wie eine vernünftige Verteilung aussehen kann."

Je nach Teilnehmer-Vorerfahrung kann der Trainer einige der Punkte näher erläutern bzw. mit Beispielen hinterlegen. Im Anschluss fragt er nach, ob es Fragen oder Anmerkungen gibt. Hier weisen die Teilnehmer oft darauf hin, dass sie eine solche Vorgehensweise für sinnvoll erachten, dies aber in der Praxis so noch nicht erlebt haben. Ist der Austausch beendet, fährt der Trainer fort:
„Somit kommen wir auch schon zum vierten Steuerungsfaktor des GRPI-Modells, dem ‚I' für ‚Interpersonal Relationship', also den gemeinsamen Normen und Werten für die Zusammenarbeit."

Nun weist er auf den vierten Pfeil „Interpersonal Relationship – Normen und Werte" an der Pinnwand.
„Die Basis für die erfolgreiche Zusammenarbeit im Team ist die Erarbeitung und aktive Umsetzung von gemeinsam abgestimmten Normen und Werten. In der Anfangsphase der Teamentwicklung ist es wichtig, sich darauf zu einigen, welche Art des Umgangs untereinander gewünscht ist. Erfahrungsgemäß fällt die Umsetzung von solchen Normen und Werten der Zusammenarbeit leichter, wenn das erwünschte Verhalten positiv und konkret beschrieben werden kann. Auch hierfür habe ich für Sie eine Checkliste erarbeitet, anhand derer Sie den Prozess der gemeinsamen Erarbeitung gestalten können."

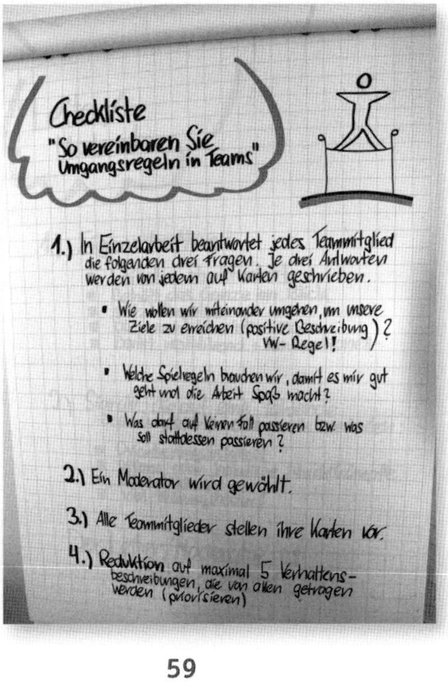

Der Trainer präsentiert und erläutert das Flipchart „Checkliste – So vereinbaren Sie Umgangsregeln in Teams" schrittweise anhand der vier Phasen.
„Um gemeinsame Spielregeln im Team zu vereinbaren, sollte jedes Teammitglied in Einzelarbeit die folgenden drei Fragen beantworten.

- *Wie wollen wir miteinander umgehen, um unsere Ziele zu erreichen? (Positive Beschreibung des erwünschten Verhaltens)*
- *Welche Spielregeln brauchen wir, damit es mir persönlich gut geht und die Arbeit Spaß macht?*
- *Was darf auf keinen Fall passieren bzw. was soll stattdessen passieren?*

Hierzu schreibt jeder bitte die drei wichtigsten Antworten auf Karten und hängt diese an eine Pinnwand. In der zweiten Phase wird nun ein Moderator aus dem Team gewählt. Der Moderator bittet jedes Teammitglied, seine Karten kurz zu erläutern. Anschließend steuert der Moderator die Priorisierung der Karten. Am Schluss sollen maximal fünf Verhaltensweisen übrig bleiben – das sind dann die Spielregeln des Teams, die von allen getragen werden. Der Moderator kann hierzu beispielsweise jedem Teammitglied fünf Klebepunkte geben. Jedes Teammitglied soll anonym (Pinnwand wird umgedreht) die für ihn wichtigsten fünf Umgangsformen ‚bepunkten'. Auch der Moderator soll sich hierbei beteiligen. Haben alle ihre Punkte geklebt, zählt der Moderator die Punkte und markiert die fünf am häufigsten ausgesuchten Spielregeln. Diese können natürlich im weiteren Teamprozess angepasst, weiterentwickelt und ergänzt werden.

Somit haben wir also die vier Steuerungsfaktoren zur Optimierung der Zusammenarbeit in Teams. Gibt es hierzu Fragen oder Anmerkungen?"

Der Trainer moderiert je nach Diskussions- und Fragenbedarf den Austausch im Plenum. Abschließend kann er ein Fazit in Form eines Appells ziehen:

„Das GRPI-Modell hilft Ihnen, den Prozess der Teamorganisation zu steuern. Zum Abschluss dieses Prozesses sollten alle Teammitglieder die gleichen Ziele verfolgen, die Rollen und Verantwortlichkeiten im Team geklärt und die Arbeits- und Kommunikationsprozesse definiert sein. Das Team sollte sich auf gemeinsame Normen und Werte der Zusammenarbeit geeinigt haben und diese auch in der täglichen Arbeit leben.

In unserem Fotoprotokoll haben Sie natürlich auch die Checklisten der Prozess-Steuerung dokumentiert, damit Sie diesen Prozess zukünftig selbst in Ihren Teams steuern können. Gerade an dieser Stelle möchte ich Sie auf die wichtige Rolle des Teamleiters hinweisen. Die Gestaltung der Rahmenbedingungen ist keine einmalige Aktion, die zu einem bestimmten Zeitraum abgeschlossen ist. Teamentwicklung ist immer ein fortlaufender Prozess. Kommt es zu Schwierigkeiten in der Zusammenarbeit, verändert sich die Zusammensetzung oder warten neue Herausforderungen auf ein Team, dann sollte die Zusammenarbeit angepasst und neu justiert werden. Hier kann es ausreichend sein, nur eine Ebene, beispielsweise die Ziele, neu zu verhandeln. Dem Teamleiter kommt hierbei eine wesentliche Rolle zu, in der er nicht nur die richtigen Ziele mit dem Team vereinbart, sondern auch deren Umsetzung ermöglicht, Erfolg und Fortschritt verkündet und das Team in seinem Bemühen positiv bestärkt.

Bevor Sie sich gleich in der ‚Zin-Übung' Ihrer ersten gemeinsamen Herausforderung als Team hier stellen, möchte ich Ihnen abschließend noch ein paar praktische Erfahrungen zum GRPI-Modell mit auf den Weg geben. Wichtig ist, dass Sie und Ihr jeweiliges Team für den GRPI-Prozess genügend Zeit investieren, um sicherzustellen, dass sich jedes Teammitglied einbringen kann und sich den Ergebnissen verpflichtet fühlt. Meine Erfahrungen zeigen, dass dies häufig aufgrund von Zeitmangel und Aufgabendruck vernachlässigt wird. Dies führt in der Regel jedoch dazu, dass im weiteren Verlauf der Teamarbeit Konflikte auftreten, da Ziele, Verantwortungen und Abläufe nicht geklärt sind. Wird jedoch am Anfang der Teamfindung ein besonderes Augenmerk darauf gerichtet und bewusst Zeit eingeplant, die vier Steuerungsfaktoren gemeinsam mit Leben zu füllen, so wird der zukünftige Zeitaufwand für die Organisation der Zusammenarbeit mehr und mehr abnehmen, und das Team ist frei für kreative Arbeitsprozesse. Die Investition lohnt sich also!"

Hinweise

- Das GRPI-Modell ist ein zentraler Baustein des gesamten Seminars, da es die wesentlichen Faktoren der Teamzusammenarbeit auf sehr einprägsame Art darstellt. Wie unsere Erfahrungen zeigen, bleibt das GRPI-Modell lange in der Erinnerung der Teilnehmer.
- Während der Informationsvermittlung sollte der Trainer darauf achten, dass er die Teilnehmer entsprechend einbezieht, dabei aber nicht den Blick auf die Zeit verliert. Dieser Baustein dient zunächst einmal dazu, den Teilnehmern das Modell vorzustellen und nicht bereits sämtliche Faktoren en détail auszudiskutieren.
- Der Trainer kann den Input zum GRPI-Modell auch durch eine Zuruffrage einleiten. Hierzu stellt er die Frage in den Raum *„Was ist nötig, damit Teams erfolgreich zusammenarbeiten?"* – und notiert die Antworten unkommentiert auf einem Flipchart „Faktoren für die erfolgreiche Zusammenarbeit von Teams". In der Regel werden hier sehr viele Faktoren unterschiedlicher Wichtigkeit genannt. Der Trainer kann die Überleitung wie folgt gestalten: *„Wie Sie sehen, gibt es eine Vielzahl von Punkten, die für den Erfolg von Teams eine Rolle spielen. Ich möchte Ihnen nun ein Modell vorstellen, dass die Steu-*

erungsfaktoren von Teams auf vier wesentliche Ebenen beschränkt und somit hervorragend für den praktischen Einsatz mit Ihren Teams geeignet ist."

Literatur

- Gellert, Manfred/Nowak, Claus: Teamarbeit, Teamentwicklung und Teamberatung. Ein Praxisbuch für die Arbeit in und mit Teams. Limmer, 4. Aufl. 2010.

15:20 Uhr Kurze Pause

Der Zin-Obelisk – Teamübung zu Informationsaustausch und Kommunikation

15.30 Uhr

Orientierung

Ziele:

- Die Teilnehmer erarbeiten auf spielerische Weise, wie der Informationsaustausch und das gemeinsame Erarbeiten von Lösungen in Teams besser gelingt

Zeit:

- 50 Minuten (10 Min. Aufgabenerläuterung und Gruppenaufteilung, 30 Min. Durchführung, 10 Min. Puffer)

Material:

- Flipchart „Zin-Obelisk“
- Flipchart „Zin-Obelisk – die Lösung“
- Je Untergruppe ein Stoß Informationskarten „Zin-Obelisk“ (Kopiervorlage als PDF-Dokument)
- Beobachterbogen „Zin-Obelisk“ (Kopiervorlage als PDF-Dokument)

Überblick:

- Die Teilnehmer werden in zwei Gruppen aufgeteilt
- Für jede der beiden Gruppe wird ein Beobachter festgelegt
- Der Trainer deckt das Flipchart „Zin-Obelisk“ auf und erläutert die Aufgabe
- Jede Gruppe versucht, zunächst die Lösung für die Aufgabe zu erarbeiten
- Bietet eine Gruppe einen Lösungsvorschlag, so erhält die zweite Gruppe noch 5 bis 10 Min. zusätzlich gewährt, um selbstständig auf die richtige Lösung zu kommen
- Im Plenum erläutert anschließend die „Sieger-Gruppe“ ihre Lösung und den dazugehörigen Lösungsweg
- Der Trainer korrigiert oder ergänzt je nach Bedarf anhand des Flipcharts „Zin-Obelisk – die Lösung“
- Es findet eine gemeinsame Reflexion über die Prozesse im Team statt – unterstützt und angeregt durch die Beobachter (siehe hierzu nächste Übung „Reflexion Zin-Obelisk“).

Erläuterungen

Mit dem „Zin-Obelisk" starten die Teilnehmer ihre erste größere gruppendynamische Teamübung in diesem Seminar. Die Teilnehmer erhalten dadurch nicht nur theoretischen Input zu Teams, sondern erarbeiten sich die wichtigsten Punkte selbst. Dies führt zu einem tieferen Verständnis und längeren Erinnerungseffekt. Die Abwechslung zwischen aktiven und passiven Seminarphasen hält zudem die Konzentration und Aufnahmefähigkeit der Teilnehmer über einen längeren Zeitraum aufrecht. Insofern sollte auf alle Fälle bereits am ersten Seminartag eine gruppendynamische Übung durchgeführt werden.

Vorgehen

Der Trainer leitet die Übung ein:
„Wie Sie aus Ihrer Erfahrung wissen, verläuft der Informationsaustausch und das gemeinsame Erarbeiten von Lösungen in Teams nicht immer reibungslos. Anstatt Ihnen das auf theoretische und eher trockene Art und Weise zu erläutern, habe ich stattdessen für Sie eine Aufgabe, die Sie im Wettstreit lösen sollen. Gewonnen hat diejenige Gruppe, der es gelingt, am schnellsten auf die richtige Lösung zu kommen. Bevor ich Ihnen die Aufgabe erläutere, ist es sinnvoll, dass wir zunächst zwei Gruppen bilden. Ich würde vorschlagen, wir zählen auf zwei durch, sodass wir Gruppe 1 und Gruppe 2 haben. Bitte merken Sie sich beim Durchzählen Ihre Gruppe. Wir starten vorne links mit ‚1'."

Der Trainer animiert den Teilnehmer auf der linken vorderen Seite laut „eins" zu rufen, der Nachbar zur Rechten „zwei", dessen Nachbar zur Rechten startet wiederum mit „eins", so geht es reihum. Am Ende des Durchzählens hat jeder Teilnehmer seine Gruppe.

„Gut, ich würde nun Gruppe eins und Gruppe zwei bitten, sich zusammenzufinden. Gruppe eins findet sich bitte in der linken hinteren Hälfte des Raumes zusammen, Gruppe zwei in der rechten." Sobald sich beide Gruppen zusammengefunden haben, fährt der Trainer fort: *„Für beide Gruppen benötigen wir nun einen zuverlässigen Beobachter, der genau analysiert, wie die Gruppen gleich zusammenarbeiten. Wer möchte dies machen?"* Der Trainer gibt den Teilnehmern etwas Zeit, sodass sich aus jeder Gruppe ein Beobachter finden kann. *„Die Beobachter erhalten von mir gleich einen Beobachterbogen, der sie bei der Analyse des Teamprozesses unterstützen soll. Zunächst möchte ich jedoch allen die Aufgabe erläutern."*

Der Trainer deckt das Flipchart „Zin-Obelisk“ auf.

„Ihre Aufgabe lautet wie folgt: In der sagenhaften Stadt Atlantis wurde zu Ehren der Göttin Tina ein massiver, rechtwinkliger Obelisk erbaut, den man Zin nannte. Es dauerte weniger als zwei Wochen, um das Monument zu erstellen. Sie sollen herausfinden, an welchem Wochentag der Zin erbaut wurde. Dazu haben Sie Informationen auf den Karten. Jeder von Ihnen erhält gleich viele Informationskarten. Sie dürfen die Informationen, die Sie auf Ihren Karten finden, den anderen in Ihrer Gruppe mitteilen. Sie dürfen jedoch die Karten keinem anderen Teilnehmer zeigen. Das ist die einzige, aber sehr wichtige Regel. Die Karten bleiben in Ihren Händen. Gewonnen hat diejenige Gruppe, die als Erste den richtigen Wochentag nennt – und natürlich auch den Lösungsweg erläutern kann, der zu der Antwort geführt hat. Soweit Ihre Aufgabe! Gibt es hierzu noch Fragen?“

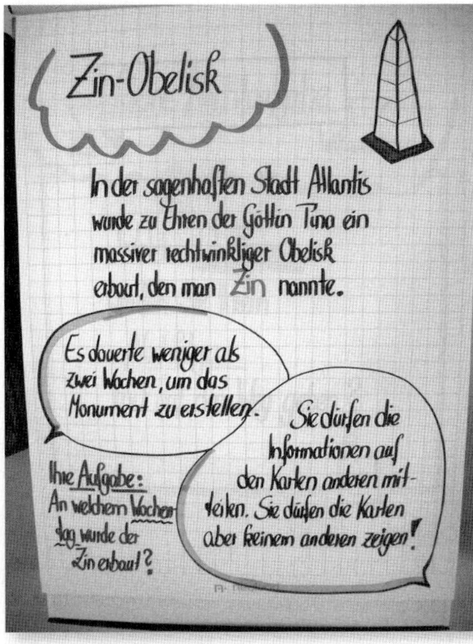

An dieser Stelle wird häufig gefragt, ob die Teilnehmer die Informationen, die sie auf ihren Karten haben, aufschreiben können oder ob sie die im Raum vorhandenen Flipcharts nutzen können. Dies ist erlaubt: Jede Gruppe kann im Raum vorhandene Hilfsmittel nutzen, um z.B. ihre Ideen auf einem Flipchart oder einer Pinnwand festzuhalten. Weisen Sie die Gruppen aber nicht von selbst darauf hin.

Tipp: Der Trainer geht am besten nicht zu detailliert auf die einzelnen Fragen ein, sondern weist noch einmal auf die einzige Regel hin: *„Sie sind vollkommen frei, wie Sie die Lösung in der Gruppe erarbeiten. Die einzige Regel ist, dass Sie Ihre erhaltenen Karten nicht offenlegen, austauschen oder anderen zeigen dürfen. Die Karten bleiben in Ihren Händen.“*

Nun gibt der Trainer den beiden Beobachtern den Beobacherbogen „Zin-Obelisk“ und weist die Beobachter darauf hin, dass sie eine wichtige Rolle in der anschließenden Reflexionsrunde spielen: *„Ich habe für Sie einige Fragen vorbereitet, die Sie unterstützen sollen, zu beobachten, wie Ihre Gruppe gleich als Team zusammenarbeitet. Versuchen Sie in Ihrer Gruppe so genau wie möglich zu beobachten, was passiert.*

Bitte machen Sie sich zu den einzelnen Punkten Notizen. Sie spielen in der anschließenden Reflexion der Teamübung eine wichtige Rolle. Bitte bedenken Sie aber auch, dass Sie als Beobachter eine neutrale Rolle einnehmen. Beobachten Sie ganz genau, aber greifen Sie auf keinen Fall in den Teamprozess ein."

Die beiden Gruppen nehmen getrennt voneinander jeweils um einen Tisch herum Platz. Sobald dies geschehen ist, teilt der Trainer die Informationskarten aus (darauf achten, dass diese gut gemischt sind).

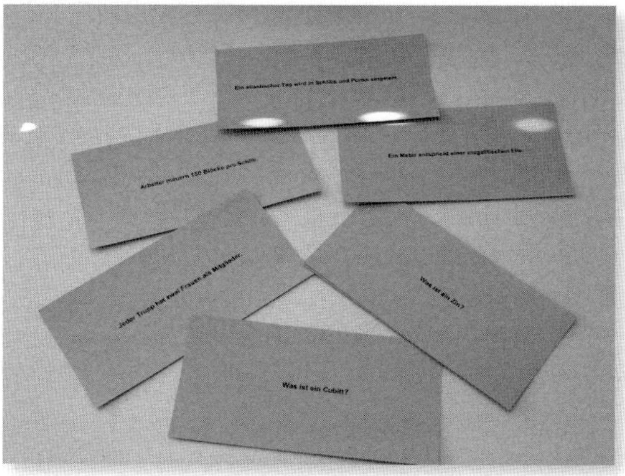

Abb.: Infokarten

Damit beide Gruppen die gleichen Startbedingungen haben, bleiben die Karten zunächst umgedreht auf dem Tisch liegen und dürfen erst mit dem Startsignal des Trainers in die Hand genommen und gelesen werden. Erst wenn in beiden Gruppen alle Karten ausgeteilt sind, eröffnet der Trainer das Spiel:
„Der Wettkampf ist eröffnet. Versuchen Sie so schnell wie möglich den richtigen Wochentag herauszufinden, an dem der Zin erbaut wurde."

Während des Spielverlaufs achtet der Trainer darauf, dass die Karten nicht offengelegt oder ausgetauscht werden. Zudem beobachtet er zusammen mit den Beobachtern den Prozess der Zusammenarbeit und macht sich gegebenenfalls Notizen. Wie die Erfahrungen zeigen, ist es für die Reflexionsrunde gut, einige spontane Aussagen der Teilnehmer wörtlich mitzunotieren.

Bietet eine Gruppe einen Lösungsvorschlag, fragt der Trainer zunächst nach: *„Ist dies Ihre endgültige Lösung? Können Sie auch den Lösungsweg, der zu Ihrer Lösung geführt hat, erläutern?"*

Erst wenn die Gruppe beide Fragen bejaht, erklärt der Trainer laut: *„Die erste Lösung liegt vor. Da wir noch nicht wissen, ob es auch die richtige Lösung ist, gebe ich der zweiten Gruppe noch fünf Minuten Zeit, ebenfalls zu einer Lösung zu gelangen."*

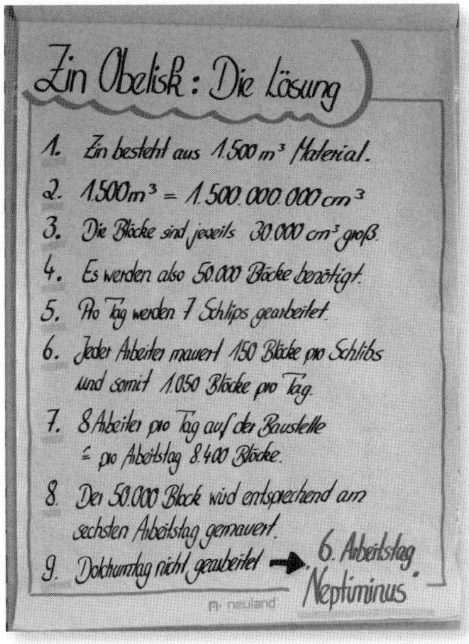

Sind die fünf Minuten abgelaufen, fragt der Trainer die zweite Gruppe, zu welcher Lösung sie gelangt ist. Der Trainer notiert die Lösung von Gruppe eins und Gruppe zwei auf einem Flipchart. Anschließend finden sich alle wieder im Sitzkreis im Plenum zusammen. Die Gruppe, die zuerst eine Lösung genannt hat, soll zunächst ihren Lösungsweg erläutern. Falls die Lösung falsch ist, darf die zweite Gruppe ihre Lösung samt Weg erläutern. Der Trainer ergänzt bzw. korrigiert die Lösung der Teilnehmer mithilfe des Flipcharts „Zin-Obelisk – die Lösung".

Im Anschluss ehrt der Trainer die erfolgreiche Gruppe mit einem gemeinsamen Beifall und einem kleinen „Siegergeschenk" (z.B. Mini-Schokotafeln für die Sieger).

Hinweise

- Die beiden Untergruppen benötigen nicht unbedingt getrennte Räume. In der Regel ist es ausreichend, den Seminarraum mit zwei Pinnwänden zu unterteilen und die Gruppen darauf hinzuweisen, dass sie nicht zu laut sprechen sollen, sodass ihre Mitspieler nicht „spionieren" können.
- Der Verlauf der Übung ist von Gruppe zu Gruppe sehr unterschiedlich. Während sich bestimmte Teams ruckzuck auf eine gemeinsame Vorgehensweise einigen und sich schrittweise der Lösung ohne größere Probleme nähern, fallen andere Teams nach Sichtung der Karten in eine „Keine Ahnung, was soll das denn?"-Haltung. Gerade einzelne Teilnehmer können die Übung zu einem Erfolg oder zu einem Scheitern bringen. Dies ist auch so gewollt, da sich dadurch gruppendynamische Prozesse und Teamrollen auf hervorragende Art und Weise praktisch veranschaulichen lassen. Der Trainer sollte deshalb niemals in das Geschehen eingreifen, sondern ausschließlich die Rolle des neutralen Beobachters einnehmen!

Informationskarten „Zin-Obelisk“

Es sollten Karten in den Abmessungen von ca. 50 mal 75 mm vorbereitet werden, und jede Karte sollte eine der folgenden Informationen enthalten:

- Die grundlegende Maßeinheit für Zeit in Atlantis ist der Tag.
- Ein atlantischer Tag wird in Schlibs und Ponks eingeteilt.
- Die Länge des Zin ist 10 m.
- Die Höhe des Zin ist 30 m.
- Die Breite des Zin ist 5 m.
- Der Zin ist aus Steinblöcken gebaut.
- Jeder Block ist 30.000 cm^3 groß.
- Der erste Tag der atlantischen Woche ist Aquatag.
- Der zweite Tag der atlantische Woche ist Neptiminus.
- Der dritte Tag der atlantischen Woche ist Haitag.
- Der vierte Tag der atlantischen Woche ist Medusentag.
- Der fünfte Tag der atlantische Woche ist Doldrumtag.
- Die atlantische Woche hat fünf Tage.
- Der Arbeitstag hat 9 Schlibs.
- Jedem Arbeiter stehen Pausen von insgesamt 16 Ponks pro Arbeitstag zu.
- Ein Schlib hat 8 Ponks.
- Ein Arbeiter mauert 150 Blöcke pro Schlib.
- Wenn gearbeitet wird, ist jeweils ein Trupp von 9 Personen auf der Baustelle.
- Ein Mitglied des Trupps hat religiöse Aufgaben und mauert nicht.
- Am Doldrumtag wird nicht gearbeitet.
- Was ist ein Cubitt?
- Ein Cubitt ist ein Würfel, der an jeder Seite eine megalitische Elle misst.
- Ein Meter entspricht einer megalitischen Elle.
- Wird Sonntags gearbeitet?
- Was ist ein Zin?
- Wie steht der Zin?
- Der Zin wird aus grünen Blöcken gebaut.
- Grün hat am Medusentag eine religiöse Bedeutung.
- Jeder Trupp hat zwei Frauen als Mitglieder.
- Die Arbeit beginnt am ersten Tag der atlantischen Woche.
- Es arbeitet nur ein Trupp beim Aufbau des Zin.

Beobachterbogen „Zin-Obelisk"

- Welche Aktionen haben der Gruppe geholfen, die Aufgabe zu lösen?
- Welche Aktionen behinderten die Gruppe eher bei der Lösung der Aufgabe?
- Wie hat sich Führung im Team herausgebildet?
- Wer hat welche Rollen eingenommen?
- Wer hat sich am meisten/wer eher wenig beteiligt?
- Wie haben Sie die Stimmung in der Gruppe während des Prozesses erlebt?
- Wie hätte das Team noch besser zusammenarbeiten können?
- Was ist Ihnen sonst aufgefallen?

Download-Ressourcen

- Die Infokarten „Zin-Obelisk" sowie der Beobachterbogen „Zin-Obelisk" stehen Ihnen als Download-Ressourcen zur Verfügung. www.managerseminare.de/tmdl/b,199771

16:20 Uhr Der Zin-Obelisk – Reflexion

Orientierung

Ziele:

- Die Teilnehmer lernen Möglichkeiten zur Optimierung der Teamzusammenarbeit kennen
- Sie übertragen Erkenntnisse aus der Zin-Obelisk-Übung auf ihre jeweilige Berufspraxis
- Der Trainer führt die Kartenfrage als weiteres aktivierendes Element in das Seminar ein

Zeit:

- 30 Minuten (10 Min. Eindrücke, 10 Min. Kartensammlung, 10 Min. Präsentation der Karten)

Material:

- Pinnwand „Reflexion Zin-Obelisk"
- Moderationskarten in zwei Farben (blau und grün)

Überblick:

- Der Trainer leitet die Reflexionsrunde ein
- Die Beobachter schildern, wie sie die Zin-Obelisk-Übung in ihrer Gruppe erlebt haben
- Die Teilnehmer ergänzen die Ausführungen der Beobachter um ihre Eindrücke
- Die Teilnehmer reflektieren gemeinsam, wie die Zusammenarbeit in den jeweiligen Teams noch besser hätte laufen können
- Die Teilnehmer tragen zusammen, welche Erkenntnisse sich aus der Zin-Obelisk-Übung in die Berufspraxis übertragen lassen

Erläuterungen

Eine Methode sollte in einem Seminar niemals zum Selbstzweck eingesetzt werden. Umso wichtiger ist es, dass jede Übung ausreichend reflektiert wird, sodass die Teilnehmer daraus tatsächlich einen Lerngewinn ziehen können. Die Reflexion verläuft immer in Abhängigkeit vom Ablauf der Übung. Hier sollte der Trainer situativ entscheiden, welche Fragen er für die Reflexionsrunde in den Fokus stellt. Die hier gemachten Ideen sind deshalb tatsächlich nur als Anregungen zu verstehen.

Vorgehen

Bereits vor Beginn dieser Einheit bereitet der Trainer die Pinnwand „Reflexion Zin-Obelisk“ vor und stellt diese noch verdeckt im Seminarraum auf.

Nach Abschluss der Übung leitet er dann die Reflexionsrunde ein:
„Im Folgenden wollen wir ein wenig näher betrachten, wie Sie in Ihren jeweiligen Gruppen als Team zusammengearbeitet haben. Was lief gut? Was hätte man noch besser machen können? Hierzu bitte ich zunächst die Beobachter, dass Sie uns schildern, was Sie mit neutralem Blick von außen beobachten konnten. Am besten orientieren Sie sich hierbei an den Fragen des Beobachterbogens.“

Die Beobachter schildern ihre Eindrücke. Anschließend kann jeder Teilnehmer in Form eines Blitzlichts in ein bis zwei Sätzen erläutern, wie er die Übung erlebt hat.
„Nachdem wir zuerst die Beobachter gehört haben, bitte ich auch jeden von Ihnen, uns in ein bis zwei Sätzen kurz und prägnant zu erläutern, wie Sie die Übung wahrgenommen haben.“

Im Anschluss daran fährt der Trainer fort:
„Wie Sie feststellen können, verläuft die Zusammenarbeit in den Gruppen unterschiedlich. Dennoch gibt es Punkte, die unabhängig von einzelnen Personen die Teamarbeit verbessern. Hier sollten wir auf alle Fälle noch einmal näher hinschauen.“

Der Trainer dreht die Pinnwand „Reflexion Zin-Obelisk“ um.

„Ich möchte Sie nun bitten, dass Sie zu zweit die Köpfe zusammenstecken und sich gemeinsam Folgendes überlegen. Erstens: ‚Wie hätte die Zusammenarbeit in Ihrem Team noch besser laufen können?‘ – und zweitens: ‚Welche Erkenntnisse können Sie aus der Zin-Obelisk-Übung auf Ihre Berufspraxis übertragen?‘ Jedes Zweierteam sammelt zu jedem der beiden Punkte die Ihrer Ansicht nach drei wichtigsten Aspekte. Für die erste Frage verwenden Sie bitte die blauen Moderationskarten und für die zweite Frage die grünen. Hierfür haben Sie zehn Minuten Zeit.“

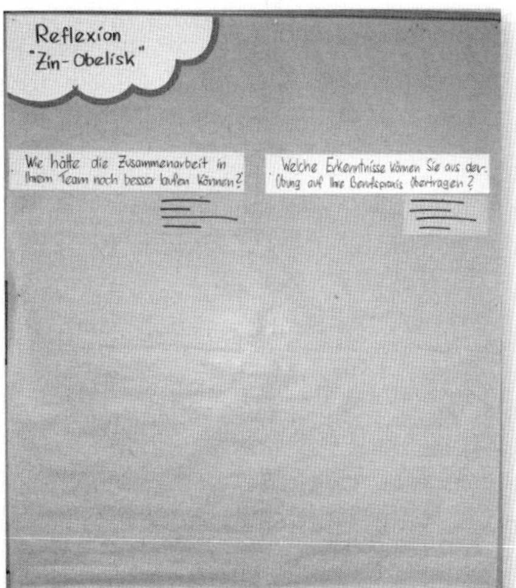

Der Trainer teilt Moderationskarten und Stifte aus und fragt, ob die Aufgabenstellung allen klar ist. Nach fünf Minuten erinnert er die Gruppe daran, dass sie noch fünf Minuten Zeit haben. Dann kommt jedes Zweierteam reihum nach vorne an die Pinnwand, erläutert die von ihnen gefundenen Aspekte und pinnt die Karten entsprechend an.

Zum Abschluss fasst er die Erkenntnisse aus der Zin-Obelisk-Übung nochmals anhand der Karten zusammen und ergänzt gegebenenfalls um eigene Erkenntnisse.

Hinweise

- Der Trainer sollte darauf achten, dass im Seminar ausreichend Zeit für die Reflexion vorhanden ist. Den Teilnehmern sollte die Wichtigkeit der Reflexion deutlich werden. Der Trainer kann hierzu zum Beispiel gezielt darauf hinweisen, wie wichtig es ist, dass jeder Teilnehmer etwas für sich aus der Übung für seinen Arbeitsalltag mitnimmt.
- Die Dauer der Reflexion kann über die Anzahl der zu sammelnden Aspekte bzw. der an die Teilnehmer ausgeteilten Karten gesteuert werden. Wichtig ist hierbei auch, dass die Erläuterungen der Karten kurz und knapp durchgeführt wird. Die Teilnehmer sollen die Aspekte lediglich nennen, nicht aber begründen oder zu detailliert erörtern, da ansonsten die Übung zeitlich aus dem Ruder läuft.

Literatur

Eine Vielzahl von unterschiedlichen Reflexionsmethoden sowie Hinweise zu deren sinnvollen Anwendung finden sich in:

- Friebe, Jörg: Reflexion im Training. Aspekte und Methoden der modernen Reflexionsarbeit. managerSeminare, 2010.

Feedbackrunde in fünf Worten 16:50 Uhr

Orientierung

Ziele:
- Die Teilnehmer erhalten eine Zusammenfassung des ersten Seminartages
- Der Trainer bekommt Feedback, wie die Teilnehmer den Tag erlebt haben
- Der Trainer führt das Blitzlicht als aktivierendes Element in das Seminar ein

Zeit:
- 10 Minuten

Material:
- Pinnwand „Seminarfahrplan“
- Flipchart „Feedback in fünf Worten“

Überblick:
- Der Trainer fasst den ersten Seminartag zusammen
- Jeder Teilnehmer gibt in fünf Worten blitzlichtartig ein Abschluss-Feedback zum ersten Tag

Erläuterungen

Die Abschlussrunde am ersten Tag wird bewusst kurz gehalten. Für die Teilnehmer bringt der erste Seminartag sehr viele Eindrücke. Oft fällt es schwer, diese direkt im Anschluss zu konkretisieren. Dennoch ist es für den Trainer wichtig, jeden Teilnehmer zumindest kurz zu Wort kommen zu lassen und zu prüfen, ob das Seminar „auf Kurs ist“.

Vorgehen

Der Trainer leitet die Abschlussrunde ein:
„Der erste Seminartag neigt sich dem Ende. Ich möchte die Gelegenheit nutzen, für uns alle noch mal ein wenig zu reflektieren, was wir heute den Tag über gemacht haben.“

Er stellt sich an die Pinnwand „Unser Seminarfahrplan“ und gibt anhand der Inhaltskarten einen kurzen Überblick über den Ablauf des ersten Tages. Dieser kann beispielsweise wie folgt aussehen.

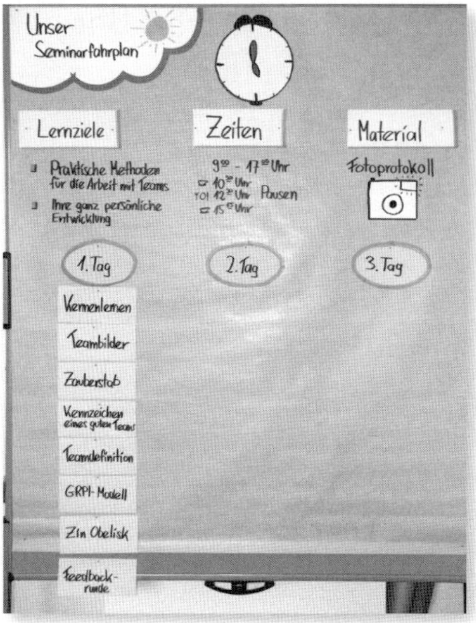

„Heute Morgen sind wir langsam gestartet. Ich habe Ihnen zunächst einen organisatorischen Überblick gegeben, bevor Sie die Möglichkeit hatten, sich in einer Tempo-Morgenrunde kurz vorzustellen. Anschließend haben Sie mir fünf Fragen gestellt, um auch mich ein wenig kennenzulernen. Danach sind wir schon richtig in das Thema „Teams entwickeln und führen" eingestiegen, nämlich mit Ihren Teambildern. Wir haben frei spekuliert, wie die Teambilder auf uns wirken – und jeder von Ihnen hat anschließend erzählt, wie sich seine Teamsituation darstellt. Damit haben wir uns heute Vormittag ausführlich beschäftigt, bevor wir alle in die Mittagspause sind. Danach haben Sie ein kleines Experiment gewagt und versucht, den Zauberstab zu Boden zu bringen. Anschließend haben wir uns dem Thema Teams auch dem ersten Mal von einer theoretischen Seite her genähert. Wir hatten zunächst am Flipchart gesammelt, welche Kriterien ein gutes Team kennzeichnen. Unser Flipchart hängt mittlerweile an der Wand. Danach haben wir definiert, was ein Team ist – und was ein Team von einer Gruppe unterscheidet. Im Anschluss habe ich Ihnen das GRPI-Modell mit den vier Steuerungsfaktoren für eine erfolgreiche Teamorganisation vorgestellt. Sie sind in die erste Teamübung gegangen und haben sich beim Zin-Obelisk mit einer Vielzahl von Informationen auseinandersetzen müssen. Nun ist es mir als Trainer wichtig zu hören, wie Sie unseren ersten gemeinsamen Seminartag erlebt haben. Passt so weit alles? Gibt es Änderungsbedarf? Lob? Kritik? Ich bitte Sie um eine kleine Einschätzung."

Anschließend deckt er das Flipchart „Feedback in fünf Worten" auf.

„Für unsere abendliche Abschlussrunde hat aber jeder von Ihnen nur fünf Worte zur Verfügung. Deswegen überlegen Sie gut, was Sie mir und den anderen mitteilen möchten. Dies darf auch gerne auf humorvolle Art und Weise geschehen! Überlegen Sie kurz – und wir starten dann querbeet mit unserer Feedbackrunde in fünf Worten."

Der Trainer gibt den Teilnehmern etwas Zeit nachzudenken und fragt dann in die Runde: *„Sind alle so weit? Wer möchte starten?"*

Derjenige, der sich meldet, bekommt einen Ball zugeworfen und soll diesen nach seinem Feedback an einen anderen Teilnehmer werfen. Der Trainer achtet gerade am Anfang darauf, dass tatsächlich nur fünf Worte genannt werden. Jeder Teilnehmer erhält die Möglichkeit, sich zu äußern, wie er den Tag erlebt hat. Sind alle zu Wort gekommen, lässt sich der Trainer den Ball zuwerfen und gibt ebenfalls Feedback in fünf Worten:
„Natürlich will auch ich es nicht versäumen, Ihnen in fünf Worten zu schildern, wie ich den Tag erlebt habe: ‚unterhaltsam, lehrreich, spannend, gerne mehr'. Ich bedanke mich ganz herzlich bei Ihnen für Ihre Aufmerksamkeit und wünsche Ihnen einen schönen Feierabend. Wir sehen uns morgen pünktlich um 9 Uhr wieder hier im Seminarraum."

Hinweise

- Der Trainer nimmt für die Feedbackrunde Papier und Stift zur Hand und notiert sich einige Eindrücke. Falls Kritik oder Verbesserungsvorschläge geäußert werden, sollten diese auf alle Fälle mitgeschrieben werden. Zwar werden die einzelnen Beiträge der Teilnehmer nicht kommentiert, bei negativen Eindrücken sollte der Trainer aber im Anschluss an die Feedbackrunde reagieren, beispielsweise so: „Vielen Dank für Ihre Eindrücke, insbesondere natürlich auch für die offenen Worte. Ich habe mir diese notiert – und überlege mir bis morgen, wie wir die von Ihnen genannten Punkte in den Griff bekommen."
- Eine weitere Möglichkeit, Feedback schnell und auf abwechslungsreiche Art einzuholen, stellt der „abendliche Wetterbericht" dar. Hierzu bittet der Trainer die Teilnehmer in vier bis sechs Sätzen zu erläutern, wie sich nach dem ersten Seminartag die individuelle Wetterlage gestaltet – beispielsweise „Sonnenschein und blauer Himmel" oder „einige Wolken am Horizont". Die Teilnehmer sollen dabei auch begründen, warum der Wetterbericht so ausfällt.

- Über das „Blitzlicht“
  Das Blitzlicht ist wie die Zuruffrage eine klassische Moderations- und Trainingsmethode. Ein Blitzlicht funktioniert wie folgt:
  - Die TN antworten der Reihe nach in einem kurzen Satz auf eine vorbereitete Frage.
  - Jeder kann etwas sagen.
  - Jeder spricht von sich selbst.
  - Jeder spricht möglichst kurz.
  - Die Beiträge werden weder kommentiert noch diskutiert.

Nähere Hinweise zur Anwendung des Blitzlichts finden Sie auf S. 327.

Literatur

Die Möglichkeiten, den Abschluss eines Seminartages zu gestalten und Feedback einzuholen, sind vielfältig. In folgenden Büchern finden sich hierzu jede Menge Methoden und Anregungen:

- Klein, Zamyat M.: Kreative Geister wecken. managerSeminare, 2. Aufl. 2010.
- Röhrig, Peter (Hrsg.): Solution Tools. managerSeminare, 2. Aufl. 2009.

Ende des ersten Tages 17:00 Uhr

Der erste Seminartag enthält eine Vielzahl von Übungen und Inputs. Je nach Aktivität, Teilnahmebegeisterung und Kommunikationsfreude der Teilnehmer kann der Trainer in Zeitverzug kommen. Falls dies passieren sollte, bietet es sich an, beispielsweise die Hinführung „Kennzeichen eines guten Teams" wegzulassen oder als kleine Aktivierung für zwischendurch auf den zweiten Tag zu legen. Der Trainer sollte sich vorab überlegen, welche Bausteine des ersten Tages für ihn „Muss-" und welche „Kann"-Bausteine sind. Ein kleiner Tipp aus der Praxis: Gerade bei den Teambildern lohnt es sich, die Zeitvorgabe von maximal acht Minuten je Teilnehmer einzuhalten!

Am zweiten Seminartag steht nach einer kleinen Morgenrunde das Training von Teamphasen und Teamrollen im Mittelpunkt. Hierzu lernen die Teilnehmer am Vormittag das Modell der Teamentwicklungsuhr kennen und beschäftigen sich anschließend mit konstruktivem Feedbackgeben. Das Verständnis über verschiedene Teamrollen erweitert die Sichtweise des Einzelnen auf sein Team. Am Nachmittag stehen zwei praktische Übungen auf dem Programm. In der einen erleben die Teilnehmer, wie Zusammenarbeit im Team funktioniert, die zweite Übung bietet ein Gefühl für Hierarchien und Teamrollen. Eine kleine Nachtaufgabe mit erwünschtem „Aha-Effekt" für den nächsten Morgen schließt diesen Seminartag ab.

Auf einen Blick

Der zweite Seminartag

Überblick über den Tag 09.00 Uhr

Orientierung

Ziele:
- ▶ Den Teilnehmern Orientierung geben

Zeit:
- ▶ 5 Minuten

Material:
- ▶ Pinnwand „Unser Seminarfahrplan"

Überblick:
- ▶ Der Trainer gibt einen Überblick über den geplanten Ablauf des Seminartages

Erläuterungen

Der Überblick über den Tag stößt bei Teilnehmern auf großes Interesse. Die Anfangsunsicherheit ist abgelegt, der erste Seminartag hat viele Eindrücke gebracht und die Teilnehmer sind in der Regel nun gespannt zu hören, welche Inputs für den heutigen Tag auf dem Programm stehen.

Vorgehen

Der Trainer gibt zum Einstieg in den zweiten Seminartag einen Überblick über den geplanten Ablauf:
„Sie fragen sich sicher, was heute auf unserem Programm steht? Noch ist Tag 2 auf unserem Seminarfahrplan ja noch ganz leer, aber das wird sich schnell ändern. Zum Start in den Tag habe ich für Sie eine kleine Morgenrunde geplant, bei der Sie ein wenig im Rucksack Ihrer Teamerfahrungen suchen dürfen. Dann werde ich Ihnen die Teamuhr

vorstellen, die die verschiedenen Entwicklungsphasen von Teams verdeutlicht. Wir werden uns heute auch näher mit dem Thema „Wie gebe ich wertschätzend und konstruktiv Feedback" beschäftigen, denn dies ist eine Grundvoraussetzung für erfolgreiches und konfliktloses Arbeiten in Teams. Danach werden wir uns dem Thema der Teamrollen zuwenden. Die Erkenntnis der verschiedenen Rollen mit ihren jeweiligen Stärken und Schwächen wird Ihnen eine ganz neue Perspektive auf Ihr Team ermöglichen.

Der Nachmittag steht dann ganz im Zeichen von zwei praktischen Übungen, die Ihnen nicht nur jede Menge Wissen über die Zusammenarbeit in Teams bieten, sondern Ihnen garantiert auch viel Spaß machen werden. Zum Abschluss des Seminars habe ich dann noch eine besondere Frage für Sie, für deren Beantwortung Sie sich bis zum nächsten Morgen Zeit lassen können. Mehr sei an dieser Stelle nicht verraten. Glauben Sie, dass Sie mit diesen Informationen gut in den Tag starten können – oder gibt es noch Fragen? Nein? Gut, dann würde ich vorschlagen, wir legen los!"

Hinweise

- Die Hinweise zu den einzelnen Programmpunkten gehen bewusst nicht zu sehr ins Detail. Wie die Erfahrungen zeigen, diskutieren sonst die Teilnehmer vorab ausführlich, was sie gerade bei den praktischen Übungen erwartet. Es kann durchaus vorkommen, dass der ein oder andere Teilnehmer eine Übung schon mal anderweitig gemacht hat. Dann ist es schade, wenn die anderen Teilnehmer vorab schon sämtliche Informationen erhalten. Insofern soll der Überblick über den Tag den Teilnehmern Orientierung geben, ihnen aber nicht sämtliche Spannung nehmen.

Morgenrunde: Mein schönstes Erlebnis mit Teams 09.05

Orientierung

Ziele:
- Die Teilnehmer finden sich gut in den zweiten Seminartag ein
- Hervorrufen einer positiven Grundstimmung zu Teams
- Erzeugen einer vertrauten Gruppenatmosphäre

Zeit:
- Insgesamt 40 Minuten (5 Min. Einführung, 5 Min. Vorbereitung, 25 Min. Erzählungen der Teilnehmer, 5 Min. Puffer)

Material:
- Flipchart „Mein schönstes Erlebnis mit Teams"

Überblick:
- Der Trainer erläutert den Ablauf der Morgenrunde
- Die Teilnehmer haben fünf Minuten Zeit, sich zu überlegen, welches Ereignis in und mit Teams in ihrem Leben für sie prägend war
- Jeder Teilnehmer erzählt in zwei Minuten sein schönstes Erlebnis mit Teams

Erläuterungen

Die Morgenrunde am zweiten Tag dauert für ein Warm-up relativ lange. Der Aufwand lohnt sich dennoch, da die Übung jeden Teilnehmer ins Nachdenken bringt und die Vertrauensbasis in der Gruppe stärkt. Wie unsere Erfahrungen zeigen, führt „Mein schönstes Erlebnis mit Teams" zu einer positiven Stimmung in der Seminargruppe, die den gesamten zweiten Seminartag prägt. Es macht einen Unterschied, ob Sie mit dieser Übung starten oder nicht – probieren Sie es aus!

Vorgehen

„Ich möchte Sie heute Morgen zu einer kleinen Morgenrunde einladen, in der jeder die Gelegenheit erhält, seine Erfahrungen mit Teams einmal Revue passieren zu lassen und uns sein schönstes Erlebnis in oder mit Teams kurz zu präsentieren. Schließlich gehen wir alle nicht unvoreingenommen an dieses Thema. Jeder von uns hat im Laufe seines

Lebens ganz unterschiedliche Erfahrungen mit und in Teams gemacht – denken Sie an erste Erlebnisse auf dem Spielplatz, im Kindergarten, der Schule, später in der Arbeit, im Privatleben und und und. All diese haben wir wie einen unsichtbaren Rucksack bei uns, sind uns dessen aber oft gar nicht bewusst. Ich möchte heute jedoch, dass Sie Ihren Rucksack mit Teamerfahrungen öffnen und uns ihr schönstes Erlebnis in und mit Teams erzählen.

Der Trainer deckt das Flipchart „Mein schönstes Erlebnis mit Teams" auf.

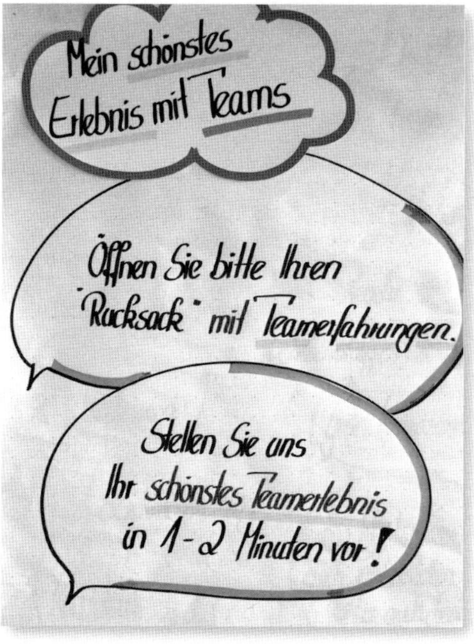

„Lassen Sie Ihr Leben sozusagen im Schnelldurchlauf vor Ihrem geistigen Auge vorüberziehen und lassen Sie Ihre schönsten Teamerlebnisse Revue passieren. Das, welches für Sie am prägnantesten war, bitte ich Sie, uns anschließend zu erzählen. Der eine mag mit einem recht gut gefüllten Rucksack hier sein, für den man ein wenig Zeit zum Aussortieren braucht. Der andere muss vielleicht ein wenig länger überlegen, bis ihm etwas einfällt. Nehmen Sie sich für die Vorbereitung deshalb ruhig fünf Minuten Zeit. Bitte stellen Sie uns anschließend Ihr schönstes Teamerlebnis in ein bis zwei Minuten vor."

Der Trainer fragt nach, ob noch etwas unklar geblieben ist. Häufig wird hier noch mal nachgefragt – die Teilnehmer versuchen, das „schönste

Erlebnis" ein wenig einzuschränken. Bleiben Sie als Trainer ganz offen, es soll jeder selbst entscheiden, was für ein Ereignis er präsentieren möchte.

Danach hält der Trainer die fünf Minuten der Vorbereitungszeit im Blick. Anschließend fragt er, ob alle ein Ereignis haben, das sie erzählen möchten. Falls dies nicht der Fall sein sollte, wird die Vorbereitungszeit um zwei Minuten verlängert.

Schließlich bittet er den ersten Teilnehmer, nach vorne zu kommen und sein schönstes Erlebnis zu präsentieren.

Hinweis

- Die Morgenrunde in dieser Form stärkt noch mal auf eindrucksvolle Art und Weise das Verbundenheitsgefühl und Vertrauen in der Gruppe, da die Teilnehmer über ihr schönstes Teamerlebnis viel von sich preisgeben (können). Insofern ist diese Übung ein perfekter Einstieg für den zweiten Seminartag.
- Mit einem Freiwilligen beginnen; anschließende Reihenfolge über Ballzuwerfen.
- Die Teilnehmer können ihr schönstes Teamerlebnis auch auf einem Flipchartpapier darstellen, d.h. malen, beschreiben, einen Titel für ihre Geschichte vergeben etc. Die Bögen können dann nach der Präsentation im Seminarraum aufgehängt werden und bilden eine schöne Sammlung von tollen Teamereignissen, die die Teilnehmer über die Seminartage begleiten. Dies erfordert allerdings etwas länger Zeit als die Morgenrunde in klassischer Form. Der Trainer sollte hierzu rund 70 Minuten Zeit einplanen (30 Min. Vorbereitung und Erstellung, 35 Min. Präsentation, 5 Min. Puffer).

Literatur

Eine Vielzahl von Ideen für einen guten Start in den Seminartag findet sich in folgenden Büchern:

- König, Stefan: Warming-up in Seminar und Training. Beltz, 2007.
- Rachow, Axel (Hrsg.): Spielbar I bis III. managerSeminare.
- Schilling, Gert: Seminar-Spiele. Gert Schilling Verlag, 2004.
- Weidenmann, Bernd: Handbuch Active Training. Die besten Methoden für lebendige Seminare. Beltz, 2. Aufl. 2008.

09:45 Uhr Teamentwicklungsuhr: Phasen eines Teams und Steuerung – Input und Übung

Orientierung

Ziele:

- Die Teilnehmer kennen und verstehen das Modell der Teamentwicklungsuhr
- Sie lernen die Besonderheiten der einzelnen Teamphasen kennen
- Sie reflektieren, in welcher Phase sich ihr eigenes Team befindet
- Sie erarbeiten in einer Teamarbeit sinnvolle Maßnahmen und Verhaltensweise für ihr eigenes Team

Zeit:

- 80 Minuten (10 Min. Erläuterungen Teamphasen, 10 Min. Erläuterungen Verhaltensweisen und Tipps im Umgang mit Teams, 5 Min. Einführung Zweierarbeit, 30 Min. Zweierarbeit, anschließend Kaffeepause, 25 Min. Reflexionsrunde im Plenum)

Material:

- Pinnwand „Teamentwicklungsuhr"
- Jeweils vier Moderationskarten für die vier Phasen mit folgenden Beschriftungen:
  - viel kommunizieren/alle mit ins Boot nehmen/Raum für Fragen schaffen/Kompetenz ausstrahlen (Karte für Forming-Phase)
  - gelassen bleiben/Abgrenzung von Gruppendynamik/Meta-Ebene einnehmen/Reflexion/Spielregeln einführen (Karte für Storming-Phase)
  - Vereinbarungen/Regeln/Ziele/Aufgaben/Rollentransparenz (Karte für Norming-Phase)
  - positiv verstärken/Erfolge feiern/Fortschritte belohnen/... noch besser werden (Karte für Performing-Phase)
- DIN-A4-Blätter mit den nachfolgenden Beschreibungen (Kopiervorlage als PDF-Download):
  - Zusammenkommen, orientieren, kennenlernen, anpassen (Forming-Phase)
  - Platz einnehmen, Interesse äußern, sich abgrenzen, dazugehören oder nicht? (Storming-Phase)
  - Regeln aufstellen, Zusammenarbeit vereinfachen, Vorgehensweise klären, Umgang miteinander klären, Arbeitsbasis definieren (Norming-Phase)

- Vertrauen aufbauen, Risiko eingehen, Unterschiede proaktiv nutzen, verschiedene Arbeitsformen nutzen, ganzheitlicher Erfolg (Performing-Phase)

- Flipchart „Arbeitsanweisung für Teamarbeit"

Überblick:

- Der Trainer präsentiert und erläutert die Pinnwand „Teamentwicklungsuhr"
- Er stellt die Besonderheiten der einzelnen Phasen vor und gibt Tipps, welche Verhaltensweisen in den einzelnen Phasen förderlich für das Team und die eigene Person sind
- Die Teilnehmer reflektieren, in welcher Phase sich ihr eigenes Team befindet
- Sie arbeiten konkrete Maßnahmen und sammeln Tipps für förderliche Verhaltensweisen in ihrem eigenen Team

Erläuterungen

Der erste Tag des Seminars wurde zum einen durch das Vorstellen und Reflektieren der Teambilder genutzt und zum anderen zum ersten fachlichen Input mithilfe des „GRPI-Modells". Zusätzlich wurden mit dem „Zin-Obelisk" und dem „Zauberstab" erste Übungen im Team zum besseren Verständnis von Gruppendynamik und der Wichtigkeit von Kommunikation in Teams durchgeführt. Nach der Morgenrunde bekommen die Teilnehmer nun weiteren fachlichen Input zu den einzelnen Phasen einer Teamentwicklung, um typische gruppendynamische Prozesse besser zu erkennen und zu verstehen, aber auch um Hilfe und Unterstützung für das eigene Verhalten – gerade als Teamleiter – in den einzelnen Phasen der Teamentwicklung zu erhalten.

Das Modell der Teamphasen wurde im Jahr 1965 von B.W. Tuckman veröffentlicht.

Vorgehen

Der Trainer führt in das Thema ein:
„Gestern haben wir uns mit wichtigen Faktoren erfolgreicher Teams beschäftigt. Erinnern Sie sich? Wir haben beispielsweise das GRPI-Modell zur Optimierung der Teamzusammenarbeit kennengelernt. Heute beschäftigen wir uns näher mit den verschiedenen Entwicklungsphasen von Teams. Teams sind nämlich lebende Systeme, die entstehen, wachsen und sich weiterentwickeln. Dabei durchlaufen Teams ähnlich wie der

Mensch bestimmte Entwicklungsphasen. Die „Teamentwicklungsuhr" verdeutlicht diese Phasen, die ich Ihnen im Folgenden vorstellen möchte."

Im Anschluss präsentiert er die Pinnwand „Teamentwicklungsuhr".

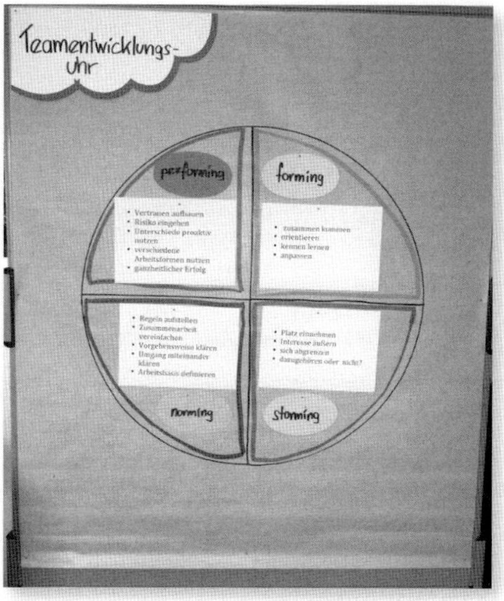

„Jedes Team, aber auch jede Seminargruppe – so wie Sie es hier sind – beginnt mit der ‚Forming-' oder ‚Orientierungsphase'. In dieser Anfangsphase kommt das Team erstmals zusammen, lernt sich kennen und orientiert sich. Dies gilt auch für routinierte, schon existierende Teams, die einen neuen Auftrag entgegennehmen."

Der Trainer verknüpft die „Teamentwicklungsuhr" immer wieder mit den Erfahrungen der Seminargruppe.

„Bei uns war das die Phase, als Sie gestern hier im Seminarraum angekommen sind und wir uns in der Kennenlern-Übung den anderen vorgestellt haben. In der Regel ist man hier eher noch vorsichtig und auch wenn uns Dinge ‚gegen den Strich' gehen, dann würden wir erst einmal abwarten, um zu sehen, wie sich alles weiterentwickelt und uns nicht gleich bei der ersten Unstimmigkeit an vorderster Front positionieren – dies gilt natürlich nicht pauschal, aber doch für den größten Teil der Teammitglieder. Beim ‚Forming' kann die Stimmung als höflich, unpersönlich, gespannt und vorsichtig beschrieben werden.

Als Nächstes folgt die Phase des ‚Storming', die auch mit Kampfphase oder Positionsfindung überschrieben werden kann. Für die ‚Storming'-Phase sind Turbulenzen und kritische Auseinandersetzungen mehr als typisch. Das Team hat sich etabliert und es tauchen Spannungen und Meinungsunterschiede auf. Konkurrenz-, Macht- und Statuskämpfe sind keine Seltenheit. Im ‚Storming' nehmen alle Teammitglieder ihren Platz innerhalb des Teams ein und dies kann für den einen oder anderen durchaus mit Konflikten verbunden sein. Während sich in der ‚Forming'-Phase die Teammitglieder eher anpassen, grenzen sie sich im ‚Storming' eher ab. Teammitglieder äußern klar ihre Interessen und auch Befürchtungen. Ebenso typisch für diese Phase sind Cliquenbildungen und die damit verbunden Frage, ob ich als Teammitglied dazugehöre oder nicht."

Wiederum versucht der Trainer einen Bezug zur Seminargruppe herzustellen. Bei aufmerksamer Beobachtung ergeben die beiden Übungen des Vortages in aller Regel genügend Material, um die einzelnen Phasen ein wenig mit Leben zu füllen. Dies kann wie folgt aussehen:
„Eine erste ‚Storming'-Phase konnten wir gestern während einer unserer Übungen beobachten, als beispielsweise Herr Stark klar die Führung übernommen hatte und Frau Dominant ebenfalls den Ton angeben wollte.

Beim ‚Storming' sind unterschwellige Konflikte, Konfrontationen, Cliquenbildung und ein mühsames Vorwärtskommen als Team charakteristisch."

Der Trainer fährt fort:
„Die nächste Phase in der Teamentwicklung wird als ‚Norming' bezeichnet oder auch als Organisationsphase. Das ‚Norming' bezeichnet jene Phase, in der sich das Team auf gemeinsame Vereinbarungen und Regeln einigt. Die Ziele, Aufgaben und die Rollen innerhalb des Teams werden transparent gemacht und gerecht verteilt. Es bilden sich Formen gegenseitiger Unterstützung, ein Wir-Gefühl und ein Team-Zusammenhalt heraus, Widersprüchlichkeiten und Konkurrenzdenken werden abgebaut und es entstehen Kooperationen. Die einzelnen Teammitglieder sind bereit, ihr Wissen mit allen zu teilen.
Beim ‚Norming' stehen die Ausprägung neuer Umgangsformen und einer eigenen Teamkultur, die Entwicklung neuer Verhaltensweisen, das Geben und Empfangen von konstruktivem Feedback und eine Konfrontation der Standpunkte – und nicht der Personen – im Mittelpunkt."

Auch hier versucht der Trainer, die Norming-Phase mit Beispielen aus der Seminargruppe zu ergänzen.
„Die vierte und letzte Phase im Teamentwicklungsprozess ist das ‚Performing' oder die Phase der Integration. In dieser Phase wird das Vertrauen in der Gruppe weiter aufgebaut und vertieft. Das Team ist bereit, gewisse Risiken einzugehen und hat gelernt, die Stärken der Teamkollegen proaktiv zu nutzen. Das Rollenverhalten ist flexibel und situativ an die jeweiligen Rahmenbedingungen angepasst. Für das Team ist der ganzheitliche Erfolg wichtig – die konkrete Leistung des Einzelnen tritt mehr und mehr in den Hintergrund. Beim ‚Performing' kann die Stimmung als ideenreich, flexibel, offen und leistungsfähig sowie solidarisch und hilfsbereit beschrieben werden."

Im Anschluss an die Präsentation der Phasen geht der Trainer nun auf das jeweilig passende Verhalten in den einzelnen Phasen ein, indem er die Pinnwand mit den bereits vorbereiteten vier Moderationskarten ergänzt und die Karten jeweils kurz erläutert:

„Nachdem Sie nun die einzelnen Phasen kennengelernt haben, stellen Sie sich vielleicht die Frage, wie Sie sich gerade als Teamleiter in den einzelnen Phasen sinnvoll verhalten, um Ihr Team auf dem Weg in die ‚Performing'-Phase zu unterstützen. Hier einige Tipps für Sie:

- *In der ‚Forming'-Phase ist es wichtig, viel zu kommunizieren, alle mit ins Boot zu nehmen, Raum für Fragen zu schaffen und natürlich auch ehrliche und authentische Antworten zu geben und Kompetenz auszustrahlen.*
- *In der ‚Storming'-Phase ist es wichtig, gelassen zu bleiben, sich von der Gruppendynamik abzugrenzen bzw. die Meta-Ebene einzunehmen und gemeinsam im Team zu reflektieren, was für Prozesse momentan ablaufen. Hilfreich ist es in dieser Phase, Spielregeln für das persönliche Miteinander einzuführen. Nicht vergessen: Auch wenn diese Phase mit Turbulenzen verbunden ist und Energie kostet – für eine erfolgreiche Teamentwicklung ist die ‚Storming'-Phase unerlässlich.*
- *In der ‚Norming'-Phase sollten Sie Vereinbarungen, Regeln, Ziele, Aufgaben und Rollentransparenz in den Mittelpunkt stellen und daran arbeiten, diese Punkte gemeinsam im Team zu lösen. Das GRPI-Modell kann Ihnen hierbei behilflich sein.*
- *In der ‚Performing'-Phase ist es wichtig, die Teammitglieder in ihren Leistungen zu bestärken, Erfolge zu feiern und die Fortschritte des Teams bewusst hervorzuheben."*

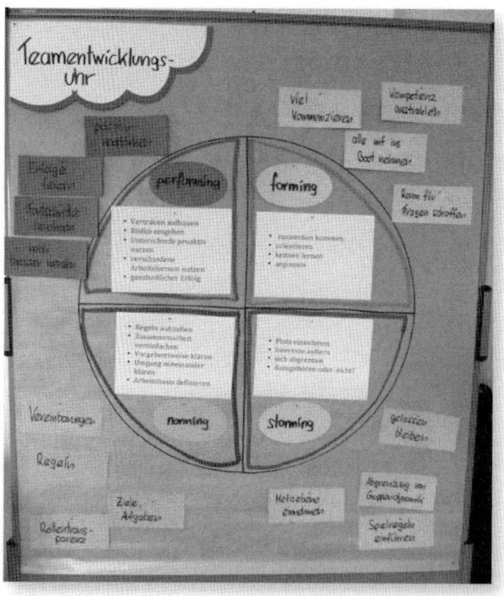

Der Trainer ergänzt die Pinnwand mit der letzten Karte zu den Verhaltensweisen in der „Perfoming"-Phase.

Abschließend gibt er letzte Tipps für den Umgang mit Teams:

„Bei der Teamarbeit ist es entscheidend, dass Sie sich darüber bewusst sind, in welcher Phase sich Ihr Team gerade befindet, um es gut begleiten und steuern zu können. Nur wenn die eingesetzten Maßnahmen zur jeweiligen Phase des Teams passen, werden diese fruchten. Ein Team in der ‚Storming'-Phase wird nur gegen Widerstände

ein gewisses Risiko eingehen oder anderen Teamkollegen ein hohes Maß an Vertrauen schenken. Ist ein Team in der ‚Performing'-Phase angekommen, bedeutet dies nicht, dass von nun an alles von alleine läuft. Die Teamentwicklungsuhr hat den Drang, rückwärts zu laufen, wenn wir die Uhr nicht immer wieder aktiv aufziehen. Deshalb ist es wichtig, sich auch im ‚Performing' weiterzuentwickeln, den Austausch zwischen Teammitgliedern aktiv zu fördern und auch immer wieder eine Art Zwischenbilanz zu ziehen."

Der Trainer klärt, ob es noch Fragen zum fachlichen Input gibt. Anschließend leitet er die Übung zu der Teamentwicklungsuhr ein und präsentiert das Flipchart „Teamentwicklungsuhr".

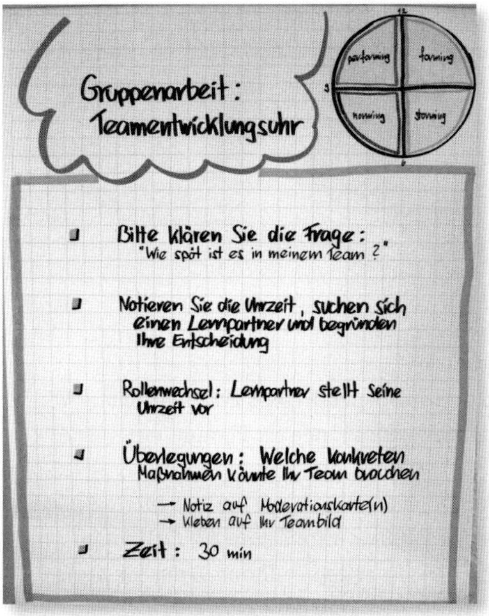

„Im Folgenden werden wir die vorgestellten Teamentwicklungsphasen ganz konkret an Ihren jeweiligen Arbeitsteam verdeutlichen. Sie erhalten zunächst die Möglichkeit zu überlegen, wie spät es eigentlich in Ihrem Arbeitsteam ist. Bitte denken Sie kurz nach, betrachten Sie noch einmal die einzelnen Phasen mit ihren Besonderheiten und notieren Sie anschließend die aktuelle ‚Uhrzeit' Ihres Teams auf einer Moderationskarte. Im Anschluss stellen Sie bitte einem Lernpartner Ihrer Wahl Ihre Entscheidung vor und begründen Sie, warum Sie sich für diese Uhrzeit entschieden haben. Danach wechseln Sie bitte die Rollen und Ihr Lernpartner stellt Ihnen seine Uhrzeit mit Begründung vor. Als nächsten

Schritt überlegen Sie bitte gemeinsam, welche konkreten Maßnahmen Ihren jeweiligen Teams in der momentane Phase gut tun würden und welche Verhaltenweisen förderlich wären. Bitte notieren Sie mindestens eine konkrete Maßnahme oder auch Verhaltensweise auf einer separaten Moderationskarte und kleben Sie diese zu Ihrem Teambild. Sie haben hierfür 30 Minuten Zeit, das heißt bis 10.40 Uhr. Danach steht eine kurze Kaffeepause an. Bitte organisieren Sie sich selbst, wie Sie das am besten handhaben. Wir machen hier im Plenum um 10.50 Uhr weiter und benötigen dann auch Ergebnisse aus der Zweier-Übung."

Der Trainer begleitet die Teamarbeit aktiv, begibt sich von Team zu Team und unterstützt, wenn nötig. Dabei sollte er darauf achten, dass es sich bei den konkreten Maßnahmen tatsächlich um Maßnahmen und nicht um abstrakte Ziele handelt. Ein abstraktes Ziel ist zum Beispiel „Die Stimmung im Team durch Events verbessern". Eine konkrete Maßnahme wäre „Organisieren eines gemeinsamen monatlichen Mittagessens".

10:40 Uhr Kurze Pause

Nach Abschluss der Kaffeepause führt der Trainer alle Teilnehmer wieder zusammen und leitet die Reflexionsrunde im Plenum ein.

„Nachdem Sie sich vor der Kaffeepause mit Ihrem Lernpartner ausgetauscht haben, möchte ich Sie nun bitten, uns die Ergebnisse Ihrer Arbeit – also sowohl die aktuellen Uhrzeiten in Ihrem Team als auch die daraus abgeleiteten konkreten Maßnahmen – kurz vorzustellen. Am besten machen wir das direkt an den Teambildern, sodass alle die notwendigen Informationen und Hintergründe parat haben. Bitte hören Sie aufmerksam zu und überlegen Sie sich, ob Sie die vorgeschlagenen Ideen aufgrund der Ihnen zur Verfügung stehenden Informationen über das jeweilige Team nachvollziehen können. Bei Unklarheiten bitte gleich beim jeweiligen Teambild-Ersteller nachfragen."

Der Trainer hat für die Reflexionsrunde an den Teambildern noch rund 25 Minuten Zeit, sodass für jedes Teambild zwei Minuten zur Verfügung stehen. Diese Zeit sollte möglichst eingehalten werden. Durch den direkten Austausch an den Teambildern können die Teilnehmer den fachlichen Input nochmals verfestigen und an den jeweiligen Teamsituationen konkretisieren. Die Teilnehmer lernen viel über den Vergleich mit anderen Teams. Der offene Austausch verstärkt auch das Vertrauen und Verständnis untereinander. Zudem fördert die Plenumsrunde die Verbindlichkeit zur Durchführung der vorgestellten Maßnahmen.

Hinweis

- Falls noch Zeit zur Verfügung steht, kann der Trainer die Seminarteilnehmer fragen, in welcher Phase sich die Seminargruppe aktuell befindet, also wie „spät“ es im Seminarteam ist. Idealerweise verteilt der Trainer hierzu Moderationskarten und lässt die Teilnehmer verdeckt die Uhrzeit aufschreiben, die sie für richtig halten. Im Anschluss lesen alle Teilnehmer kurz ihre Uhrzeit vor. In aller Regel ergeben sich sehr unterschiedliche Uhrzeiten. Der Trainer kann nun nach Beweggründen fragen, warum sich der eine oder andere für die jeweilige Uhrzeit entschieden hat. Hier entspannt sich meist eine angeregte Diskussion über das gerade vorgestellte Modell der „Teamentwicklungsuhr“.

- Führt der Trainer diese Abfrage ein, so kann er im Laufe des Seminars – bevorzugt nach den gruppendynamischen Übungen („Der kreisende Projektball“ und „Turmbau mit Workern und Planern“) – die Teilnehmer immer wieder fragen, in welcher Phase sich nun das Seminarteam befindet, wie viel Uhr es aktuell ist und ob sich die Uhr durch die Übungen weitergedreht hat. Die Uhrzeit wird sich üblicherweise immer weiter in Richtung zwölf Uhr bewegen und die Teilnehmer erleben die Teamuhr direkt an der eigenen Entwicklung als Seminarteam mit.

Literatur

- Tuckman, Bruce: Developmental Sequence in Small Groups. Psychological Bulletin, Volume 63, Issue 6, 1965, 384-399.

Download-Ressource

- A4-Kopiervorlagen mit den Attributen der vier Phasen stehen Ihnen als Download-Ressourcen zur Verfügung.
  www.managerseminare.de/tmdl/b,199771

11:15 Uhr Feedback geben und annehmen – Input

Orientierung

Ziele:
- Die Teilnehmer reflektieren, warum Feedback gerade in der Teamarbeit von großer Bedeutung ist
- Sie lernen den Unterschied zwischen Selbst- und Fremdwahrnehmung kennen
- Sie erfahren, wie sie konstruktiv Feedback geben können
- Sie lernen, Feedback richtig anzunehmen

Zeit:
- 15 Minuten

Material:
- Flipchart „Johari-Fenster"
- Flipchart „www.feedback.de"

Überblick:
- Der Trainer präsentiert das Flipchart „Johari-Fenster", um die Seminarteilnehmer auf die Thematik des Feedbacks vorzubereiten und zu sensibilisieren
- Mithilfe des Johari-Fensters wird der Unterschied zwischen Selbst- und Fremdwahrnehmung verdeutlicht
- Der Trainer erläutert den Teilnehmern anhand des Flipcharts „www.feedback.de" Regeln des Feedback-Gebens und Feedback-Nehmens

Erläuterungen

Bereits am ersten Seminartag wurden die Teilnehmer des Öfteren aufgefordert, sich gegenseitig Feedback zu geben, so beispielsweise bei der Vorstellung der Teambilder und je nach Verlauf auch bei der Reflexion der Übung „Zin-Obelisk". Dieses Geben und Nehmen von Feedback wird im weiteren Verlauf des Seminars noch weiter intensiviert, da offenes, wertschätzendes Feedback für jede erfolgreiche Teamarbeit unerlässlich ist.

Aus diesem Grund ist es von entscheidender Bedeutung, die Wichtigkeit des Feedbacks nochmals separat in den Vordergrund zu rücken. Mit dem „Johari-Fenster" wird zunächst auf die Notwendigkeit des Feedbacks eingegangen bevor die „Spielregeln" mit der Methode „www.feedback.de" erklärt werden. Nimmt der Trainer sich für diesen fachlichen

Input Zeit, so kann er immer wieder auf dieses Wissen zurückgreifen und auch Teilnehmer darauf hinweisen, wenn Regeln zum Beispiel nicht eingehalten werden. Der Trainer schafft dadurch Transparenz im Umgang miteinander. Das Johari-Fenster kann zusätzlich den Unterschied zwischen Selbst- und Fremdwahrnehmung sehr anschaulich beschreiben.

Vorgehen

Der Trainer führt zum Thema „Feedback" hin:

„Sicherlich haben Sie die eine oder andere Situation, die ich Ihnen gleich vorstellen werde, auch schon mal erlebt: Da gibt es beispielsweise Menschen, die stellen einem eine Frage, ohne die Antwort abzuwarten. Sie fahren fort weiterzureden, warum sie diese Frage stellen und was noch zu bedenken wäre und so weiter und so fort, sodass man keine Gelegenheit bekommt, die Frage zu beantworten ... Wozu denn auch? Die Frage ist doch das Wichtigste! Da gibt es Menschen, die telefonieren im Zug lautstark mit dem Handy. Weder kümmert es sie, dass alle mithören, noch dass so mancher lieber seine Ruhe hätte oder sich selber gerne unterhalten würde. Aber angesichts des zusätzlichen Lärms ist das nicht einfach ...

Da gibt es Menschen, die können sich lang und ausgiebig darüber verbreiten, was andere falsch machen. Es klingt ganz überzeugend, manchmal sogar ungeheuerlich und weithin einleuchtend. Nach mehreren Gesprächen weiß man: Es sind immer die anderen, immer die anderen ...

Vielleicht kennen auch Sie Menschen, die kontern jede noch so gute Nachricht mit einer Schlechtwettermeldung. Jedes Lächeln verstehen sie als Erlaubnis, eine Geschichte über eine kleine oder größere Katastrophe erzählen zu dürfen, jede Ermunterung komplettieren sie mit einer düsteren Prognose ...

Was allen diesen Menschen gemeinsam ist? Nicht nur, dass sie einem auf die Nerven gehen. Nein, sie wissen es gar nicht! Sie empfinden sich als unschuldig, denn: Wie sie auf andere wirken, wenn sie sich so verhalten, das gehört zu ihrem blinden Fleck.

Der blinde Fleck umfasst das, was ich selbst nicht wahrnehme, was aber andere sehr wohl merken. Es ist mir nicht bekannt, fällt aber anderen, die mir begegnen, häufig auf. Unbedachte oder unbewusste

Verhaltensweisen gehören dazu, Gesten oder Gebärden, die einem so selbstverständlich erscheinen, dass man sie gar nicht mehr registriert.

Das eigene Verhalten lässt sich danach unterscheiden, ob es mir selbst bekannt ist oder nicht – und auch danach, ob es anderen bekannt wird oder nicht. Diese Unterscheidung macht sich das sog. ‚Johari-Fenster' zunutze – ein Modell, das ich Ihnen nun vorstellen möchte. Sie können in diesem Fenster vier Bereiche erkennen ..."

Nun präsentiert der Trainer das Flipchart „Johari-Fenster".

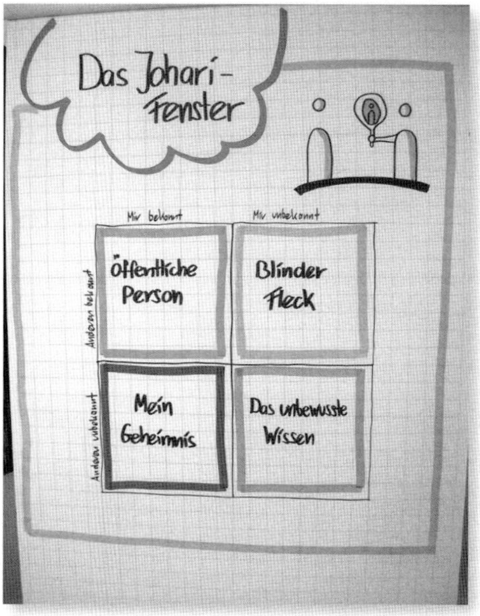

„Bereich A umfasst den Teil unseres Verhaltens, der uns selbst und den anderen Mitgliedern der Gruppe bekannt ist und in dem uns unser Handeln frei und unbeeinträchtigt von Ängsten und Vorbehalten erscheint. Hier sind wir quasi eine ‚öffentliche Person', dazu zählen beispielsweise private Lebensumstände, wie Familienstand oder Hobby, die wir in der Arbeit offen darlegen. Ebenso zählen dazu bestimmte Verhaltensweisen, die klar kommuniziert werden. So kann der Abteilungsleiter offen ansprechen, dass er erwartet, dass Konflikte im Team zunächst unter den beteiligten Personen geklärt werden sollen, bevor er als Teamleiter eingeschaltet wird.

Bereich B, der des ‚blinden Flecks', bezeichnet, wie zu Anfang näher erläutert, den Anteil unseres Verhaltens, den wir selbst wenig, die anderen Mitglieder der Gruppe dagegen recht deutlich wahrnehmen. Dazu gehören unbedachte und unbewusste Gewohnheiten und Verhaltensweisen, Vorurteile, aber auch erkennbare Zu- und Abneigungen. Dieser Bereich wird meist nonverbal, etwa durch Mimik und Gestik, Tonfall oder auch Kleidung etc. kommuniziert. Ein Beispiel ist etwa der Klang der Stimme, mit der eine Führungskraft zu den MitarbeiterInnen spricht – und der beispielsweise dazu führen kann, dass trotz vermeintlich aufmunternder, lobender Worte bei den Mitarbeitern die Enttäuschung über eine Leistung ankommt. Da wir die blinden Flecken bei uns selbst nicht wahrnehmen können, ist es wichtig, dass uns die anderen Hinweise darauf geben.

Bereich C umfasst den Bereich unseres Denkens und Handelns, den wir vor anderen bewusst verbergen – unsere heimlichen Wünsche, die empfindlichen Stellen, quasi die ‚private Person'. Durch Vertrauen zu anderen und persönliche Offenheit kann dieser Bereich kleiner werden. Verschlossenheit und Angst bewirken das Gegenteil. Beispielsweise hält sich eine Führungskraft selbst in einem bestimmten Gebiet für nicht kompetent und möchte das insbesondere vor den MitarbeiterInnen verbergen.

Bereich D dagegen ist weder uns noch anderen unmittelbar zugänglich, zu ihm kann man durch Tiefenpsychologie Zugang finden. Verborgene Talente und ungenutzte Begabungen sind Beispiele hierfür. Möglicherweise ist ein Abteilungsleiter ein talentierter Verkäufer, hatte aber im Rahmen seiner bisherigen Tätigkeiten noch nie mit dem Vertrieb von Produkten zu tun und infolgedessen kennen weder er noch seine Vorgesetzten und Mitarbeiter seine Begabung hierfür."

Der Trainer leitet zu „www.feedback.de" weiter:
„Wie können wir nun unsere blinden Flecken verkleinern? Ein sehr gutes Heilmittel gegen blinde Flecken ist es, auf Rückmeldungen zu achten, Feedback einzuholen, sich interessiert daran zu zeigen, wie andere einen wahrnehmen – und auch dieses Feedback anzunehmen. Der Empfänger, nicht der Sender, bestimmt die Bedeutung einer Aussage. Deswegen ist Rückmeldung im Sinne von Feedback geben und nehmen ein unerlässliches Instrument zur Verbesserung der Kommunikation und Zusammenarbeit im Team. Aber wertschätzendes, offenes Feedback will geübt sein. Ich werde Ihnen nun ein Schema vorstellen, mit dem Sie auf konstruktive Weise nützliche Rückmeldung von anderen erfahren und so einen Abgleich zwischen Ihrem eigenen Selbstbild und dem Fremdbild, das was die anderen wahrnehmen, vornehmen können."

Der Trainer präsentiert das Flipchart „www.feedback.de".

„Wer konstruktiv Feedback geben möchte, kann sich an den folgenden Fragen orientieren:"

- **W**as habe ich wahrgenommen? (Wahrnehmung)

„Hier liegt die Betonung auf dem ‚ich'. Beim Geben von Feedback ist immer darauf zu achten, mit Ich-Botschaften zu arbeiten und keine Interpretationen zu verbreiten. Beschreiben Sie ausschließlich, was Sie wahrgenommen haben. Sie stellen zum Beispiel fest, dass ein Mitarbeiter vermehrt zu spät zum Team-Meeting kommt und auch nach seinem Erscheinen nicht wirklich bei der Sache ist. Sie beginnen Ihr Feedback: ‚Herr Müller, mir ist aufgefallen, dass Sie bei den letzten drei Team-Meetings zu spät gekommen sind und auch keine Beiträge geliefert haben.' Verzichten Sie dabei auf Generalisierungen, auch wenn sie richtig sein mögen. Eine Generalisierung führt ausschließlich dazu, dass mein Gegenüber nach Ausnahmen in der Vergangenheit sucht, in denen er das unerwünschte Verhalten nicht gezeigt hat."

- **W**ie wirkt es auf mich? (Wirkung)

„Als Nächstes beschreiben Sie, welche Wirkung das wahrgenommene Verhalten auf Sie hat: ‚Wenn Sie zu spät kommen und sich im Laufe unseres Team-Meetings nur wenig zu Wort melden, habe ich das Gefühl, dass Ihnen Ihre Arbeit und unser Projekt nicht besonders wichtig sind und ich habe Bedenken, ob Sie Ihre Aufgabe gut erfüllen können und somit das gesamte Team im Projekt vorwärts kommt.'"

- **W**as könntest Du/könnten Sie stattdessen besser machen? (Wunsch)

„Ich würde mir wünschen, dass Sie mit genauso viel Engagement und Freude bei der Arbeit sind wie noch vor wenigen Monaten."

Wer **Feedback** erhält, sollte auf die folgenden Regeln achten:

- **D**anken

„Ich bedanke mich für das Feedback mit dem Wissen, dass eine ernst gemeinte Rückmeldung ein Geschenk ist, über das sich mein Gegenüber Gedanken gemacht hat und das mir hilft, meinen blinden Fleck zu

verkleinern. Denken Sie daran, dass es oft leichter ist, nichts zu sagen, als konstruktiv Rückmeldung zu geben."

- **E**ntscheiden, ob ich das Feedback annehmen möchte oder nicht

„Was Sie mit dem Feedback machen oder auch nicht, das bleibt zu guter Letzt Ihnen überlassen. Vermeiden Sie es, sich zu rechtfertigen, warum Sie sich so und nicht anders verhalten haben. Nehmen Sie das Feedback ohne Erwiderung hin und überlegen Sie selbst in Ruhe, wie Sie mit der Rückmeldung für sich umgehen möchten."

Hinweise

- Bei der Übung „Feedback geben und nehmen" ist es wichtig, dass der Trainer steuernd eingreift, wenn die Teilnehmer zum ersten Mal wertschätzende Kritik üben und sich nicht an die vereinbarten Regeln halten. Hier ist am Anfang Unterstützung erforderlich.
- Der Trainer weist am bestem schon vor Beginn des Feedbacks alle Teilnehmer darauf hin, dass er beim Feedback geben unterstützen wird.
- Hat ein Teilnehmer Schwierigkeiten, das Feedback zu formulieren, so sollte der Trainer ebenfalls bei der Formulierung helfen, aber nicht ohne den betreffenden Teilnehmer vorher um Erlaubnis zu fragen.

Literatur

- Luft, Josepha/Ingham, Harry: The Johari Window, a graphic model for interpersonal relations. Western Training Laboratory in Group Development, University of California at Los Angeles, 1955.
- Fengler, Jörg: Feedback geben. Beltz, 4. Aufl. 2009.
- Pink, Ruth: Souveräne Gesprächsführung und Moderation. Campus Verlag, Frankfurt, 2002.

11:30 Uhr Teamrollen und Teamzusammensetzung – Input und Übung

Orientierung

Ziele:
- Die Teilnehmer lernen die verschiedenen Teamrollen und deren jeweiligen Eigenschaften kennen
- Sie erkennen Signale, die auf das Fehlen einer nicht besetzten Teamrolle hinweisen
- Sie reflektieren, welche Teamrollen in ihrem Team von welchen Mitarbeitern besetzt bzw. nicht besetzt sind

Zeit:
- 60 Minuten (40 Min. Präsentation der Rollen und integrierter Einzelarbeit der Teilnehmer, 20 Min. Austausch im Plenum über die Lernerfahrungen)

Material:
- Flipcharts „Leiter/Moderator“, „Umsetzer/Koordinator“, „Kreativer/Ideengeber“, „Teamarbeiter“, „Detailarbeiter/Vollender“, „Vernetzer“
- Arbeitsblatt „Welche Teamrollen sind in meinem Team besetzt?“ (Kopiervorlage als PDF-Download)

Überblick:
- Der Trainer präsentiert die Flipcharts der einzelnen Teamrollen „Leiter/Moderator“, „Umsetzer/Koordinator“, „Kreativer/Ideengeber“, „Teamarbeiter“, „Detailarbeiter/Vollender“ und „Vernetzer“
- Er erläutert jeweils die verschiedenen Eigenschaften der einzelnen Teamrollen und beschreibt Signale, die auf das Fehlen einer nicht besetzten Teamrolle hinweisen
- Mithilfe des Arbeitsblatts „Welche Teamrollen sind in meinem Team besetzt?“ reflektieren die Teilnehmer die Teamrollen in ihrem eigenen Team

Erläuterungen

Der fachliche Input zur Thematik „Teamrollen“ verdeutlicht die Verschiedenheit einzelner Teammitglieder. Die verschiedenen Teamrollen werden anhand ihrer Stärken und positiven Eigenschaften erläutert. Dieses Vorgehen führt dazu, dass alle Teamrollen ihre verdiente Wertschätzung erhalten. Der Trainer erläutert ebenfalls die Signale, die auf das Fehlen einer Teamrolle hindeuten und verdeutlicht den Teilnehmern wiederum den Vorteil einer jeden Teamrolle. Bei der anschließenden Bearbeitung reflektieren die Teilnehmer die Rollenverteilung in ihrem jeweiligen Team und tauschen sich mit anderen Teilnehmern aus. Reflexion und Austausch fördern die Auseinandersetzung, Wertschätzung und Lösungsorientierung bei der Weiterentwicklung des eigenen Teams. Das Konzept der Teamrollen geht auf den britischen Wissenschaftler Dr. Meredith Belbin zurück.

Vorgehen

Der Trainer leitet zum Thema „Teamrollen" über:
„Nachdem Sie nun wissen, in welcher Phase der Entwicklung sich Ihr Team befindet, widmen wir uns nun dem Thema der verschiedenen Teamrollen. Ich werde Ihnen die einzelnen Teamrollen zunächst präsentieren, wobei Sie mithilfe eines Arbeitsblattes die Zusammensetzung Ihres eigenen Teams jeweils direkt auf die jeweilige vorgestellte Rolle reflektieren können. Nach dieser Übung werden wir das Ergebnis Ihrem Teambild hinzufügen und dieses somit wieder ein Stück weiterentwickeln."

Dann präsentiert und erläutert er das Flipchart „Leiter/Moderator":

„Wir beginnen mit der Rolle des Leiters oder auch des Moderators im Team. Er leitet und strukturiert das Team und seine Projekte – sein Aufgabengebiet ist eindeutig strategischer Natur. Als sehr wichtige Eigenschaft des Leiters kann festgehalten werden, dass der Leiter immer das Ganze im Blick behält. Er setzt Impulse für neue Projekte, Ideen oder Vorgehensweisen. Wurden Vereinbarungen getroffen, wie z.B. Umgangsregeln mithilfe des GRPI-Modells, dann ist es seine Aufgabe, diese Vereinbarungen auch zu überwachen und, wenn diese nicht eingehalten werden, entsprechend zu reagieren. Der Leiter denkt mit einem gewissen Weitblick und arbeitet eher konzeptionell.

Signale, die auf das Fehlen einer Leiterrolle hindeuten, sind: Orientierungslosigkeit, großer Klärungsbedarf der einzelnen Teammitglieder, offene und heimliche Machtkämpfe sowie die Bildung von Cliquen.

Sind Sie der Leiter eines Teams, besteht Ihre zentrale Funktion darin, eine gute Balance zwischen Zielen, Zeit und Ressourcen im Auge zu behalten und sobald Sie merken, dass etwas aus dem Ruder läuft, steuernd einzugreifen. Sie behalten alles wachsam im Blick und intervenieren, wenn sich das Team auf einen unproduktiven Weg begibt.

In einer positiven Leitungsrolle sind solche Personen dominant, ohne beherrschen zu wollen. Sie geben klares, konstruktives Feedback, wenn sie einen Fehler im Projekt oder im Umgang miteinander entdecken – bitte erinnern Sie sich hierzu an das ‚Johari-Fenster' und unsere ‚www.feedback.de'-Methode. Leiter sprechen ohne Hemmungen und sind selbst immer ansprechbar. Kommunikation ist ein sehr zentraler Bestandteil jeder Leiter-Rolle. Leiter können einschätzen, welches Teammitglied in welchen Teilbereichen der Teamarbeit stark oder schwach ist, und sie verstehen es, die Teammitglieder dort einzusetzen, wo sie ihr Potenzial am besten entfalten können.

Als Leiter fällt es Ihnen leicht zu delegieren, Sie können Prioritäten setzen und Entscheidungsprozesse moderieren, ohne den anderen Teammitgliedern jedoch Ihre Meinung aufdrängen zu wollen."

Nach dem Vortrag verteilt der Trainer an die Teilnehmer das Arbeitsblatt „Welche Teamrollen sind in meinem Team besetzt?" (Download)
„Bitte nehmen Sie nun das Arbeitsblatt zur Hand und überlegen Sie – bezogen auf die Rolle des Leiters – auf welche Ihrer Kollegen in Ihrem Team diese Rollenbeschreibung zutrifft und auch, auf welche die Beschreibung des Leiters ganz und gar nicht passt. Versuchen Sie sich für jeden Ihrer Teamkollegen zu entscheiden. Wenn Sie sich nicht ganz sicher sind, dann entscheiden Sie sich für die Möglichkeit, die am ehesten auf den jeweiligen Kollegen zutrifft."

Nachdem sich die Teilnehmer in Einzelarbeit ihre Notizen gemacht haben, präsentiert und erläutert der Trainer das Flipchart „Umsetzer/Koordinator":
„Kommen wir zu einer weiteren klassischen Teamrolle: Der Umsetzer oder auch Koordinator leitet und strukturiert wie auch der Leiter, aber er tut dies immer in Bezug auf eine konkrete operative Aufgabe und nicht mit der strategischen Gesamtsicht des Leiters. Der Umsetzer behält stets die Machbarkeit der Aufgabe im Auge. Ein Umsetzer entwirft sinnvolle Arbeitspakete, die auch erfüllbar sind, motiviert in Schwächephasen und hat ein hohes Durchhaltevermögen. Er kämpft für eine Aufgabe, auch

wenn sie manchmal strategisch nicht in den Plan des Leiters passt, setzt sich aber auch dafür ein, Projekte nicht durchzuführen, wenn die nötigen Ressourcen hierfür im Team momentan nicht vorhanden sind. Der Umsetzer ist sozusagen der Anwalt des Teams.

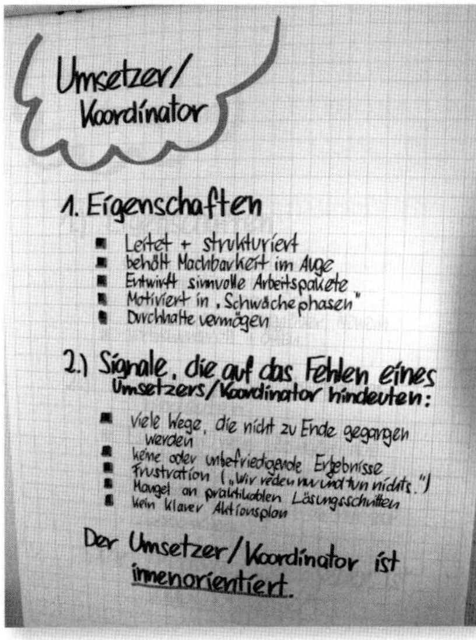

Wenn es viele Aufgaben und Projekte gibt, die nicht zu Ende gebracht wurden bzw. das Team keine oder nur unbefriedigende Ergebnisse erreicht hat, sind dies typische Signale, die auf das Fehlen eines Umsetzers hindeuten. Gibt es keinen Umsetzer, kann es leicht zu Frustration kommen. Hierzu passen typische Aussagen wie ‚Wir reden ja nur und tun nichts!'. Ohne Umsetzer herrscht ein Mangel an praktikablen Lösungsschritten vor und in aller Regel fehlt auch ein klarer Aktionsplan.

Die wesentliche Funktion des Umsetzers besteht darin, den Anstrengungen des Teams eine Gestalt zu geben. Das Machbare steht im Vordergrund. Die Pläne des Teams werden in umsetzbare Formen überführt. Der Umsetzer ist glücklich, wenn eine gemeinsame Idee realisiert wird. Da für diese Realisierung stabile Strukturen benötigt werden, versucht er, diese aufzubauen und zu erhalten. Spekulationen und Ideen, die nicht unmittelbar erkennbaren Bezug auf die vorliegenden Aufgaben haben, weist er zurück. Die Umsetzer sind häufig ganz nah beim Team, aber auch der Aufgabe. Ein Teammitglied, das den aktuellen Projektstand wissen möchte, erkundigt sich in der Regel beim Umsetzer.

So, bitte nehmen Sie nun wieder Ihr Arbeitsblatt zur Hand und überlegen Sie, wer in Ihrem Team ein Umsetzer ist und wer auf gar keinen Fall."

Im Anschluss an die kurze Einzelarbiet präsentiert und erläutert der Trainer das Flipchart „Kreativer/Ideengeber":
„Weiter geht's mit dem Kreativen, dem Ideengeber. Er kann sehr gut beschrieben werden mit den Eigenschaften unkonventionell, experimentierfreudig, spontan und ideenreich. Der Ideengeber ist zu jedem Zeitpunkt offen gegenüber Neuem und kann den Satz ‚Das war schon immer so' definitiv nicht leiden. Er ist außerdem sehr vertrauensvoll und auch neuen Teammitgliedern gegenüber offen.

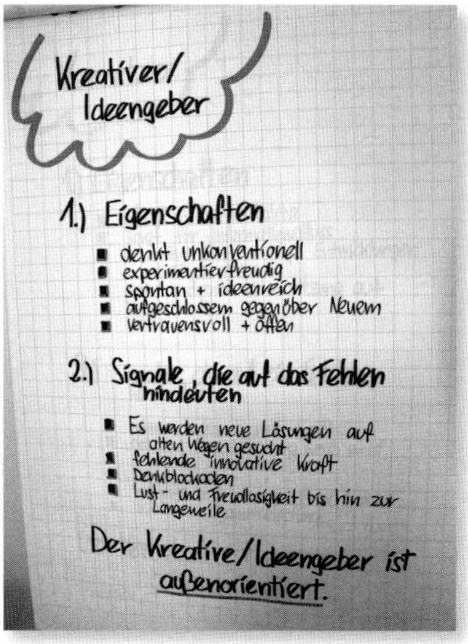

Signale, die auf das Fehlen eines Ideengebers hindeuten, sind: Es werden neue Lösungen auf alten Wegen gesucht, es fehlt die innovative Kraft im Team, das Team hat mit Denkblockaden zu kämpfen. Auch Lust- und Freudlosigkeit im Team bis hin zu Langeweile können ohne einen Ideengeber auftreten.
Der Ideengeber ist für das Team eine Quelle origineller Ideen, Anregungen und Vorschläge, kurzum für Innovation. Dies gilt natürlich auch für andere Teammitglieder, aber seine Ideen unterscheiden sich von denen anderer durch ihre Originalität und den radikalen Ansatz gegenüber Problemen und Hindernissen. Er besitzt großen Einfallsreichtum und wird nach einer unorthodoxen Lösung suchen, während das Team sich eher auf ausgetretenen Wegen festzufahren droht.

Auch zu einer schon beschlossenen Vorgehensweise kann er nachträglich noch neue Erkenntnisse beisteuern, was andere Teammitglieder auch mal nerven kann, die mehr an einem systematischen Vorgehen interessiert sind. Der kreativen Energie des Ideengebers sind keine Grenzen gesetzt. Ihm liegen die Kernprobleme und die Grundlagen der Lösung mehr am Herzen als die Arbeit an kleinen Detailfragen.

Bitte nehmen Sie nun wieder das Arbeitsblatt und teilen Sie Ihre Kollegen im Team ein. Wer ist ein Kreativer bzw. ein Ideengeber und wer nicht?"

Der Trainer präsentiert und erläutert das Flipchart „Teamarbeiter":

„Die vierte typische Teamrolle, die ich Ihnen nun vorstellen möchte, ist die Rolle des Teamarbeiters. Er sorgt für den Zusammenhalt im Team und ist immer darum bemüht, Außenstehende zu integrieren und eventuell vorhandene Cliquen wieder zu vereinen. Die Harmonie im Team hat für ihn oberste Priorität und er achtet bei jeder Gelegenheit auf die Atmosphäre im Team. Der Teamarbeiter organisiert gemeinsame Mittag- oder Abendessen, kauft und schreibt für jeden eine Geburtstagskarte und bringt auch schon mal Kuchen für alle mit.

Signale, die auf das Fehlen eines Teamarbeiter hindeuten, sind: lieblose Rahmen- und Arbeitsbedingungen, emotionale Kälte im Team und auch die Angst, sich offen am Gespräch zu beteiligen. Ein Mangel an positiver Zuwendung, die Tabuisierung von Gefühlen und gegenseitige Schuldzuweisungen bei Misserfolgen sind ebenfalls Signale, die auf das Fehlen eines Teamarbeiters hinweisen. Ohne einen oder mehrere Teamarbeiter kann es im Team zu einem mangelndem Wir-Gefühl kommen und auch die Fluktuation im Team ist in der Regel höher.

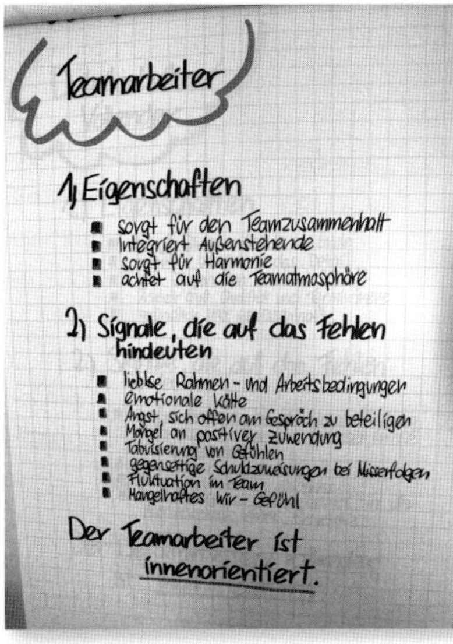

Der Teamarbeiter spürt am ehesten die Bedürfnisse und Sorgen der einzelnen Teammitglieder und registriert am deutlichsten die untergründigen emotionalen Strömungen im Team. Er interessiert sich auch für die private Situation der Kolleginnen und Kollegen – manchmal vielleicht mehr als er sollte – und unterstützt, wo nötig, auch im persönlichen Bereich.

Falls das Team unter Druck gerät oder in Schwierigkeiten steckt, sind das Mitgefühl, das Verständnis, die Loyalität und die Unterstützung des Teamarbeiters besonders wertvoll. Dadurch, dass er nicht mit anderen rivalisiert und stattdessen Spannungen auffängt, wirkt er als beständige Kraft gegen Spaltungen und Frustration im Team.

Was denken Sie? Wer ist in Ihrem Team ein typischer Teamarbeiter und wer nicht? Bitte nehmen Sie wieder Ihr Arbeitsblatt zur Hand und füllen Sie die Spalte des Teamarbeiters aus."

Wiederum erfolgt eine kurze Phase der Einzelarbeit. Dann präsentiert und erläutert der Trainer das Flipchart „Detailarbeiter/Vollender":

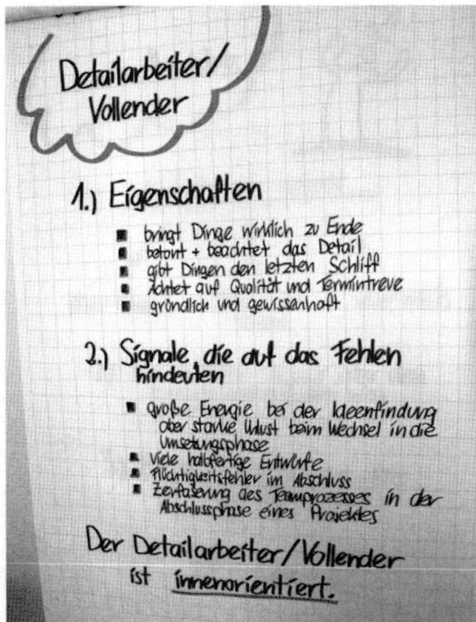

„Kommen wir als Nächstes zum Detailarbeiter oder auch Vollender. Er ist es, der die Dinge wirklich zu Ende bringt, wenn schon keiner mehr so richtig Lust dazu hat und neue aufregende Aufgaben bereits winken. Der Detailarbeiter achtet – wie der Name schon verrät – auch auf das kleinste Detail und betont dies auch bei jeder Gelegenheit. Er gibt Dingen den letzten Schliff, achtet auf eine hohe Qualität und auf das korrekte Einhalten von Terminen. Der Detailarbeiter ist gründlich und gewissenhaft. Haben Sie eine Präsentation, die noch mal auf Rechtschreibfehler geprüft werden soll, dann kann

es sein, dass dies einem typischen Detailarbeiter richtig Freude bereitet – vorausgesetzt er bekommt auch die nötige Zeit dafür.

Wenn große Energie im Team bei der Ideenfindung und Konzeptentwicklung vorhanden ist, aber starke Unlust beim Wechsel in die Umsetzungsphase und noch größere Unlust beim endgültigen Abschluss eines Projektes, sind das typische Signale, die auf sein Fehlen hindeuten. Ohne Vollender stecken viele halb fertige Entwürfe in den Schubladen der Teammitglieder und es existieren überdurchschnittlich viele Flüchtigkeitsfehler beim Abschluss eines Projekts. Typisch ist auch die Zerfaserung des Teamprozesses in der Abschlussphase eines Projekts – ‚Jeder macht nur noch das, wozu er Lust hat'.

Der Anspruch des Detailarbeiters, gepaart mit Gewissenhaftigkeit und Fachkompetenz, kann im Team ein Gefühl von Druck, Unzulänglichkeit und Ungeduld erzeugen. Aber wir sollten dabei nicht vergessen, dass es einem Detailarbeiter Freude und auch Genugtuung verschafft, akribisch so lange zu tüfteln und wieder neue Wege zu probieren, bis auch das letzte Detail nicht zu 95 Prozent, sondern zu 100 Prozent passt. Die Detailarbeiter sind noch mit voller Aufmerksamkeit bei der Sache, wenn die übrigen Teammitglieder gedanklich schon beim nächsten Projekt sind.

Manchmal führt genau diese Liebe zum Detail zwar dazu, dass das Hauptziel aus dem Blick gerät, doch ist die rigorose Konsequenz und der angestrebte Perfektionismus ein wichtiger Vorteil für jedes Team, wenn es um den Erfolg des Gesamtergebnisses geht. Bitte ergänzen Sie nun die Rolle des Detailarbeiters in Ihrem Arbeitsblatt."

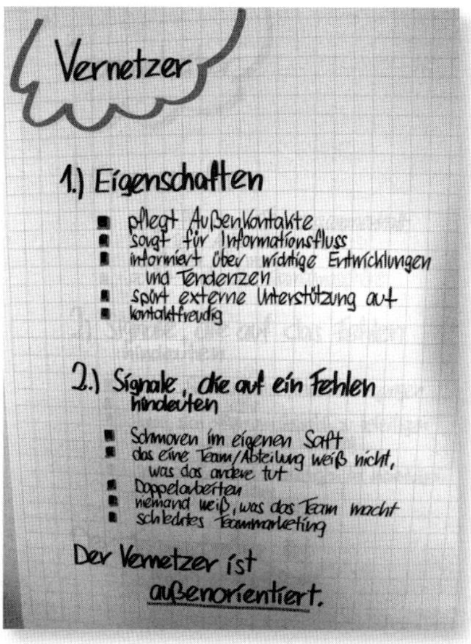

Der Trainer präsentiert und erläutert das Flipchart „Vernetzer":

„Die letzte Rolle, die wir besprechen, ist die des Vernetzers. Er ist es, der die Außenkontakte des Teams pflegt, auch über die Abteilungsgrenzen hinweg. Der Vernetzer sorgt für einen guten Informationsfluss und informiert immer alle über wichtige Entwicklungen und Tendenzen. Steht eine Entscheidung im Vorstand an, dann hat er mit Sicherheit mehr Informationen als der Durchschnitt. Er ist sehr kontaktfreudig und beispielsweise in sozialen Netzwerken wie XING oder auch facebook aktiv. Benötigt das Team externe

Unterstützung, egal ob für das momentane Projekt oder die Organisation des Sommerfestes, der Vernetzer ist stets der richtige Ansprechpartner, der mit Sicherheit jemand kennt, der bei der Lösung des Problems behilflich sein kann.

Wenn das Team ‚im eigenen Saft schmort' und nicht genau weiß, was die anderen Teams oder Abteilungen machen und sich dadurch selbst ein wenig von den anderen im Unternehmen isoliert, sind das typische Signale, die auf das Fehlen eines Vernetzers hindeuten. Ohne Vernetzer kann es leicht zu Doppelarbeiten im Unternehmen kommen. Es existiert kein richtiges Marketing des Teams, da niemand genau weiß, was das Team eigentlich macht.

Vernetzer sind eher selten alleine im Büro anzutreffen; sie arbeiten lieber mit Kollegen zusammen als in einem Einzelbüro. Wenn sie im Büro sind, dann telefonieren sie oder sind im Gespräch mit Kollegen. Der Vernetzer ist selbst wenig innovativ, aber bringt dennoch viele Ideen und Anregungen ins Teams, da er die Aktivitäten, Ideen und Anregungen seiner gesamten Umwelt und seines Netzwerks permanent aufnimmt und auf die eigene Aufgabe bezieht. Nehmen Sie nun ein letztes Mal Ihr Arbeitsblatt zur Hand und tragen Sie ein, wer bei Ihnen im Team ein guter Vernetzer ist und auf wen die gerade beschriebenen Eigenschaften weniger zutreffen."

Zum Ende hin fordert der Trainer seine Teilnehmer auf, das gerade bearbeitete Arbeitsblatt ihrem Teambild hinzuzufügen und bittet sie, der Reihe nach zu erläutern, was ihnen bei der Bearbeitung deutlich geworden ist und welche Ergebnisse in Bezug auf die Teamrollen in ihrem Team sie mitnehmen können.

Hinweis

Bei dieser Übung kann es vorkommen, dass die Teilnehmer beim Bearbeiten eher defizitorientiert vorgehen und ihnen danach auffällt, dass einige Teammitglieder vielleicht nur eine Rolle ausfüllen und andere regelrechte „Multitalente" sind. Der Trainer sollte darauf achten, dass alle Mitglieder positiv beurteilt werden. Dies kann er unterstützen durch Hinweise wie *„Herr Müller ist zwar nur ein Detailarbeiter, aber darin ist er ein wahrer Experte, was ein Geschenk für jedes Team ist."* Auch kann er den Teilnehmern bewusst machen, dass meistens nicht ein fehlendes Talent zum Fallstrick wird, sondern eine Stärke, die zu sehr ausgelebt wird. Auch wird es in aller Regel so sein, dass ein „Multitalent" alles ein wenig, aber nichts in gänzlicher Tiefe erfüllen wird.

Literatur

- Belbin, R. Meredith: Team Roles At Work. Butterworh Heinemann, 1993.
- Belbin, R. Meredith: Management Teams: Why they succeed or fail. Butterworth Heinemann, 2. Aufl. 2003.
- Friebe, Jörg: Reflexion im Training. Aspekte und Methoden der modernen Reflexionsarbeit. managerSeminare, 2010.
- Gellert, Manfred/Nowak, Claus: Teamarbeit, Teamentwicklung und Teamberatung. Ein Praxisbuch für die Arbeit in und mit Teams. Limmer Verlag, 2. Aufl. 2010.

Download-Ressourcen

- Das Arbeitsblatt, welche Teamrollen in Ihrem Team bereits besetzt sind, steht Ihnen als Download-Ressource zur Verfügung. www.managerseminare.de/tmdl/b,199771

12:30 Uhr Mittagessen

Der kreisende Projektball – Übung 13:30 Uhr

Orientierung

Ziele:
- Die Teilnehmer erleben auf spielerische Weise, wie Zusammenarbeit im Team funktioniert
- Sie reflektieren typische Verhaltensweisen und ihre eigene Rolle im Team

Zeit:
- 20 Minuten (10 Min. Instruktion, 10 Min. Auswertung)

Material:
- Für jeden Teilnehmer einen Ball (z.B. einen Jonglierball)

Überblick:
- Die Teilnehmer stellen sich im Kreis auf und bekommen die Aufgabe, ihren Ball von ihrer rechten Hand in die linke Hand zu werfen und wieder zurück – und dann alle gleichzeitig weiter zum linken Nachbarn
- Die Teilnehmer müssen einen kompletten Durchgang schaffen, ohne dass ein einziger Ball auf den Boden fällt
- Die Aufgabe ist schwer lösbar ohne die richtigen Verhaltensweisen Der Trainer beobachtet, wie die Gruppe und die einzelnen Teilnehmer mit der Situation umgehen
- In der anschließenden Reflexion werden die Rollenverteilungen, die Kommunikation und die Arbeitsabläufe in der Gruppe während der Übung ausgewertet

Erläuterungen

Bei der Übung „Der kreisende Projektball" ist es die Aufgabe der Teilnehmer, dass alle gleichzeitig einen Ball (z.B. einen Jonglierball) von ihrer rechten Hand in die linke Hand und wieder zurück in die rechte Hand werfen. Danach wird der Ball – wiederum von allen gleichzeitig – weiter zum linken Nachbarn geworfen. Die Teilnehmer müssen einen kompletten Durchgang schaffen (bei z.B. zwölf Teilnehmern also zwölf Mal), ohne dass ein einziger Ball auf den Boden fällt. Das Besondere an dieser Aufgabe ist es, dass sie auf den ersten Blick sehr schwierig und nach den ersten Versuchen nahezu unlösbar erscheint. Mit den richtigen Hinweisen, die entweder aus der Gruppe selbst kommen oder vom

Trainer eingebracht werden, erweist sich die Aufgabe jedoch als durchaus machbar. „Der kreisende Projektball" ist eine Kombination von Einzelaufgabe und Teamaufgabe im Wechselspiel, was eine interessante Dynamik verspricht. In der Regel beschäftigen sich die Teilnehmer zunächst alleine mit ihrer Aufgabe und werfen den Ball von rechts nach links und wieder zurück und dann weiter zum linken Nachbarn, der natürlich gerade selbst mit seiner „Aufgabe" beschäftigt ist und dann den Ball, in aller Regel, nicht fangen wird. Dies führt zu Beginn der Übung zu Irritationen.

Zum erfolgreichen Bewältigen der Aufgabe sind eine offene Kommunikation, ein zielfokussierter Arbeitsablauf sowie der Umgang mit „schwächeren" Teammitgliedern von entscheidender Bedeutung. Diese Punkte werden das Team während der gesamten Übung immer wieder herausfordern. Mit dieser Übung können im Anschluss all diese Punkte bearbeitet und reflektiert werden. Auch für den weiteren Verlauf des Seminars ergeben sich in aller Regel schöne Beispiele aus der Übung, die vom Trainer immer wieder zur Verdeutlichung gruppendynamischer Prozesse aufgegriffen werden können.

Vorgehen

Vor Beginn der Übung legt der Trainer für jeden Teilnehmer und für sich selbst einen Ball zurecht. Der Trainer markiert einen Ball mit z.B. einem Klebepunkt. Er gibt jedem Teilnehmer einen Ball in die Hand.

Nun beginnt er mit der Instruktion:
„Als Nächstes möchte ich Sie zu einer Übung einladen, um nach dem Mittagessen wieder ein bisschen in Schwung zu kommen. Bitte stehen Sie hierfür auf und bilden Sie einen geschlossenen Kreis."

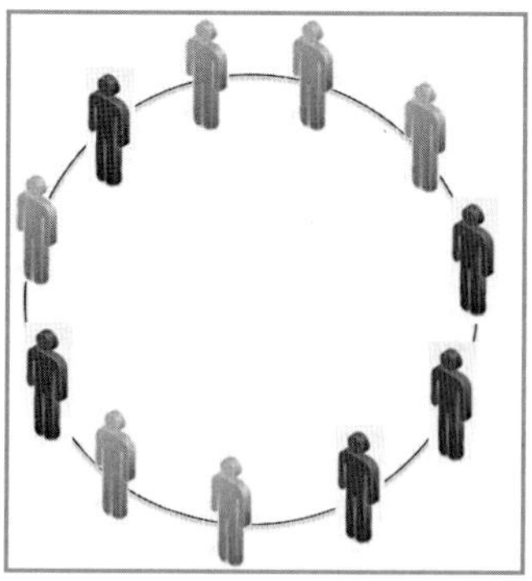

Abb.: Die Teilnehmer bilden einen geschlossenen Kreis.

Sobald dies geschehen ist, erläutert er die Übung:
„Ihre Aufgabe ist es, den Ball von Ihrer rechten Hand in Ihre linke Hand zu werfen und wieder zurück, um den Ball als Nächstes zu Ihrem linken Nachbarn weiterzuwerfen, der Ihren Ball wiederum fängt. Das alles muss gleichzeitig geschehen. Die Aufgabe ist dann gelöst, wenn der markierte Ball wieder bei seinem ursprünglichen Besitzer ist, ohne dass nur ein einziger Ball auf den Boden gefallen ist. Sie bekommen drei Minuten Zeit, um Ihre Aufgabe zu lösen. Viel Spaß, bitte beginnen Sie jetzt."

Abb.: Der Ball wandert von rechts nach links, dann wieder zurück und schließlich zum linken Nachbarn.

Der Trainer achtet nun auf die Zeit und macht sich Notizen über die weiteren Geschehnisse. Es lohnt sich auf folgende Punkte zu achten:

- Wann beginnt die Kommunikation im Team über die Aufgabe?
- Wer übernimmt die Führung?
- Wechselt die Führung?
- Werden Tipps und Tricks dem gesamten Team mitgeteilt oder z.B. nur dem Nachbarn?
- Beschuldigen die Teilnehmer sich gegenseitig, z.B. nicht richtig geworfen bzw. nicht richtig gefangen zu haben?
- Machen die Teilnehmer konstruktive Vorschläge zum Vorgehen und äußern sie lediglich Feststellungen wie z.B. „zu schnell"?
- Wie geht das Team mit „Schwachstellen" um?

In der Regel wird es dem Team nicht gelingen, innerhalb der ersten drei Minuten einen kompletten Durchgang zu schaffen – es kann passieren, dass nicht eine einzige Ball-Übergabe erfolgreich verläuft, ohne dass ein Ball runterfällt. Der Trainer schreitet ein, reiht sich in den Kreis ein und stellt dem Team die folgenden Fragen: „Wie läuft es bisher?" und „Wie könnte es besser laufen?"

Die entscheidenden Tipps:

- Tipp 1: In einer angemessenen Geschwindigkeit werfen – lieber etwas langsamer, aber sicher
- Tipp 2: Die Bälle hoch werfen – so hat der Fänger mehr Zeit, um sich auf den Ball zu konzentrieren
- Tipp 3: Nach rechts schauen, also dahin, wo der zu fangende Ball herkommt; nicht dem geworfenen Ball hinterher sehen.

Mit dieser Instruktion gibt er den Teilnehmern weitere drei Minuten Zeit, die Aufgabe zu lösen. Jetzt wird es auf alle Fälle wesentlich besser laufen, auch wenn es natürlich keine Garantie gibt, dass die Aufgabe vollständig gelöst werden kann. Hier sind vor allem kleine Erfolge zu feiern. Erfahrungsgemäß sind die Teilnehmer nun davon überzeugt, dass sie die Aufgabe mit etwas mehr Übung ohne große Schwierigkeiten lösen können. Der Trainer sollte den letzten Versuch ankündigen: *„So, und jetzt ein letztes Mal: Bitte volle Konzentration!“* Im Anschluss kann er die Übung mit einem kleinen Applaus honorieren und direkt zur Auswertung überleiten.

Die Auswertung kann wie folgt gestaltet werden: Die Teilnehmer bleiben im Kreis stehen und der Trainer beginnt mit der Frage:
„Was ist Schritt für Schritt passiert, nachdem ich Ihnen die Aufgabe erläutert habe?“

Die Teilnehmer werden in einer zeitlichen Abfolge berichten, an was sie sich erinnern können. Der Trainer sollte diese Erinnerungen durch die notierten Kommentare und beobachteten Verhaltensweisen ergänzen bzw. veranschaulichen. Er kann, falls die Aufzählungen ins Stocken geraten, nachfragen: *„Und was ist danach passiert?“* Im Anschluss sollte der Trainer fragen: *„Was waren die entscheidenden Erfolgsfaktoren?“*

Anhand dieser Erfolgsfaktoren kann die weitere Reflexion am Beispiel des Projektmanagements stattfinden. Der Ball kann von nun an als „Ihre Projektaufgabe“ bezeichnet werden.

- Tipp 1: In einer angemessenen Geschwindigkeit werfen
  So kann für jedes Teammitglied der richtige Rhythmus gefunden werden und die zeitlichen Vorgaben können entsprechend reflektiert werden. Eine zu schnell ausgeführte Aufgabe kann das eine oder andere Teammitglied überfordern.

- Tipp 2: Die Bälle hoch werfen
  So hat der Fänger mehr Zeit, um sich auf den Ball zu konzentrieren. Der Werfer bereitet seine „Projektaufgabe" für seinen Kollegen entsprechend sorgfältig vor und erhöht somit die Chance einer reibungslosen Übergabe.

- Tipp 3: Nach rechts schauen
  Es ist von entscheidender Bedeutung, abgegebene „Projektaufgaben" auch wirklich loszulassen, da der Erfolg ohnehin nicht mehr beeinflusst werden kann (ob mein Nachbar den Ball fängt oder nicht, liegt nicht in meiner Macht). Stattdessen sollte man seine volle Konzentration auf die neue „Projektaufgabe" richten, aber sich auch der Verantwortung bewusst sein und seine Aufgabe geordnet „übergeben".

Die gefundenen Erfolgsfaktoren und die Reflexion können im Anschluss dazu genutzt werden, auf vergangene Seminarinhalte zurückzublicken. Die Erlebnisse der Übung können immer wieder im weiteren Verlauf des Seminars mit einbezogen werden.

Hinweise

- Wichtig ist, dass sich der Trainer während der Übung Notizen vom Ablauf und den Kommentaren der Teilnehmer macht.
- Der Ablauf der Übung ist von Gruppe zu Gruppe unterschiedlich, je nachdem ist auch der Zeitbedarf zum Lösen der Aufgabe vom Trainer zu steuern.
- Die Übung liefert immer Informationen darüber, wie die Stärkeren die schwächeren Teammitglieder unterstützen und wie generell mit Schwächeren in der Gruppe umgegangen wird.
- Die Übung ist auch für den Einsatz in Führungsseminaren geeignet, denn es erfordert in der Regel ein Teammitglied, das die Führung übernimmt. Hier bieten sich etwa Reflexionen in Bezug auf die Auswahl des „Kommandogebers" sowie dessen Akzeptanz durch das Team an.

Literatur

Der „Projektball" ist eine eigene Erfindung, die Weiterentwicklung eines klassischen Ballspiels. Als Trainer sind einem bei dem Austesten neuer Aktivierungsspiele keine Grenzen gesetzt. Anregungen für Seminarspiele finden sich in folgenden Büchern:

- Beermann, Susanne: Spiele für Workshops und Seminare. Haufe-Lexware, 2008.
- Wallenwein, Gudrun: Spiele: Der Punkt auf dem i. Kreative Übungen zum Lernen mit Spaß. Beltz, 2003.

Wenn Sie stärker in die Reflexion gehen wollen, empfehlen wir die folgende Lektüre:

- Friebe, Jörg: Reflexion im Training. Aspekte und Methoden der modernen Reflexionsarbeit. managerSeminare, 2010.

Turmbau mit Workern und Planern – Teamübung für Hierarchien und Teamrollen 13.50 Uhr

Orientierung

Ziele:

- Die Teilnehmer bewältigen in Teams gemeinsam eine ihnen gestellte Aufgabe
- Die Gruppen treten gegeneinander an und erleben so Erfolgsfaktoren von Teams in Wettbewerbssituationen
- Sie reflektieren ihre Zusammenarbeit und erhalten Feedback über ihre Arbeitsweise und ihr Kommunikationsverhalten im Team

Zeit:

- 90 Minuten (10 Min. Instruktion und Gruppeneinteilung, 60 Min. Turmbau, 10 Min. Präsentation Bewertung und Siegerehrung, 10 Min. Puffer)

Material:

- Flipchart „Turmbau mit Workern und Planern"
- Analysebogen für die Beobachter (Kopiervorlage als PDF-Dokument)

Für jedes Team:

- Einen großen Bogen Pinnwandpapier
- Zwei Flipchart-Papierbögen
- Mehrere Moderationskarten und Kuller in verschiedenen Farben und Formen (für jedes Team exakt das gleiche Material)
- Eine Schere
- Ein Lineal
- Eine Flasche Klebstoff
- Zwei Luftballons (optional)

Überblick:

- Der Trainer legt die Materialien für die beiden Turmbau-Gruppen zurecht
- Die Teilnehmer werden in zwei Gruppen aufgeteilt, die gegeneinander antreten
- Aufgabe für beide Teams ist es, in 60 Minuten einen Turm zu bauen, der möglichst standfest, hoch und originell ist

- Jede Gruppe teilt sich nochmals auf: Die Planer entwerfen und planen den Turm, die Worker bauen den Turm. Beide arbeiten getrennt. Die Kommunikation erfolgt über Teamsprecher
- Jedes Team wird von zwei Beobachtern hinsichtlich Kommunikation und Zusammenarbeit beobachtet
- Nach Ablauf der zur Verfügung gestellten Zeit präsentieren zunächst die Planer jeweils ihr Turmkonzept; die Worker stellen danach ihre Türme vor
- Die Türme werden bezüglich der drei Kriterien Standfestigkeit, Höhe und Originalität von einer Jury bewertet
- Es findet eine kleine Siegerehrung statt

Erläuterungen

Bei der Turmbau-Übung geht es darum, dass die Teilnehmer in Teams eine Aufgabe gemeinsam bewältigen und anschließend die Erfahrungen zur Zusammenarbeit reflektieren. Die Turmbau-Übung ist eine klassische gruppendynamische Übung, bei der die Teilnehmer auf spielerische Art etwas über die Prinzipien guter Zusammenarbeit in Teams lernen. Zudem haben die Teilnehmer in der Regel jede Menge Spaß bei der Übung. Schön ist auch, dass die beiden Türme – das Ergebnis der Übung – anschließend im Seminarraum aufgestellt werden können und über die restliche Seminarzeit nicht nur immer wieder zu Lacheffekten führen, sondern dem Trainer auch immer wieder ermöglichen, auf die eine oder andere Erfahrung aus der Übung hinzuweisen.

Zeitpunkt der Übung

Wie die Erfahrung zeigt, ist bei dreitägigen Seminaren der Nachmittag des zweiten Tages ideal für eine solche Übung. Die Teilnehmer haben schon viel Input erhalten, Konzentration und Energie lassen dagegen etwas nach. Die Übung bringt neuen Schwung in die Gruppe, sodass diese am dritten Tag auch wieder aufnahmefähig ist.

Vorgehen

Vorbereitung

Vor der Übung verteilt der Trainer das Material für den Turmbau gleichmäßig auf zwei Tischen im Seminarraum.

Zu Beginn der Übung wird die Seminargruppe zunächst in zwei Gruppen aufgeteilt, die gegeneinander antreten. Der Trainer kann dabei „auf zwei" durchzählen (die Teilnehmer zählen reihum „eins", „zwei", „eins" usw. durch) und die Gruppe „eins" und Gruppe „zwei" bilden. Die Teilnehmer können sich aber auch selbst gleichmäßig aufteilen.

Unter Umständen besteht bereits aus dem Vortag, z.B. aus der „Zin-Obelisk"-Übung, ein Gruppengefüge, das die Teilnehmer beibehalten wollen. Vierte Möglichkeit: Der Trainer legt zwei unterschiedliche, aber ähnliche Puzzles bereit, sortiert vorab Teile in Anzahl der Teilnehmer aus und lässt die Teilnehmer ihre Gruppe „erpuzzeln". Sobald die Gruppen eingeteilt sind, weist der Trainer darauf hin, dass die Gruppen gleich gegeneinander antreten werden.

Instruktion

Anschließend erfolgt die Instruktion zur Übung:
„Ich erläutere Ihnen nun Ihre Aufgabe. Bitte passen Sie gut auf, schließlich geht es gleich in den Wettbewerb."

Der Trainer deckt das Flipchart „Turmbau" auf.
„Ihre Aufgabe lautet wie folgt: Bauen Sie einen Turm, der ausschließlich aus den Ihnen zur Verfügung stehenden Materialien besteht. Der Turm muss selbstständig stehen können, das heißt, er darf weder gegen die Wand noch sonst wo angelehnt, aufgehängt oder an der Decke angebracht werden. Er muss also standfest sein, zudem so hoch wie möglich und so originell wie möglich! Für den Turmbau gibt es Worker und Planer. Die Planer haben die Aufgabe, den Turm zu planen und konzipieren. Ihren Entwurf des Turms stellen sie im Anschluss in einer ansprechenden Präsentation dem Publikum vor. Die Worker haben die Aufgabe, den Turm nach den Plänen der Architekten zu bauen. Sie können das ihnen zur Verfügung stehende Material in jeder beliebigen Art und Weise zuschneiden und zusammenkleben. Sie dürfen aber keinerlei zusätzlichen Materialien verwenden!

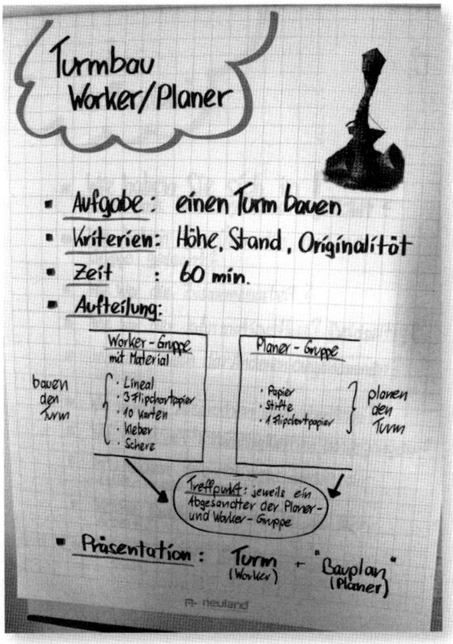

Eine Jury bewertet im Anschluss an Präsentation und Turmbesichtigung die Türme nach den drei Kriterien:

- *Höhe*
- *Standfestigkeit*
- *Originalität*

An Materialien stehen Ihnen zur Verfügung:

- *ein großer Bogen Pinnwandpapier*
- *zwei Flipchart-Papierbögen*

- *x Moderationskarten und y Kuller*
- *eine Schere*
- *ein Lineal*
- *eine Flasche Klebstoff*
- *zwei Luftballons (optional)*

Sie haben für den Turmbau 60 Minuten Zeit.

Wichtig: Die Planer arbeiten getrennt von den Workern. Aus jeder Gruppe bestimmen Sie einen Sprecher, der für den Austausch zwischen Worker und Planer zuständig sind. Für den Austausch gibt es einen festen Kommunikationstreffpunkt, nämlich im Foyer. Die beiden Gruppengesandten dürfen sich so oft treffen, wie nötig, aber darüber hinaus bitte keine Kommunikation. Alle lassen bitte Ihre Handys ausgeschaltet! Bitte einigen Sie sich zunächst in jeder Gruppe auf die Rollen: Wir benötigen aus jeder Gruppe zwei Beobachter, x Planer und x Worker."

Der Trainer gibt kurz Zeit, damit die Gruppe sich besprechen kann, wer welche Rolle einnimmt. Alternativ kann er in jeder Gruppe Karten mit den Rollenbezeichnungen verteilen, die die Teilnehmer verdeckt ziehen. Im Anschluss fragt er nach, ob allen die Aufgabenstellung klar ist.

Sobald die Rollen festgelegt sind, gibt der Trainer das Startsignal:
„Der Wettbewerb beginnt. Die Planer gehen bitte in ihre Planungsräume, die Worker mit dem Material, das für sie auf den Tischen bereitliegt, in die Worker-Räume. Ab jetzt bitte keine Kommunikation zwischen Workern und Planern. Denken Sie daran, aus jeder Untergruppe einen Gesandten zu bestimmen. Das erste Treffen findet in 10 Minuten, also um xx Uhr im Foyer statt. Wir treffen uns zur Präsentation von Turmkonzept und Türmen um xx Uhr wieder im Seminarraum. Die Beobachter bitte kurz zu mir, damit ich Ihnen Ihre Aufgabe erklären kann."

Nun instruiert er die Beoachter:
„Ihre Aufgabe ist es, die Ereignisse in Ihrer Gruppe genau zu beobachten, Ihre Wahrnehmungen festzuhalten und der Gruppe im Anschluss an die Übung Feedback zu geben. Ich habe für Sie einen Beobachterbogen mit Leitfragen. Bitte nehmen Sie sich einen Stift und machen Sie sich zu den einzelnen Punkten Notizen. Nach der Übung leiten Sie die Auswertungsrunde ein, schildern Ihre Eindrücke und geben den Teams Feedback. Es gibt eine wichtige Regel für Sie: Ab jetzt verhalten Sie sich bitte neutral. Sie sollten nicht mehr mit Ihrer

Gruppe kommunizieren, auf keinen Fall Informationen zwischen den Untergruppen austauschen oder in irgendeiner Form in das Geschehen eingreifen. Okay?"

Der Trainer teilt den Leitfaden für die Beobachter aus (siehe unten). Diese suchen dann ihre Gruppe auf. Der Turmbau beginnt. Der Trainer schaut zwischendurch zu allen Gruppen und den Beobachtern und kümmert sich um einen reibungslosen Ablauf. Mit Beginn der letzten zehn Minuten gibt der Trainer ein Zeitsignal und weist alle darauf hin, dass noch zehn Minuten zur Verfügung stehen.

Präsentation und Siegerehrung

Präsentation und Siegerehrung: Zum vereinbarten Zeitpunkt treffen sich alle wieder im Seminarraum. Je nach Raumbegebenheiten ist es ideal, wenn die Worker ihren Turm zunächst noch in ihrem Arbeitsraum lassen und erst die Planer ihr Turmkonzept vorstellen. Hierbei sollte die Jury anwesend sein. Diese kann aus Freiwilligen vom Trainer schnell zusammengestellt werden (Hotelangehörige, Kollegen) oder aus den Beobachtern samt Trainer bestehen. Erst wenn beide Gruppen ihren Entwurf präsentiert haben, holen die Gruppen ihre Türme vor das Publikum. Dies führt in der Regel zu einem großen Lacheffekt, da Pläne und Türme häufig weit voneinander abweichen. Anschließend folgt die Punktevergabe. Der Trainer notiert hierbei auf einem Flipchart die drei Kriterien (Standfestigkeit, Höhe, Originalität) sowie die beiden Gruppennamen. Jedes Jurymitglied darf insgesamt zehn Punkte für jeden Turm vergeben. Die Punkte werden addiert und es gewinnt die Gruppe mit der höchsten Punktzahl. Der Trainer kann für die „Siegerehrung" ein kleines Präsent, etwa in Form von einer großen Gummibärchendose, bereithalten.

Abb.: Ein gelungenes Turmbau-Beispiel.

Beobachterbogen Turmbau

Bitte beobachten Sie die beiden Gruppen und machen Sie sich entsprechende Notizen. Sie spielen eine wichtige Rolle im Reflexionsprozess! Als Anregungen, worauf Sie achten können, einige Leitfragen:

- Wie erfolgreich verlief der Turmbau bei den Workern?
- Wie erfolgreich verlief der Turmbau bei den Planern?
- Wer hat sich wie beteiligt? Wer hat welche Rollen eingenommen?
- Wie kamen Entscheidungen in der Gruppe zustande? Wer war daran maßgeblich beteiligt?
- Hat sich in den beiden Gruppen eine Führung herausgebildet? Wenn ja, wie?
- Traten Konflikte auf? Wenn ja, wie wurde damit umgegangen?
- Welche Aktionen haben den Gruppen geholfen, die Aufgabe zu lösen?
- Welche Aktionen behinderten die Gruppen eher bei der Lösung der Aufgabe?
- Welche Stimmung herrschte in den beiden Gruppen während des gesamten Prozesses?
- Wie gut haben die Gruppen zusammengearbeitet?
- Was ging gründlich schief?
- Wie beurteilen Sie das Ergebnis?
- Wie hätten die Teams noch besser zusammenarbeiten können bzw. wie hätten die beiden Teams ein noch besseres Ergebnis erzielen können?
- Was ist Ihnen sonst noch aufgefallen?
- Welche Parallelen können Sie zur Teamarbeit in Ihrem Unternehmen ziehen?

Variante „Fliegendes Ei"

Als Variante zur Turmbau-Übung kann das „Fliegende Ei" eingesetzt werden. Die Übung dient wie der Turmbau dazu, die Zusammenarbeit im Team zu untersuchen. Die Aufgabe der Gruppe ist es dabei, ein Fluggerät für ein rohes Ei zu konstruieren. Je nach Seminargröße können hier ebenfalls zwei Untergruppen antreten (Teams von 4 bis 7 Personen). Zeitdauer, Ablauf und Reflexion wie beim Turmbau. An Material erhält jede Gruppe 1 rohes Ei, 2 Scheren, 1 Lineal, 1 DIN-A4-Karton, 2 Blatt Flipchartpapier, 1 Klebstift.

Die genaue Aufgabe lautet: Konstruieren Sie im Team ein Fluggerät für ein rohes Ei. Für Planung und Realisierung des Projektes haben Sie 60 Minuten Zeit. Sie müssen dabei folgende Vorgaben erfüllen:

- Sie dürfen sich ausschließlich der vorgegebenen Materialien bedienen. Papier und Karton müssen in Streifen zerschnitten werden, deren maximal zulässige Breite 3 cm beträgt. Das Ei darf nicht geklebt werden. Manipulationen wie Abkochen oder Ausblasen sind verboten und führen zur sofortigen Disqualifikation des Teams.

- Das Fluggerät soll einen Namen erhalten, der auf das Gerät gemalt werden darf. Nach Ablauf der 60 Minuten präsentieren die Teams ihr Fluggerät im Plenum. Die Präsentation darf maximal 5 Minuten dauern und wird bewertet.

Die Bewertung erfolgt anhand folgender vier Kriterien:
- Professionalität und Originalität der Produktpräsentation
- Ästhetik des Fluggerätes
- Flugverhalten des Geräts
- Zustand des Eis nach der Landung

Nach Beendigung der Konstruktionsphase erfolgt zunächst die Präsentation. Danach wird der Flugversuch gestartet, idealerweise aus dem obersten Stock des Seminargebäudes. Je zwei Teilnehmer aus den Teams lassen das Ei „fliegen", die anderen beobachten, am besten im Hof, das Geschehen. Anschließend erfolgt die Bewertungsphase mit der Punktevergabe, die in eine kleine Siegerehrung mündet. Die Reflexion kann analog der Turmbauübung erfolgen – hierzu treffen sich alle wieder im Seminarraum.

Hinweise

- Für diese Übung sollten wie beim Turmbau ebenfalls Beobachter eingesetzt werden. Die Bewertung der vier Kriterien kann unterschiedlich vorgenommen werden. Zum Beispiel können sich die Teams gegenseitig bewerten (Punkteskala von 1-10). Hierbei sollte jedoch der Spaß im Vordergrund stehen. Falls möglich, sollte der Trainer eine „unabhängige" Jury wie beispielsweise andere Seminarteilnehmer oder Hotelgäste hinzuziehen.

Literatur

- Die Übung „Fliegendes Ei" und weitere Teamübungen finden sich in Rachow, Axel (Hrsg.): Spielbar. managerSeminare, 3. Aufl. 2009.

Download-Ressourcen

- Analysebogen für die Beobachter www.managerseminare.de/tmdl/b,199771

Kurze Pause 15:20 Uhr

15:40 Uhr Reflexion Turmbau

Orientierung

Ziele:

- Die Teilnehmer lernen Verbesserungen in der Zusammenarbeit mit verschiedenen Hierarchie-Ebenen kennen
- Sie übertragen Erkenntnisse aus der Turmbau-Übung auf ihren Arbeitsalltag

Zeit:

- 60 Minuten

Material:

- Flipchart „Reflexion Turmbau"
- Pinnwand „Reflexion Turmbau"
- Moderationskarten in zwei Farben (weiß und orange)

Überblick:

- Die Beobachter leiten die Auswertungsrunde ein
- Die Teilnehmer ergänzen die Ausführungen der Beobachter um ihre Eindrücke
- Im Plenum wird gemeinsam reflektiert, wie die Zusammenarbeit in den beiden Teams funktioniert hat
- Die Teilnehmer erarbeiten, welche Erkenntnisse sich aus der Turmbau-Übung auf ihren Arbeitsalltag übertragen lassen

Erläuterungen

Auch bei der Turmbau-Übung sollte die Reflexion intensiv durchgeführt werden, um den Teilnehmern die Möglichkeit zu geben, das eben Erlebte nochmals in Ruhe verarbeiten zu können und somit das ein oder andere Aha-Erlebnis zu verankern. Wie bereits an anderer Stelle im Buch erwähnt, dienen die hier vorgestellten Fragen als Anregung und sollten vom Trainer immer auf die jeweilige Teilnehmergruppe und den Verlauf der Übung angepasst werden, um individuell auf die Teilnehmergruppe einzugehen und so den höchstmöglichen Lerngewinn zu erzielen.

Vorgehen

Der Trainer bereitet die Pinnwand „Reflexion Turmbau" vor und stellt diese verdeckt im Seminarraum auf. Dann platziert er das Flipchart

„Reflexion Turmbau“ und verdeckt es mit einem leeren Flipchartpapier.

Nun eröffnet er die Reflexionsrunde zur Turmbau-Übung:
„Als Nächstes werden wir eine kleine Zeitreise machen und die Uhr um etwa zwei Stunden zurückdrehen. Wir werden uns ansehen, wie die Turmbau-Übung in den jeweiligen Gruppen verlaufen ist. Dazu ist das Fremdbild der neutralen Beobachter sehr wichtig, die ich zunächst bitte, uns ihre Eindrücke zu schildern. Danach kann jeder seine persönlichen Eindrücke und Erfahrungen ergänzen.“

Die Beobachter schildern der Reihe nach ihre Eindrücke und der Trainer ergänzt diese Eindrücke um eigene Beobachtungen. Danach zeigt der Trainer den Teilnehmern das Flipchart „Reflexion Turmbau“.

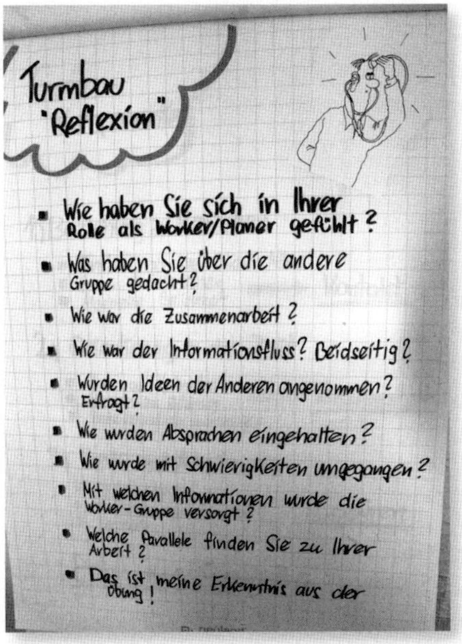

„Mit den folgenden Fragen werden wir nun einzelne Aspekte aus der Übung näher betrachten. Beginnen wir mit der Frage „Wie haben Sie sich in Ihrer Rolle als Worker/Planer gefühlt?“

Der Trainer nutzt die nächsten 30 Minuten dazu, um den Fragenkatalog des Flipcharts nach und nach durchzugehen. Höchstwahrscheinlich wurden in den beiden Gruppen unterschiedliche Erfahrungen gemacht und auch die Worker und Planer werden die Übung aus ihren sehr unterschiedlichen Blickwinkeln wahrgenommen haben. Der Trainer sollte gezielt mit diesen Blickwinkeln arbeiten.

Bei der Turmbau-Übung kann sehr schnell die folgende Dynamik entstehen: „Die Planer haben doch überhaupt keine Ahnung!", „Die Worker sollen einfach nur das tun, was wir ihnen sagen!" Auch das zeitliche Empfinden variiert von Rolle zu Rolle. Die Planer müssen am Anfang sehr schnell sinnvolle erste Schritte an die Worker kommunizieren. Je ausgereifter dieser Anfangsplan ist, desto weniger müssen sie planen und desto mehr müssen sie sich auf das Ergebnis der Worker verlassen. Bei den Workern ist es umgekehrt. Sie müssen zunächst warten, bis die ersten Pläne übergeben werden, um mit der Arbeit beginnen zu können und kommen häufig gegen Ende der Übung in Zeitnot. Natürlich gibt es auch Worker, die sofort mit dem Bau des Turms beginnen, ohne auf den ersten Plan zu warten – auch diese Vorgehensweise ist natürlich sehr interessant für die Reflexion.

Nach dem Beantworten des Fragenkatalogs dreht der Trainer die Pinnwand „Reflexion Turmbau" um.

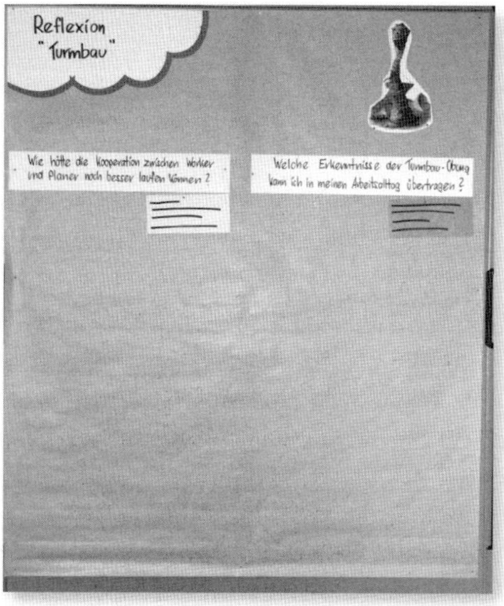

„Ich möchte Sie nun bitten, wie schon bei der Reflexion der Zin-Obelisk-Übung, dass Sie zu zweit zusammengehen, immer ein Worker und ein Planer, um gemeinsam die beiden folgenden Fragen zu beantworten: ‚Wie hätte die Kooperation zwischen Worker und Planer noch besser laufen können?' und ‚Welche Erkenntnisse aus der Turmbau-Übung kann ich in meinen Arbeitsalltag übertragen?' Verwenden Sie für die erste Frage bitte die weißen Moderationskarten und für die zweite Frage die orangefarbigen Moderationskarten und finden Sie jeweils mindestens drei Punkte. Sie haben dafür 10 Minuten Zeit."

Der Trainer teilt Moderationskarten und Stifte aus. Nach Ablauf der zehn Minuten kommt jedes Team nach vorne und pinnt die gefundenen Punkte an die Pinnwand. Der Trainer schließt die Reflexion ab, indem er die Kartensammlung zusammenfasst und wesentliche Erkenntnisse innerhalb der einzelnen Gruppen und Rollen nochmals deutlich hervorhebt.

Hinweise

- Der Trainer sollte bei der abschließenden Kartensammlung auf die Zeit achten. Die Reflexionszeit der Zweierteams scheint mit zehn Minuten relativ kurz bemessen. Dies ist bewusst so gehalten, da im Plenum zuvor eine ausführliche Reflexion stattgefunden hat. So fällt es den Teams in der Regel relativ leicht, auf für sie stimmige Antworten zu kommen.
- Auch beim Anpinnen der Teilnehmerkarten zum Abschluss sollte jedes Team seine Karten knapp in ein bis zwei Minuten nennen, ohne diese ausführlich zu begründen. Wie die Erfahrungen zeigen, beginnen hier einige Teilnehmer, ihre Erfahrungen aus der Übung erneut ausführlich zu schildern. Dies ist jedoch nicht der Zweck der Übung. Insofern sollte der Trainer gerade bei den ersten beiden Teams auf eine kurze Darstellung der Karten achten bzw. nochmals darauf hinweisen.

Literatur

- Friebe, Jörg: Reflexion im Training. Aspekte und Methoden der modernen Reflexionsarbeit. managerSeminare, 2010.

16:40 Uhr Abschluss mit kleiner Nachtaufgabe

Orientierung

Ziele:
- Die Teilnehmer reflektieren ihre Teamsituation
- Der Trainer erhält Feedback
- Die Teilnehmer können ihre Wünsche für den letzten Seminartag äußern

Zeit:
- 20 Minuten

Material:
- Pinnwand „Unser Seminarfahrplan"
- Flipchart „Kleine Nachtaufgabe"

Überblick:
- Blitzlicht der Teilnehmer „Gut gefallen hat mir heute" und „Für morgen wünsche ich mir"
- Der Trainer erläutert die kleine Nachtaufgabe am Flipchart. Jeder Teilnehmer soll sich bis morgen drei Tipps für seinen potenziellen Nachfolger überlegen

Erläuterungen

Zur Abschlussrunde des zweiten Seminartages ist es sinnvoll, wiederum Feedback einzuholen und die Teilnehmer konkret zu fragen, welche Wünsche sie für den abschließenden Seminartag haben, um den letzten Tag an die Erwartungen und Wünsche der Teilnehmer anpassen zu können. Zudem bietet die kleine Nachtaufgabe eine erneute Möglichkeit für die Teilnehmer, ihre aktuelle Teamsituation zu reflektieren.
Da es uns in der Regel sehr viel einfacher fällt, Situationen mit einem Blick von außen zu analysieren, fällt es uns auch entsprechend einfacher, Tipps für einen potenziellen Nachfolger zu geben als für uns selbst zu überlegen, was sinnvolle Verhaltensweisen in unserer aktuellen Teamsituation wären. Die kleine Nachtaufgabe greift diesen kleinen Trick auf: Mit den Tipps für den Nachfolger machen sich die Teilnehmer im Prinzip Verhaltensweisen bewusst, die sie entweder selbst schon anwenden und die erfolgreich sind (hier gilt das Motto „beibehalten") oder noch nicht anwenden, auch wenn diese sicherlich zum Erfolg führen würden (hier gilt das Motto „selbst umsetzen").

Vorgehen

Der Trainer rückt die Pinnwand mit dem Seminarfahrplan für alle sichtbar in die Mitte des Stuhlkreises.

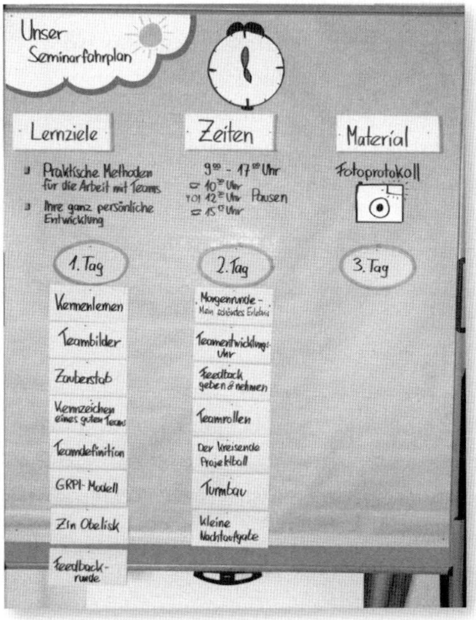

Anhand der Inhaltskarten nimmt er einen Rückblick des Tages vor: *„Erinnern Sie sich noch, wie wir heute in den Tag gestartet sind? Jeder von Ihnen hat sein schönstes Teamerlebnis in unserer Morgenrunde präsentiert. Danach haben wir uns die verschiedenen Entwicklungsphasen von Teams – das ‚Forming, Storming, Norming und Performing' anhand der Teamentwicklungsuhr verdeutlicht und für jede der vier Phasen mögliche Interventionen gesammelt. Ich habe Ihnen anschließend die Wichtigkeit von gegenseitigem Feedback, gerade in Teams, anhand des ‚Johari-Fensters' erläutert und Ihnen das ‚www.feedback.de'-Schema gezeigt, anhand dessen man seinem Gegenüber konstruktiv und wertschätzend Feedback auf sein Verhalten geben kann. Vor dem Mittagessen haben wir uns noch den einzelnen Teamrollen und ihren jeweiligen Eigenschaften zugewandt, und Sie haben reflektiert, welche Teamrollen in Ihrem jeweiligen Team besetzt sind bzw. unter Umständen fehlen. Nach unserem ‚Kreisenden Projektball' zur Aktivierung nach der Mittagspause waren Sie als Worker, Planer oder Beobachter des ‚Turmbau'-Wettbewerbes aktiv. Die Ergebnisse sehen wir noch schön hier im Raum. Wir haben uns im Anschluss an*

den Wettbewerb die Zeit genommen, ausführlich zu überlegen, wie die Zusammenarbeit zwischen Workern und Planern besser hätte laufen können und welche Erkenntnisse Sie aus der Turmbau-Übung auf Ihren Arbeitsalltag übertragen können. Und bevor wir nun in die Zielgerade des zweiten Seminartages einbiegen, möchte ich Sie bitten, dass jeder zunächst für sich noch mal ein wenig Revue passieren lässt, was wir gemacht haben. Was mich interessiert, ist einerseits: Was hat Ihnen heute gut gefallen und andererseits – gerade im Hinblick auf unseren morgigen Abschlusstag: Was wünschen Sie sich für morgen? Bitte nehmen Sie sich eine halbe Minute Zeit, um darüber nachzudenken."

Der Trainer gibt den Teilnehmern mindestens eine halbe Minute Zeit, gewährt je nach Bedarf noch eine weitere halbe Minute und leitet anschließend die Feedbackrunde ein:
„Wer möchte anfangen?"

Er notiert sich die Wünsche der Teilnehmer und bedankt sich zum Abschluss für die Blitzlicht-Runde.
„Vielen Dank für Ihre Rückmeldung. Wie wir ja heute schon erfahren haben, ist es auch für mich als Trainer sehr wichtig, dass Sie mir Rückmeldung geben. Danke! Ich habe heute für Sie noch eine kleine Nachtaufgabe vorbereitet, doch erschrecken Sie nicht, es ist eine ganz nette Frage, die Sie heute Abend bei einem Glas Wein oder morgen beim Frühstückskaffee überlegen können. Und zwar lautet die Frage wie folgt:"

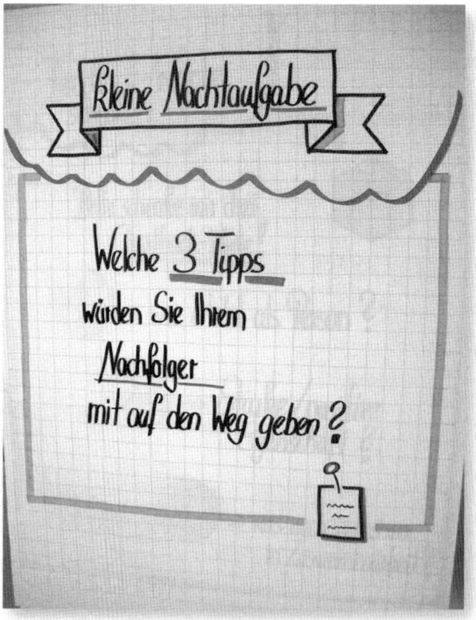

Jetzt legt der Trainer das Flipchart „Kleine Nachtaufgabe" offen.

„Welche drei Tipps würden Sie Ihrem potenziellen Nachfolger mit auf den Weg geben? Sie wissen ja mittlerweile schon ganz gut, wie Ihr Team funktioniert und haben sicherlich gute Ratschläge parat. Überlegen Sie einfach, was Sie einem guten Freund von Ihnen mit auf den Weg geben würden, wenn er Ihre Stelle antreten würde. Bitte überlegen Sie sich hierzu drei konkrete Tipps, die Sie uns morgen in der Morgenrunde präsentieren."

Abschließend kann der Trainer noch einen kurzen Ausblick auf den dritten Seminartag geben.

Hinweise

- Für den Abschluss des zweiten Seminartages ist es wichtig, die Inhalte noch mal Revue passieren zu lassen. Es ist nachgewiesen, dass Wiederholungen zu den wesentlichen lernförderlichen Faktoren zählen. Zudem verläuft der zweiten Seminartag für die Teilnehmer oft wie im Flug. Der Vormittag ist geprägt von interessanten Theorie-Inputs und der Nachmittag wird von der Turmbau-Übung dominiert. Für die Teilnehmer bedeutet das, jede Menge Eindrücke und Informationen zu verarbeiten. Über die Zusammenfassung und das anschließende Blitzlicht erhalten sie die Möglichkeit, ihre Eindrücke zu ordnen und Wünsche für den abschließenden Seminartag zu äußern.
- Bei den „Tipps für den Nachfolger" taucht hin und wieder die Nachfrage auf, wie das denn zu verstehen sei. Der Trainer braucht hier keine weiteren Informationen geben. In der Regel ist es ausreichend, einfach noch mal zu erläutern, dass die Teilnehmer sich vorstellen sollen, dass ihr bester Freund/ihre beste Freundin ihre Stelle erhält und sie ihm oder ihr natürlich so viel Unterstützung wie möglich auf den Weg mitgeben wollen. Was konkret würden sie in dieser Situation raten?
- Eine schöne Variante, um die Inhalte des Seminartages zusammenzufassen, bietet das sogenannte „Feierabendkino". Hier werden die Teilnehmer gebeten, sich wie im Kino auf ihren Stühlen zurückzulehnen und – anders als im Kino – die Augen zu schließen und zu entspannen. Der Trainer lädt dann die Teilnehmer auf eine Reise durch die Seminarbausteine ein, indem er mit ruhiger Stimme den Seminartag wie einen Film „nacherzählt".

Literatur

Abwechslungsreiche Ideen – nicht nur, aber auch – für Abschlussrunden finden sich in folgenden Büchern:

- Gross, Harald u.a.: Munterrichtsmethoden. 22 aktivierende Lehrmethoden für die Seminarpraxis. Gert Schilling, 2006.
- Rachow, Axel (Hrsg.): Spielbar I bis III. managerSeminare.
- Schilling, Gert: Seminar-Spiele. Kennenlernspiele, Auflockerungsspiele, Feedbackspiele und Interaktionsspiele. Gert Schilling, 2004.

17:00 Uhr Ende des zweiten Tages

Der zweite Seminartag bietet eine abwechslungsreiche Route: Am Vormittag, wo die Teilnehmer in der Regel noch aufnahmefähiger sind, erfolgen zwei wichtige Team-Inputs: Die Teamentwicklungsuhr und die Teamrollen. Beides sind Basics, die erforderlich sind, um die Zusammenarbeit und auftretende Konflikte in Teams verstehen zu können. Bei beiden Bausteinen wird Wert darauf gelegt, dass die Teilnehmer auch in die Lage versetzt werden, das neu erworbene theoretische Wissen über Teams konkret in die Praxis umzusetzen. So werden für die verschiedenen Teamentwicklungsphasen Maßnahmen gesammelt, wie Teamleiter in den unterschiedlichen Phasen ihr Team sinnvoll steuern. Die Teamrollen werden von Teilnehmern direkt an ihren individuellen Teams reflektiert. Der Baustein zum richtigen Geben von wertschätzendem Feedback ergänzt die beiden Inputs auf hervorragende Weise: Das konstruktiv-wertschätzende Ansprechen von störendem Verhalten ist das A und O erfolgreicher Teamarbeit. Der Nachmittag steht dann ganz im Zeichen von praktischen Teamübungen: Nach dem „Kreisenden Projektball“ probieren die Teilnehmer im Rahmen der Turmbau-Übung die praktische Seite der Teamarbeit. Hier können die Teilnehmer jede Menge für sich mitnehmen – der Reflexion der Übung wird entsprechend ausreichend Zeit gewidmet. Die heutige Reise-Etappe endet mit einem kurzen Rückblick und der kleinen Nachtaufgabe. Gerade am mittleren Seminartag ist die Verknüpfung von theoretischem Input und praktischen Übungen wichtig, um die Teilnehmer aktiv zu halten.

Der dritte Seminartag soll sich ganz an den individuellen Teamherausforderungen und -fragen der Teilnehmer ausrichten. Dabei soll zu allen Fragen, die die Teilnehmer noch beschäftigen, gemeinsam nach Lösungen gesucht werden. Dies geschieht mithilfe zweier Methoden, mit denen das Wissen aller nutzbar gemacht wird: die „Praxisvernissage" und die „Kollegiale Praxisberatung". Das sog. „Seerosenmodell" wird vorgestellt, ein Instrument, um das Verhalten von Personen besser zu verstehen. Am Nachmittag präsentiert der Trainer die „sieben Teamgebote", die sowohl zum Schmunzeln als auch zum Nachdenken anregen. Zum Ende hin schenken sich die Teilnehmer gegenseitig persönliche Feedback-Worte und gehen in die Reflexions- und Abschlussrunde.

Auf einen Blick

Der dritte Seminartag

Die drei Stühle mit Auflösen der Nachtaufgabe – Ankommen 09.00 Uhr

Orientierung

Ziele:

- Einfinden in den Tag
- Morgendliche Aktivierung der Teilnehmer
- Auflösen der Nachtaufgabe

Zeit:

- 30 Minuten (3 Min. Einführung, je Teilnehmer 1 Min., 5 Min. Input „Tipps Nachfolger", 10 Min. Puffer)

Material:

- 3 zusätzliche Stühle
- 3 „Schlipse" (lange Moderationskarten für Überschriften)
- Kleine Süßigkeit (kleines Gummibär-Tütchen oder Mini-Schokolade)
- Klebestreifen

Überblick:

- Der Trainer stellt vor Seminarbeginn drei Stühle mittig in den offenen Stuhlkreis der Teilnehmer
- Vor jedem Stuhl wird ein Schlips mit der Schrift nach unten abgelegt. Auf diese Karten werden vom Trainer frei wählbare, zu ergänzende Sätze geschrieben
- Unter einen Stuhl der Teilnehmer wird verdeckt vor Eintreffen der Seminarteilnehmer eine Süßigkeit für das Stuhlorakel geklebt. Derjenige, der die Süßigkeit unter seinem Stuhl findet, beginnt mit der Morgenrunde

- Der Trainer erläutert die „Drei Stühle" und deckt im Anschluss die Schlipse um
- Die Teilnehmer kommen reihum nach vorne, setzen sich nacheinander auf jeden der Stühle und ergänzen jeweils den Satz, den sie auf dem Schlips vorfinden
- Der dritte Stuhl ist für die Antworten der Teilnehmer auf die kleine Nachtaufgabe des zweiten Tages „Tipps für den Nachfolger" reserviert
- Der Trainer erläutert Sinn und Zweck der Nachtaufgabe

Erläuterungen

Wie immer starten wir den Tag mit einer klassischen Warm-up-Übung. „Die drei Stühle" sind hierfür bestens geeignet, da jeder Teilnehmer einbezogen wird und der Trainer sowohl Feedback für den gestrigen Tag als auch Wünsche für den heutigen Seminartag erhält sowie die inhaltliche Verknüpfung des zweiten und dritten Seminartages über die Auflösung der Nachtaufgabe sicherstellt. Drei wichtige Seminarkomponenten, die mit den „Drei Stühlen" in relativ kurzer Zeit zu einem sehr interessanten und für alle aktiven Start in den Tag führen.

Vorgehen

Der Trainer stellt vor Seminarbeginn drei zusätzliche Stühle in die Mitte des Halbkreises. Vor jedem Stuhl wird verdeckt ein Schlips abgelegt, auf den der Trainer einen Satz geschrieben hat. Als Sätze für die Karten bieten sich beispielsweise an:

- Am interessantesten fand ich gestern ...
- Heute freue ich mich besonders auf ...
- Meine drei Tipps für den Nachfolger lauten ...

Vor Eintreffen der Teilnehmer kann er unter einen Stuhl im Seminarraum verdeckt eine Süßigkeit für das Stuhlorakel kleben. Derjenige Teilnehmer, der später die Süßigkeit unter seinem Stuhl findet, beginnt mit der Morgenrunde.

Zu Seminarbeginn heißt der Trainer die Teilnehmer dann willkommen und erläutert das Vorgehen.
„Einen schönen guten Morgen. Ich hoffe, Sie hatten gestern alle einen erholsamen Feierabend und haben unseren zweiten Seminartag entspannt ausklingen lassen. Um heute erfolgreich und aktiv in den

Tag zu starten und auch den gestrigen Seminartag ein wenig Revue passieren zu lassen, habe ich für Sie drei Stühle vorbereitet. Bitte kommen Sie reihum nach vorne, setzen sich auf den ersten Stuhl und ergänzen Sie spontan den Satz, den Sie auf der Karte vorfinden. Wechseln Sie dann auf den zweiten Stuhl, ergänzen Sie den Satz und nehmen Sie zu guter Letzt auf dem dritten Stuhl Platz und antworten Sie auch hier. Die Karte am dritten Stuhl wird Ihnen bekannt vorkommen. Hier wird nämlich nach den drei Tipps für den Nachfolger gefragt – Ihre kleine Nachtaufgabe von gestern. Wer beginnt, entscheidet das Stuhl-Orakel. Bitte schauen Sie alle unter Ihren Stühlen nach – an der Sitzfläche der Unterseite findet einer von Ihnen eine Überraschung."

Der Trainer gibt den Teilnehmern Zeit, unter ihren Stuhl zu schauen oder zu tasten. Währenddessen dreht der Trainer die Schlipse um und achtet dabei darauf, dass diese von dem jeweiligen Stuhl aus gut lesbar sind. Derjenige, der die Überraschung in Form einer Süßigkeit findet, beginnt mit den drei Stühlen. Dem Teilnehmer wird dafür ein Ball ausgehändigt:
„Das Stuhlorakel hat entschieden, dass Sie beginnen dürfen. Die drei Stühle warten auf Sie. Bitte werfen Sie anschließend den Ball an einen Kollegen weiter."

Jeder der Teilnehmer kommt nach vorne, nimmt nacheinander auf jedem der drei Stühle Platz und ergänzt bzw. beantwortet jeweils den Satz, den er auf der Karte vor dem Stuhl vorfindet. Dabei kann sich der Trainer Notizen zu den Aussagen der Teilnehmer machen.

Abb.: Die Teilnehmer nehmen nacheinander auf jedem der drei Stühle Platz.

Zum Abschluss ist der Trainer an der Reihe. Er ergänzt ebenfalls die ersten beiden Karten und erläutert auf dem dritten Stuhl, welche Bewandnis es mit den Tipps für den Nachfolger hat.
„Sie haben sich sicherlich schon gefragt, warum Sie Tipps für einen potenziellen Nachfolger finden sollten. Das hört sich auf den ersten Blick erst mal erstaunlich an. Vermutlich denken die wenigsten von Ihnen daran, ihr Team zu verlassen. Dennoch sind Ihnen im Laufe des Abends oder heute Morgen vermutlich einige Ratschläge eingefallen. Sie haben uns Ihre Ratschläge bereits mitgeteilt. Ich möchte Sie zudem bitten, dass Sie diese auf einer Moderationskarte notieren."

Hierzu teilt der Trainer Karten und bei Bedarf Stifte aus und wartet, bis jeder der Teilnehmer seine drei Tipps für den Nachfolger aufgeschrieben hat.
„So, und genau die Ratschläge, die Sie nun schwarz auf weiß vor sich haben, sind IHRE Erfolgsrezepte. In der Regel fällt es uns schwer, uns selbst Ratschläge zu geben. Zu tief sind wir in die jeweiligen Teams einbezogen. Es fehlt die Distanz, der Blick von außen. Sehr viel leichter gelingt uns das jedoch, wenn wir einen Perspektivenwechsel vornehmen – und genau das haben Sie mit den Tipps für den Nachfolger gemacht. Wenn Sie selbst nicht mehr Bestandteil des Systems wären, dann würden Sie einem Nachfolger zu ganz konkreten Maßnahmen raten – Sie selbst wissen nämlich ganz genau, was in Ihrem Team wie funktioniert. Und deshalb möchte ich Sie bitten, dass Sie sich Ihre drei Tipps zu Herzen nehmen. Damit Sie sie parat haben, kleben Sie Ihre Karte bitte auf Ihr Teambild – und denken Sie dabei ruhig noch mal ein wenig über das Gesagte nach. Beherzigen Sie zukünftig Ihre Tipps, denn das sind nämlich drei Tipps von einem richtigen Experten."

Der Trainer gibt den Teilnehmern Zeit, die Karten mit den Tipps für den Nachfolger auf ihr Teambild zu kleben. In dieser Zeit räumt er Karten und Stühle beiseite.

Hinweise

- Am aktivsten wird die Gruppe einbezogen, wenn die Reihenfolge der Teilnehmer auf den drei Stühlen zufällig erfolgt. Das Stuhlorakel bietet hier einen netten Überraschungseffekt. Das Ballzuwerfen hält die Spannung aufrecht.
- Um die Zeitdauer für diese Einstiegsübung im Griff zu haben, kann der Trainer bei den Erläuterungen darauf hinweisen, dass je Karte maximal ein bis zwei Sätze ergänzt bzw. geantwortet werden dürfen

und die Tipps für den Nachfolger nur genannt, aber nicht begründet werden sollen.

- Variieren Sie je nach Seminarverlauf mit den Karten. Als weitere zu ergänzende bzw. zu beantwortende Sätze bieten sich an:
  - Die wichtigste Erkenntnis, die ich bislang im Seminar gemacht habe ...
  - Die überraschendste Aussage des gestrigen Tages war ...
  - Wenn ich für heute einen Wunsch frei hätte ...
  - Was mir noch etwas unklar geblieben ist ...
  - Zu den Inhalten des gestrigen Tages habe ich folgende Frage ...
- Bei Karten nach Wünschen, Unklarheiten und Fragen ist es sinnvoll, wenn der Trainer die Antworten parallel zu den Aussagen der Teilnehmer auf einem Flipchart notiert. Im Anschluss an die „Drei Stühle" kann der Trainer auf diese eingehen und je nach Bedarf beantworten.

Perspektivenwechsel

Der Perspektivenwechsel ist eine Methode des lösungsfokussierten Ansatzes aus der Systemtheorie. Eine zentrale Aussage aller systemtheoretischen Ansätze lautet, dass wir nicht als voneinander unabhängige Individuen durch die Welt steuern, sondern dass wir uns ständig in Systemen, also sozialen Gebilden, wie etwa der Schule oder der Firma aufhalten. In diesen Systemen existieren vielfältige Wechselwirkungen. Es gibt keine eindeutigen Kausalitäten mehr. Wenn wir begreifen, dass wir alle etwas zu einer schwierigen Situation beitragen, erübrigt sich die Suche nach dem „Schuldigen". Wir kennen die Situation der Eskalation in einem Streit: Ein böses Wort gibt das andere, und zum Schluss wissen wir gar nicht mehr, wieso das Ganze eigentlich begonnen hat. Das heißt umgekehrt aber auch: Jede positive Veränderung eines Seminarteilnehmers hat auch Veränderungen in dessen Umfeld zur Folge. Einmal gemachte Verhaltensänderungen werden leichter beibehalten, wenn sie im Alltag durch das Umfeld positiv verstärkt werden. Durch den Perspektivenwechsel entsteht eine positive Erwartungshaltung. So kommt eine positive Spirale in Gang, die sich für alle hilfreich auswirkt. Dabei fällt es uns in der Regel schwer, als Bestandteil des Systems das System als Ganzes wahrzunehmen. Wir sind sozusagen „gefangen im System". Wir können uns die Funktionsweise des Systems und auch unsere Rolle darin sehr viel bewusster machen, wenn wir in die Rolle eines anderen hineinschlüpfen. Eine solche typische Perspektivenwechselfrage aus dem Coaching lautet beispielsweise: „Nur mal angenommen, ein Freund von Ihnen hätte das Problem: Was würden

Sie ihm raten?“ In unserem Seminar erfolgt dieser Perspektivenwechsel über die Tipps an den Nachfolger.

Literatur

- Königswieser, Roswitha/Exner, Alexander: Systemische Interventionen. Klett-Cotta, 2002.
- Röhrig, Peter (Hrsg.): Solution Tools. Die 60 besten, sofort einsetzbaren Workshop-Interventionen mit dem Solution-Focus. managerSeminare, 2. Aufl. 2009.
- Sagebiel, Juliana/Vanhoefer, Edda: Es könnte auch anders sein – systemische Variationen der Teamberatung. Carl-Auer, 2006.

Überblick über den Tag 09:30 Uhr

Orientierung

Ziele:
- Den Teilnehmern Orientierung geben

Zeit:
- 5 Minuten

Material:
- Pinnwand „Unser Seminarfahrplan"

Überblick:
- Der Trainer gibt einen Überblick über den geplanten Ablauf des Seminartages

Erläuterungen

Am dritten Tag erfolgt der Überblick über den Tag im Gegensatz zum zweiten Seminartag erst nach der Morgenrunde. Warum? Die „Drei Stühle" stellen über die Nachtaufgabe eine ideale Verknüpfung zwischen dem zweiten und dritten Seminartag her. Insofern ist es sinnvoll, erst die vom vorhergehenden Seminartag noch offene Aufgabe zum Abschluss zu bringen, bevor die Aufmerksamkeit der Teilnehmer auf die neuen Inhalte des dritten Tages gerichtet wird.

Vorgehen

Der Trainer gibt zum Einstieg in den dritten Seminartag einen Überblick über den geplanten Ablauf:

„Sind Sie alle fit für unseren dritten Seminartag? Diesen werden wir heute ganz an Ihren individuellen Teamherausforderungen und -fragen ausrichten. Sicherlich sind Ihnen in den vergangenen zwei Tagen jede Menge Gedanken durch den Kopf gegangen, und Sie haben Ihr Team auf einmal mit ganz anderen Augen wahrgenommen. Alle Fragen, die Sie noch beschäftigen, werden wir nach der Morgenrunde sammeln, und ich werde Ihnen zwei Methoden vorstellen, mit denen wir das Wissen aller nutzen werden, um gemeinsam nach Antworten und Lösungen zu suchen. Dies wird in Form einer ‚Praxisvernissage' geschehen. Einen Teamfall werden wir aber auch mithilfe der kollegialen Praxisberatung gemeinsam besprechen. Am Vormittag werde ich Ihnen noch das sog.

‚Seerosenmodell' vorstellen, das Ihnen dabei helfen soll, das Verhalten von Personen besser zu verstehen. Nachmittags werde ich Ihnen zudem die ‚sieben Team-Gebote' präsentieren, die Sie sowohl zum Schmunzeln als auch zum Nachdenken bringen sollen. Später haben Sie noch die Möglichkeit, sich gegenseitig persönliche Feedback-Worte zu schenken, bevor wir in die Reflexions- und Abschlussrunde übergehen. Passt das Ihrerseits so weit?"

Hinweis

Falls die Teilnehmer in der Morgenrunde spezielle inhaltliche Themen gewünscht haben, so kann der Trainer diese nun in den geplanten Ablauf integrieren. Die Teamherausforderungen und die anschließende Praxisvernissage bieten hierfür die entsprechende zeitliche Flexibilität.

Sammlung konkreter Teamherausforderungen und -fragen – Übung 09:35 Uhr

Orientierung

Ziele:
- Die Teilnehmer erhalten die Möglichkeit, ihre individuellen und konkreten Teamherausforderungen und -fragen in das Seminar einzubringen

Zeit:
- 40 Minuten (5 Min. Erläuterungen, 10 Min. Sammlung, 20 Min. Vorstellung, 5 Min. Puffer)

Material:
- Flipchart „Ihre konkreten Teamherausforderungen und -fragen"
- Moderationskarten
- Stifte

Überblick:
- Der Trainer erläutert die Vorgehensweise am Flipchart
- Die Teilnehmer erhalten Zeit zur Reflexion und notieren ihre individuellen Fragen und Herausforderungen zu ihren Teams jeweils auf Moderationskarten
- Jeder Teilnehmer stellt kurz seine Moderationskarten mit Fragen/Herausforderungen im Plenum vor

Erläuterungen

Der Nutzen einer Seminarteilnahme steigt unabhängig vom Thema der Weiterbildung immer dann, wenn der Trainer individuell auf die Bedürfnisse und Wünsche der Teilnehmer eingeht. Im Rahmen eines dreitägigen Seminars sind hier mit in der Regel 8 bis 12 Seminarteilnehmern gewisse Grenzen gesetzt, dennoch lassen sich mit der Arbeit an konkreten Teamherausforderungen und -fragen ein deutlicher Praxisgewinn und Lernerfolg erzielen, da jeder Teilnehmer seine ganz individuellen Themen ins Seminar einbringen kann.

Vorgehen

Der Trainer präsentiert das Flipchart „Ihre konkreten Teamherausforderungen und -fragen" und führt in die Übung ein:

„Nachdem wir in den vergangenen zwei Tagen erfolgreiche Teamarbeit aus verschiedenen Perspektiven betrachtet haben, stehen heute am dritten und letzten Seminartag Ihre individuellen Fragen und Herausforderungen im Mittelpunkt. Als Trainer ist es mir wichtig, dass Sie am Ende unseres Seminars so viel wie möglich für Ihre Berufspraxis und Ihre Arbeit in und mit Teams mitnehmen können. Wie uns Ihre Teambilder am ersten Tag gezeigt haben, befinden Sie sich in ganz unterschiedlichen Teamsituationen. In manchen Teams verläuft die Zusammenarbeit eher harmonisch und effektiv, in anderen Teams hakt es stellenweise gewaltig. So unterschiedlich die Situationen sind, so unterschiedlich sind sicherlich auch die Fragen und Herausforderungen, denen Sie sich stellen müssen. Ich möchte Sie bitten, sich noch mal ein wenig Zeit zu nehmen und nachzudenken: Welche konkreten Fragen bzw. Fälle haben Sie? Zu welchen Themen und Situationen der Teamarbeit würden Sie gerne Tipps, Tricks und Lösungen bekommen? Nutzen Sie mich und Ihre Seminarkollegen als Experten. Wir greifen alle Fragen auf und werden diese entweder in Form einer kollegialen Praxisberatung oder in Form von gesammelten Tipps und Tricks beantworten. Dabei ist es egal, wie ‚groß' oder ‚klein' Ihre Fragen sind – alles ist erlaubt! Damit Sie sich trauen, gebe ich Ihnen am besten mal zwei Beispiele. Eine Frage könnte beispielsweise lauten ‚Wie gelingt es mir, einen Außenseiter in unserem Team wieder zu integrieren?'; eine andere Frage beispielsweise ‚Wie kommen wir zu einem Wir-Teamgefühl, wenn die Teammitglieder dezentral verteilt arbeiten?'. Dies sind aber wirklich nur Beispiele, Ihnen sind keinerlei Grenzen gesetzt. Wichtig ist mir, dass Sie sich trauen, die Fragen, die Ihnen auf dem Herzen liegen, loszuwerden – und mit guten Antworten befreiter aus dem Seminar gehen. Nehmen Sie sich nun ein wenig Zeit zum Überlegen, halten Sie jede Frage stichpunktartig auf einer Moderationskarte fest – oft reichen hier ein oder zwei Schlagworte. Für die Sammlung Ihrer konkreten Teamfragen haben Sie 10 Minuten Zeit. Anschließend soll jeder seine Fragen kurz den anderen vorstellen, sodass alle informiert sind, welche konkrete Situation sich hinter der Fragestellung verbirgt. So weit alles klar?"

Der Trainer klärt offene Fragen und verteilt Moderationskarten und Stifte. Nach fünf Minuten erfolgt der Hinweis an die Teilnehmer: *„Sie haben noch 5 Minuten Zeit."*

Währenddessen bereitet der Trainer eine Pinnwand mit der Überschrift „Ihre konkreten Teamherausforderungen und -fragen" vor.

Nach Ablauf der zehn Minuten fragt er in die Runde, ob die Zeit ausreichend war. Falls einige der Teilnehmer noch Zeit benötigen, werden noch zwei, drei Minuten zusätzlich gewährt. Sind alle Teilnehmer fertig, präsentiert jeder Teilnehmer seine Frage bzw. Fragen. Dazu pinnt jeder reihum die jeweiligen Karten an die Pinnwand (unsortiert) und erläutert kurz den Hintergrund seiner Frage. Jeder Teilnehmer hat für jede Frage eine Minute Zeit für die Erläuterungen. Der Trainer macht sich zu den Ausführungen Notizen und achtet darauf, dass die Karten „aussagekräftig" sind, sodass diese auch ohne Erläuterungen für sich stehen. Falls dem nicht so ist, fragt der Trainer um Erlaubnis, die Karten entsprechend zu ergänzen. Bleiben die geschilderten Situationen noch unklar, fragt der Trainer nach: *„Was konkret wünschen Sie sich von uns? Wie können wir Ihnen als Experten weiterhelfen?"* Auch die Seminarkollegen können Verständnisfragen stellen. Für den anschließenden „Walk and talk" ist es wichtig, dass jeder der Seminarteilnehmer mit den Fragen auf den Karten etwas anfangen kann. Der Trainer achtet jedoch darauf, dass ausschließlich Verständnisfragen gestellt werden. Es sollte bei der Vorstellung der konkreten Teamfragen nicht schon in Lösungen oder Vermutungen abgeglitten werden.

Hinweise

- Der Trainer ermuntert die Teilnehmer, ihre individuellen Fragen einzubringen. Allerdings gibt es hierzu keinen Zwang: Wer mehrere Fragen hat, kann diese einbringen; wer keine Fragen hat, wird hierzu nicht „genötigt".
- Trainer, die diesen Baustein fest ins Seminar integriert haben, können bereits während des Seminars beim Auftreten offener Fragen diese festhalten und die Teilnehmer darauf verweisen, dass am dritten Seminartag hierfür Antworten gefunden werden.
- Wie die Erfahrungen zeigen, ist die Bandbreite an Fragen der Teilnehmer groß. Dies reicht von eher „einfacheren" Problemen, auf die einem spontan Antworten einfallen, bis hin zu sehr komplexen Fragen, bei denen man spüren kann, dass diese der fragenden Person sehr nahegehen und sie teilweise auch schon länger belasten.

Der Trainer sollte hier jegliche Wertungen oder Kommentierungen vermeiden (Achtung, hier kommuniziert man oft auch nonverbal über die entsprechende Mimik!) und eine bewusst wertschätzende Haltung gegenüber jedem Fragenden einnehmen. Machen Sie sich bewusst: Für den, der fragt, ist die Frage eine wichtige Frage, sonst würde er sie nicht stellen!

Literatur

Funcke, Amelie/Havenith, Eva: Moderations-Tools. Anschauliche, aktivierende und klärende Methoden für die Moderationspraxis. managerSeminare, 2010.

10:15 Uhr Kurze Pause

Praxisvernissage „Walk and talk“ – Arbeit an konkreten Teamherausforderungen – Übung

10:30 Uhr

Orientierung

Ziele:

- Die Teilnehmer erhalten Antworten auf ihre individuellen Praxisfragen zur Teamarbeit

Zeit:

- 70 Minuten (30 Min. „Walk and talk“, 30 Min. Präsentation der Ergebnisse, 10 Min. Puffer)

Material:

- Flipcharts
- (Sprüh-)Kleber
- Klebeband
- Moderationsstifte

Überblick:

- Der Trainer verteilt die Teilnehmerkarten mit Praxisfragen auf Flipcharts und hängt diese in Form einer „Praxisvernissage“ an den Wänden auf
- Die Teilnehmer laufen zu zweit von Flipchart zu Flipchart, tauschen sich aus, sammeln Tipps und Tricks zu den Fragen und halten ihre Antworten direkt auf dem jeweiligen Flipchart fest
- Jedes Flipchart wird einem „Paten“ zugeteilt – dieser Seminarteilnehmer nimmt das Flipchart ins Plenum und stellt die darauf notierten Antworten vor
- Der Fragensteller gibt kurzes Feedback, inwieweit die Lösungen für ihn hilfreich sind

Erläuterungen

Die Praxisvernissage ist ideal für den Vormittag des dritten Seminartages geeignet, da die Teilnehmer zu dieser Zeit das notwendige Vertrauen in die Gruppe haben, um sich zu öffnen und die Sicherheit, dass alle bemüht sein werden, konstruktive Lösungen zu finden. Die Teilnehmer können zu zweit auf lebendige und eigenständige Art aktiv werden, Erfahrungen austauschen und Antworten sammeln. Die Übung nutzt somit den Vormittagsschwung aus und hält die Teilnehmer auch am dritten Seminartag in Aktion.

Vorgehen

Der Trainer benötigt zwischen 10 und 15 Minuten Zeit zur Vorbereitung. Hierzu wird idealerweise die Kaffeepause genutzt. In dieser Zeit sortiert er die Moderationskarten mit den Praxisfragen der Teilnehmer nach ähnlichen Themengebieten. Bei thematisch ähnlichen Fragen werden zwei Moderationskarten auf ein Flipchart geklebt (am besten eine Karte links oben und eine Karte mittig rechts); ansonsten jede Karte auf ein einzelnes Flipchart. Kleiner Tipp: Am schnellsten geht das mit Sprühkleber. Anschließend hängt der Trainer die Flipcharts in Form einer Vernissage an die Wände. Dies kann im Seminarraum geschehen. Schöner ist es, wenn hierzu das Foyer oder die Gänge vor dem Seminarraum genutzt werden können, sodass die Teilnehmer tatsächlich auf einen „Walk-and-talk-Spaziergang" geschickt werden können. Wichtig ist, dass zwischen den Flipcharts ausreichend Platz ist und die Teilnehmer ohne Probleme auf die Flipcharts schreiben können. Zum Schluss nummeriert der Trainer die Flipcharts kurz durch.

Tipp: Komplexe Anliegen der Teilnehmer kann der Trainer bereits bei der Vorbereitung aussortieren. Diese Fälle sind besser für die kollegiale Praxisberatung im Anschluss geeignet. Als Auswahlkriterium kann dabei dienen, ob die Teilnehmer tatsächlich gute Lösungen beim „Walk and talk" finden können – oder es Hintergrundwissen in der Form bedarf, dass der Ratsuchende sein Anliegen detaillierter schildern sollte. Falls der Trainer bestimmte Fragen/Fälle aussortiert, sollte er beim Vorstellen vom „Walk and talk" darauf hinweisen, dass die Karten nicht abhanden gekommen sind, sondern im Anschluss separat behandelt werden.

Sind die Flipcharts aufgehängt und alle wieder im Seminarraum zusammen, erklärt den Trainer die „Walk and talk"-Übung:
„Sicherlich wundern Sie sich, wo denn all Ihre Praxisfragen hin sind? Wie Sie sehen, die dazugehörige Pinnwand ist leer. Aber keine Sorge, ich habe Ihre Fragen nicht verschwinden lassen, sondern für unsere ‚Tipps und Tricks'-Sammelrunde vorbereitet. Die Karten mit Ihren Fragen sind mittlerweile auf Flipcharts geklebt und die Flipcharts in Art einer ‚Praxisvernissage' aufgehängt. Ich möchte Sie nun bitten, zu zweit zusammenzugehen und sich gemeinsam auf einen ‚Walk and talk'-Spaziergang entlang der Flipcharts einzulassen. Die Flipcharts sind zwar durchnummeriert, aber Sie selbst unterliegen keiner festen Reihenfolge. Sie können die Flipcharts so ansteuern, wie Sie möchten. Wichtig ist nur, dass Sie am Schluss jedes Flipchart aufgesucht haben. Nehmen Sie sich bitte Moderationsstifte mit und tauschen Sie sich zu

zweit zu den Fragen aus, die Sie oder Ihre Kollegen gestellt haben. Sammeln Sie Lösungsvorschläge, Tipps und Tricks – manche Situationen kennen Sie vielleicht aus eigener Erfahrung. Was hat Ihnen damals geholfen? Manche Situationen sind Ihnen vielleicht fremd, aber Sie haben dennoch Ideen, wie Sie hier rangehen würden. Notieren Sie alles, was Ihnen einfällt, direkt unter den Fragen auf das Flipchart. Achten Sie bitte darauf, dass Ihre Schrift einigermaßen lesbar ist. Vielleicht kommen Sie auch mit einem anderen Pärchen in den Austausch – das ist absolut okay. Das Einzige, was bei unserem ‚Walk and talk' zählt, ist, dass der Fragensteller am Schluss unser gesammeltes Expertenwissen zur Verfügung gestellt bekommen hat – und für sich brauchbare Antworten mit nach Hause nehmen kann. Sie haben hierfür 30 Minuten Zeit. Um ... Uhr treffen wir uns wieder hier im Seminarraum. Auf geht's!"

Die Teilnehmer machen sich zu zweit mit Stiften auf den Weg. Der Trainer beteiligt sich am „Walk and talk" und greift je nach Bedarf unterstützend ein.

- Der Trainer motiviert die Teilnehmer, ihre Ideen auch tatsächlich niederzuschreiben, was gerade am Anfang ein wenig Unterstützung bedarf.
- Zudem achtet er darauf, dass die Teilnehmer tatsächlich Lösungen diskutieren und nicht in Ursachenanalyse oder Ähnliches abgleiten.
- Der Trainer kann mit guten ersten Antworten bei schwierigen Fragen die Ideensammlung in Gang bringen, ansonsten ergänzt er zwischendurch ebenso wie die Teilnehmer die Flipcharts.
- In den letzten zehn Minuten achtet der Trainer darauf, dass alle Teilnehmer alle Flipcharts aufgesucht haben bzw. dies noch tun – er motiviert, Lösungen niederzuschreiben, falls dies bei einigen Themen noch nicht erfolgt sein sollte.
- Hin und wieder verstehen die Teilnehmer die Karten nicht mehr in dem Zusammenhang, in dem sie der Fragesteller erläutert hat. Der Trainer sollte deshalb immer die konkrete Situation zu den Praxisfragen haben – entweder im Kopf oder in seinen Notizen. Gehen einige Antworten an der tatsächlichen Frage vorbei, so kann entweder der Trainer noch mal einen Hinweis auf das Flipchart machen, wie die Frage gemeint war oder den Fragensteller bitten, diese noch mal kurz zu erläutern.

Zur vereinbarten Zeit treffen sich alle wieder kurz im Seminarraum. *„Unsere Praxisvernissage ist nun abgeschlossen. Sicherlich sind auch Sie gespannt, was wir als Experten tatsächlich zustande gebracht haben. Ich* *möchte Sie bitten, dass sich jeder von Ihnen ein oder zwei Flipcharts als „Pate" heraussucht, diese abhängt und mit in den Seminarraum bringt. Jeder Pate stellt anschließend die notierten Antworten zu der oder den Praxisfragen auf seinem Flipchart vor und der Fragensteller gibt kurzes Feedback, inwieweit unsere gesammelten Ideen hilfreich für ihn waren. Bitte suchen Sie sich jetzt Ihr Flipchart aus."*

Der Trainer gibt den Teilnehmern fünf Minuten Zeit, sich ein oder zwei Flipcharts auszusuchen, abzuhängen und in den Seminarraum zu bringen. Die Anzahl der Flipcharts je Teilnehmer ist abhängig von den Fragen. Am wichtigsten ist, dass alle Flipcharts einen Paten finden – falls weniger Flipcharts als Teilnehmer da sind, können diese auch in der Zweierkonstellation des vorherigen Austausches vorgestellt werden. Der Trainer stellt ein Flipchart oder eine Pinnwand für die Präsentation bereit.
„Nun möchte ich Sie bitten, das Flipchart, für das Sie die Patenschaft übernommen haben, vorzustellen. Kommen Sie hierzu bitte nach vorne, hängen Sie Ihr Flipchart auf und erläutern Sie zu der Praxisfrage die gesammelten Tipps und Tricks. Falls etwas unklar ist oder Sie es nicht lesen können, springt einfach der ‚Schreiberling' ein. Jeder hat für die Erläuterungen seines Flipcharts zwei Minuten Zeit. Anschließend gibt bitte der Fragensteller kurz Feedback, ob Ideen dabei sind, die hilfreich für ihn sind. Wir starten mit Flipchart Nummer 1."

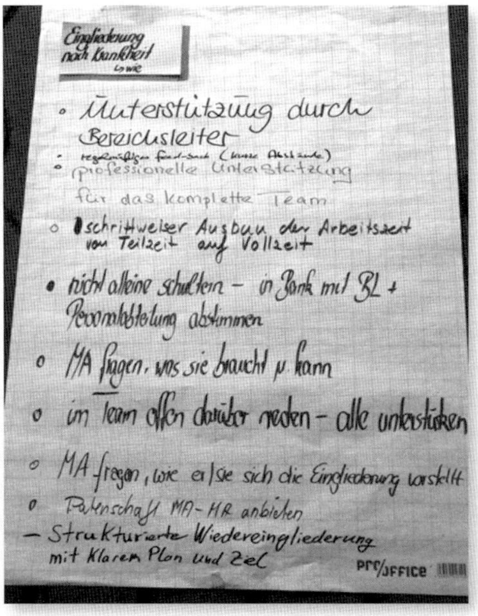

Die Teilnehmer präsentieren nun die durchnummerierten Flipcharts, die beispielsweise wie nebenstehend aussehen:

Nach jeder Präsentation hängt der Trainer das jeweilige Flipchart ab und platziert es idealerweise – sofern Platz vorhanden ist – an den Seminarwänden, sodass alle Flipcharts weiterhin sichtbar sind. Falls dies nicht möglich ist, werden die Flipcharts an einer Stelle gesammelt. Der Trainer erklärt, dass jedes Flipchart ins Fotoprotokoll aufgenommen wird, sodass die Antworten allen zugänglich sind.

Hinweise

- Wichtig ist, dass der Trainer darauf achtet, dass während der Erläuterungen der gesammelten Antworten und dem Feedback des Fragenstellers keine größeren Diskussionen oder Bewertungen der Antworten begonnen werden. Kleinere Verständnisfragen oder Bemerkungen hierzu sind erlaubt, aber auch die sollten sehr kurz gehalten werden. Falls tatsächlich noch etwas unklar geblieben ist, kann der Trainer diese Fragen/Fälle für die kollegiale Praxisberatung vorsehen bzw. die Fragen notieren und im Anschluss kurz selbst beantworten.
- Falls die Kaffeepause nicht zur Vorbereitung genutzt werden kann, bietet es sich an, die Teilnehmer zu zweit auf einen kurzen Reflexionsspaziergang zu schicken. Die Teilnehmer bekommen hierfür 10 bis 15 Minuten Zeit, spazieren zu gehen und sich dabei auszutauschen, welche Erkenntnisse sie bislang aus dem Seminar für sich mitnehmen konnten.
- Für die Praxisvernissage ist es notwendig, dass der Trainer den Teilnehmern ein gewisses Maß an Vertrauen entgegenbringt. Die Praxisvernissage steht und fällt mit der Qualität der von den Teilnehmern gesammelten Antworten. Der Trainer überträgt somit einen großen Teil der inhaltlichen Verantwortung für diese Übung auf die Teilnehmer, was kontrollorientierten Trainerpersönlichkeiten unter Umständen etwas schwerfallen mag. Für all jene sei gesagt: Wir haben bislang mit dieser von uns entwickelten Übung ausschließlich positive Erfahrungen gemacht und sind häufig selbst immer wieder aufs Neue überrascht, mit welchen Engagement und welchem Erfolg die Teilnehmer sich gegenseitig beraten! Zudem kann der Trainer seine Expertise ebenso wie alle anderen einbringen und seine Antworten auf den Flipcharts festhalten.

11:40 Uhr Das Seerosenmodell – Input und Kleingruppenarbeit

Orientierung

Ziele:

- Die Teilnehmer kennen und verstehen das Seerosenmodell
- Die Teilnehmer entwickeln ein tieferes Verständnis für gruppendynamische Prozesse über Hintergrundwissen zur menschlichen Persönlichkeit und dem daraus resultierenden Verhalten
- Die Teilnehmer erkennen, auf welcher Ebene Interventionen zu einer gewünschten Verhaltensänderung notwenig sind und wie diese Interventionen aussehen könnten

Zeit:

- 50 Minuten (15 Min. Input, 30 Min. Übung, 5 Min. Puffer)

Material:

- Flipchart „Seerosenmodell"
- Flipchart „Gruppenarbeit Seerosenmodell"

Überblick:

- Der Trainer erläutert das Seerosenmodell mit seinen drei Ebenen:
  - Seerosenblatt symbolisiert: Verhalten
  - Stängel symbolisiert: Haltungen, Einstellungen
  - Wurzel symbolisiert: Werte, Normen, frühe Prägungen
- Der Trainer erklärt, dass auf den verschiedenen Ebenen verschiedene Interventionen vonnöten sind, um eine Veränderung zu bewirken:
  - Seerosenblatt: Feedback, Zielvereinbarungen, Regeln, Anweisungen, Sanktionen, Belohnungen
  - Stängel: Konkrete Erfahrungen, Überzeugungen, glaubwürdige Modelle, emotionale Akzeptanz
  - Wurzel: Persönlichkeitsarbeit, psychologische Beratung, Lebenskrisen
- Die Teilnehmer werden in zwei Gruppen aufgeteilt und bekommen jeweils zwei gleiche Beispiele über ein bestimmtes Verhalten innerhalb eines Teams
- Sie erarbeiten innerhalb der Gruppe, auf welcher Ebene die beschriebene Intervention ansetzt und halten ihr Ergebnis auf einem Flipchart fest
- Beide Gruppen präsentieren ihr Ergebnis mit dem erstellten Flipchart
- Gemeinsame Diskussion der Ergebnisse

Erläuterungen

Ein Team besteht aus einzelnen Menschen mit ihren individuellen Persönlichkeitsstrukturen und sozialen Kontexten. Jeder Mensch hat eine bestimmte Geschichte und in seiner Vergangenheit einschneidende Erfahrungen gemacht, die sein Verhalten in der Gegenwart maßgeblich beeinflussen. Das daraus entstehende Verhaltensmuster hat großen Einfluss auf das gesamte Team und den Teamentwicklungsprozess. Umgekehrt übt der Teamentwicklungsprozess wiederum Einfluss auf das Verhalten des Einzelnen aus. Die menschliche Persönlichkeit kann mithilfe des Seerosenmodells veranschaulicht werden. Die Teilnehmer lernen ein einfaches Persönlichkeitsmodell kennen, mit dessen Hilfe sie sinnvolle Interventionen für gewünschte Verhaltensänderungen erkennen und ableiten können. Damit möglichst alle Teilnehmer aktiv beteiligt sind, werden in zwei Gruppen zwei Fallbeispiele zum Seerosenmodell bearbeitet und anschließend im Plenum präsentiert.

Das Seerosenmodell wird erstmals von Dr. Reiner Czichos, einem Experten für Veränderungsmanagement, veröffentlicht.

Vorgehen

Der Trainer erläutert zunächst mithilfe des Flipcharts „Seerosenmodell“ die drei Ebenen des Modells:
„Ein wichtiger Faktor der emotionalen Intelligenz ist es, die eigenen Gefühle und Verhaltensweisen handhaben und steuern zu können bzw. die Gefühle und Verhaltensweisen unserer Mitmenschen oder Kollegen besser verstehen zu können. Ich möchte Ihnen hierfür das Seerosenmodell vorstellen, das uns auf anschauliche Art und Weise hilft, die menschliche Persönlichkeit ein wenig mehr zu begreifen.“

Der Trainer präsentiert das Flipchart „Seerosenmodell".

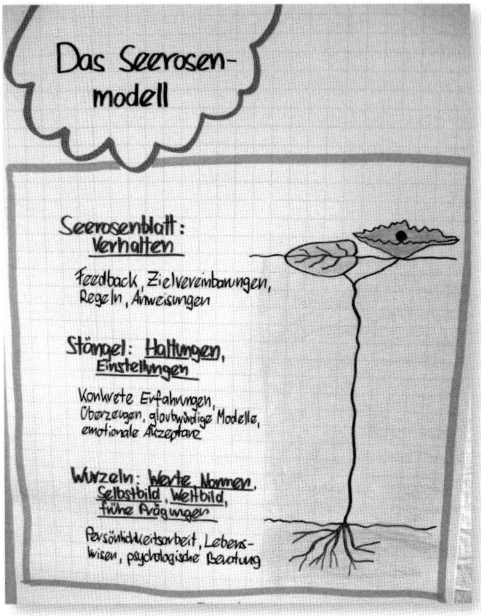

„Das Seerosenblatt, das oberhalb der Wasseroberfläche liegt und damit sichtbar ist, entspricht dem konkret beobachtbaren Verhalten. Das Blatt kann sich auf der Wasseroberfläche innerhalb eines bestimmten Radius und entsprechend der Strömung in verschiedene Richtungen bewegen. Diese Bewegung entspricht der Tatsache, dass unser Verhalten veränderbar ist und sich je nach ‚Strömung', sprich Druck von außen, in eine andere Richtung bewegen kann. Die Beweglichkeit wird allerdings von den unter der Oberfläche befindlichen Pflanzenteilen eingeschränkt: So wird auch das menschliche Verhalten von nicht ohne weiteres erkennbaren Einflussfaktoren gesteuert. Von Kollegen bzw. Mitmenschen können wir also in erster Linie ihr Seerosenblatt erkennen und dass es sich je nach Rahmenbedingungen in die eine oder andere Richtung bewegen kann. Es kommt vor, dass wir uns in ähnlichen Situationen unterschiedlich verhalten.

Der Stängel der Seerose symbolisiert die Haltungen und Einstellungen eines Menschen. Das können beispielsweise Motivation, Teamgeist, Freude an der Arbeit und Akzeptanz anderer sein, aber auch Misstrauen, Opportunismus, Skepsis und Konkurrenzgefühle. Hierhin gehören auch die unterschiedlichen Vorurteilssysteme, etwa dass die Mitarbeiter der IT- oder EDV-Abteilung eher introvertiert sind und nächtelang vor ihrem PC sitzen, um zu programmieren oder Spiele zu spielen. Auch der Stängel hat eine beschränkte Bewegung im Wasser, doch ist auch er über die Wurzel fest im Seeboden verankert und deutlich weniger flexibel als das Seerosenblatt, je näher er der Wurzel kommt, sprich je tiefer die Haltungen und Einstellungen in unserer Persönlichkeit integriert sind. Das heißt: Haltungen und Einstellungen können in gewissem Maße variieren, wenn auch in weit geringerem Ausmaß als das Verhalten. Wie Sie hier auf dem Flipchart sehr schön sehen können, liegen Haltungen und Einstellungen bereits unter der Wasseroberfläche und sind für Außenstehende wenig offensichtlich. Es bedarf eines genaueren Hinsehens, um die hinter einem bestimmten Verhalten liegenden Einstellungen erkennen zu können. Werden wir selbst und andere mit unseren Haltungen und Einstellungen konfrontiert, geht das stärker ‚unter die Haut'. Man fördert damit etwas zutage, das unter der Oberfläche liegt und bisweilen von den Betreffenden bewusst verdeckt gehalten wird."

Der Trainer kann an dieser Stelle einige Erfahrungen und Beispiele aus den bereits durchgeführten Übungen, wie zum Beispiel dem „Zauberstab", dem „Zin-Obelisk" oder der „Turmbau-Übung mit Workern und Planern" anbringen.
„Es kann gut sein, dass unsere Übungen bzw. das Feedback danach den einen oder anderen von Ihnen nochmals zum Nachdenken gebracht hat, sei es über das eigene Verhalten oder das Verhalten der anderen. In Übungen oder Spielen können wir oftmals Haltungen und Einstellungen besser reflektieren, da das ‚Spiel' und dessen Dynamik uns dazu bringen kann, weniger sozial erwünscht oder mehr authentisch zu handeln."

Der Trainer fährt fort mit der Erklärung des Seerosenmodells.
*„Die Wurzel der Seerose ist fest im Grund verankert. Sie verändert ihren Standort nicht, doch sind durchaus unterirdische Wachstumsprozesse möglich. Die Wurzel repräsentiert den Bereich der Werte, Normen und frühen Prägungen. Dazu zählen beispielsweise Religiosität, Zuverlässigkeit, Grundvertrauen, Bescheidenheit, aber auch Lebens- und Verlustängste, Autoritätshörigkeit, Konfliktvermeidung oder Gewaltbereitschaft gehören dazu. Kurz: Hier befindet sich das ganze Spektrum der tief in der Persönlichkeit verankerten Selbst- und Wertekonzepte. Veränderungen in diesem fest verankerten Bereich sind dementsprechend schwer zu bewirken. Zwei für die Teamarbeit und überhaupt für zwischenmenschliche Beziehungen besonders wichtige Verhaltenskomplexe ‚wurzeln' in dieser Ebene: das Zuwendungs- und das Konfliktverhalten. Wie wir positive und negative Zuwendung annehmen und weitergeben und welche Verhaltensweisen und Strategien wir in Konfliktsituationen wählen, hängt ganz wesentlich davon ab, wie wir als Kinder diese Situationen als unmittelbar Beteiligte erlebt haben. Hatten wir als Kind beispielsweise die Erfahrung gemacht, dass Tränen dazu führten, dass wir getröstet wurden und der Konflikt sich dadurch entschärfte, dann werden wir auch als Erwachsener eher auf diese ‚Taktik' zurückgreifen. Hatten wir allerdings die Erfahrung gemacht, dass Tränen als Schwäche von uns interpretiert und wir beispielsweise ausgelacht wurden, dann werden wir als Erwachsener ‚Tränen' wohl eher nicht als alternative Handlungsmöglichkeit in Erwägung ziehen.
Nachdem wir nun das Seerosenmodell kennengelernt haben und die drei Ebenen Seerosenblatt, Stängel und Wurzel voneinander unterscheiden können, ist es nun interessant zu erfahren, wie wir auf*

den unterschiedlichen Ebenen mit Kollegen bzw. Mitmenschen arbeiten können. Welche Vorgehensweisen sind nötig, um Veränderungen und persönliche Entwicklungen auf der jeweiligen Ebene zu fördern, denn Störungen oder ‚Knoten' können nur beseitigt werden, wenn sie auf der Ebene angegangen werden, auf der sie auch ihren Ursprung haben."

Als Nächstes erklärt der Trainer die Einflussmöglichkeiten auf den unterschiedlichen Ebenen.
„Beginnen wir wieder oben mit dem Seerosenblatt. Einflussnahmen bzw. Veränderungen in diesem Bereich können über Regeln, Zielvereinbarungen und Anweisungen bzw. über das sinnvolle Geben von Feedback erreicht werden. Oder anders gesagt: Nur auf dieser Ebene des erkennbaren Verhaltens sind Vereinbarungen überhaupt sinnvoll und möglich – nicht jedoch auf den folgenden Ebenen. Eine weitere Möglichkeit der Einflussnahme besteht in Sanktionen bzw. Belohnungen bestimmter Verhaltensweisen.

Veränderungen im Bereich des Stängels lassen sich nicht schnell, dass heißt nicht durch einfache Vereinbarungen, erreichen. So gelingt es nur äußerst selten, tragfähige Vereinbarungen über gegenseitige Akzeptanz oder bestimmte Empfindungen zu treffen. Veränderungen sind hier am ehesten über konkrete Erfahrungen, Überzeugungen, glaubwürdige Modelle oder emotionale Akzeptanz zu erreichen; sprich in aller Regel durch das konkrete, praktische Erfahren und nicht durch theoretische Regeln oder Verträge. Im oftmals ‚eingetrübten' Wasser des Stängels auf dieser Ebene eine Klärung herbeizuführen, kann durchaus eine Aufgabe von Teamentwicklung sein.

Veränderungen im fest verankerten Bereich der Wurzeln sind schwerer zu bewirken und in der Regel nicht Thema einer Teamentwicklung. Auch hier helfen zwar konkrete Erfahrungen und glaubwürdige Modelle, darüber hinaus muss aber eine intensive Auseinandersetzung mit der eigenen Persönlichkeit erfolgen, die durchaus von einem Psychologen und Therapeuten betreut werden kann. Bisweilen bewirken auch Lebenskrisen Wachstumsprozesse in diesem Bereich. Wir alle kennen tatsächliche Geschichten von Topmanagern, die nach schwerer Krebserkrankung nun Entwicklungshilfe in Afrika leisten oder buddhistische Mönche geworden sind. Im Kontext einer begrenzten Arbeitsbeziehung ist eine tiefer gehende Persönlichkeitsarbeit im Wurzelbereich in der Regel nicht Bestandteil des Kontrakts. Dennoch kann es geschehen, dass einzelne Teammitglieder im Rahmen einer Teamentwicklung mit diesem Bereich in Berührung kommen."

Spürt der Trainer, dass Teilnehmer mit dem Bereich der Wurzeln in Berührung gekommen sind, ist es wichtig, nicht noch mehr ans Licht zerren zu wollen, sondern Schutz zu geben und die betroffene Person behutsam in die oberen Gewässerschichten zurückzuführen. In schwerwiegenden Fällen sollte Beratung oder therapeutische Hilfe in einem anderen Kontext angeboten oder empfohlen werden.

Im nächsten Schritt leitet der Trainer nun in die Gruppenarbeit über, indem er die Teilnehmer in zwei Gruppen aufteilt und jedem Teilnehmer die ausgedruckten A4-Blätter mit den beiden Fallbeispielen gibt. Er erklärt die Übung mithilfe des Flipcharts „Gruppenarbeit Seerosenmodell".

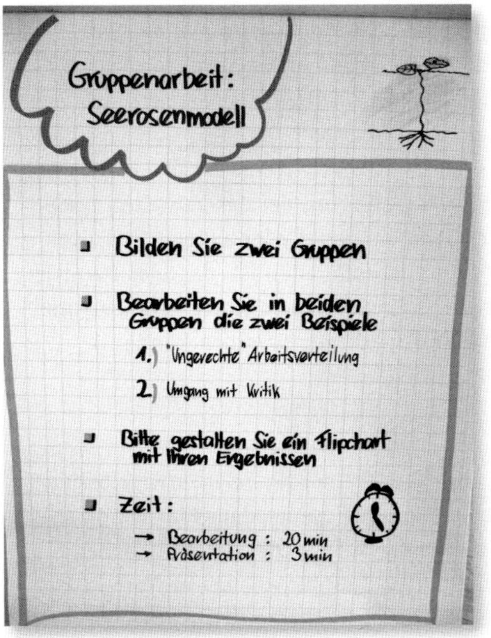

„Nach der Theorie widmen wir uns nun der Praxis. Ich habe für Sie zwei Beispiele, die jeweils in den beiden Gruppen parallel bearbeitet werden. Bitte benutzen Sie zur Dokumentation der Ergebnisse ein Flipchart, das am Ende der Übung von der Gruppe präsentiert wird. Sie haben für die Bearbeitung 20 Minuten Zeit.

Überlegen Sie sich bei den beiden folgenden Beispielen, auf welcher Ebene die beschriebene Intervention ansetzt (auch als Kopiervorlage zum Download erhältlich):

▶ *1. Ein Team hat festgestellt, dass einige Leute sehr viel arbeiten, andere jedoch unterbeschäftigt sind. Verschiedene Teammitglieder sind darüber verärgert. In der Teamentwicklung sollen nun Rollen und Aufgaben der einzelnen Mitglieder bearbeitet werden. Es stellt sich heraus, dass manche auch deswegen mehr Arbeit übernehmen, um ‚wichtiger' zu sein, andere betrachten ihre Arbeit dann als erledigt, wenn der eigene Schreibtisch leer ist. Die Teamentwicklerin arbeitet mit ihnen daran. Auf welcher Ebene?*

(Lösung: Auf der Ebene das Stängels, der Haltungen und Einstellungen symbolisiert. Das „Wichtig-sein-wollen" sowie das Arbeitsverhalten weisen auf verdeckte Konkurrenz und mangelnden Teamgeist hin.)

▶ *2. Ein Teammitglied reagiert jedes Mal sehr heftig und aggressiv, wenn es von anderen Widerspruch oder Kritik erfährt. Die Teamentwicklerin übt mit den Teilnehmern, konstruktives Feedback zu geben und anzunehmen. Auf welcher Ebene?"*

(Lösung: Auf der Ebene des Seerosenblattes, der das Verhalten symbolisiert. Die Teammitglieder üben ein neues oder anderes Verhalten im Umgang mit Feedback. Nicht auszuschließen ist, dass das fragliche Teammitglied dadurch auch seine Einstellung zu Kritik verändert und womöglich sogar frühere Prägungen korrigiert werden können.)

Hinweis

Für Sie als Teamentwickler und/oder Trainer für Teamentwicklungen ist es wichtig, diese drei Ebenen des Seerosenmodells klar voneinander zu trennen und genau zu wissen, auf welcher der drei Ebenen Sie etwas bewirken wollen bzw. können. Dies gilt es auch im Vorfeld klar mit dem Auftraggeber zu regeln. Ist es Ihr Auftrag, Anstöße zur Verhaltensänderung von Teammitglieder zu geben? Dann befinden Sie sich im Bereich des Seerosenblatts. Oder geht es darum, eine veränderte Einstellung zur Teamarbeit zu erreichen? Dann sind Sie im Bereich des Stängels, also bereits unter der Oberfläche. Sollen Sie im Wurzelbereich Veränderungen bewirken, so wird das nur sehr langsam gehen und kann oftmals bei Teilnehmern zu Angst und Abwehrstrategien führen, vor allem, wenn sie nicht damit gerechnet haben und ausschließlich auf der Ebene des Seerosenblattes arbeiten wollen.

Literatur

- Gellert, Manfred/Nowak, Claus: Teamarbeit, Teamentwicklung und Teamberatung. Ein Praxisbuch für die Arbeit in und mit Teams. Limmer Verlag, 4. Aufl. 2010.

Mittagessen 12:30 Uhr

13:30 Uhr Ball über Boden – Aktivierung

Orientierung

Ziele:

- Aktivierung nach dem Mittagstief
- Die Übung bringt mit viel Spaß neuen Schwung in die Gruppe

Zeit:

- 10 Minuten

Material:

- Einen weichen größeren Ball (siehe Foto)

Überblick:

- Die Teilnehmer bilden einen Stuhlkreis
- Der Trainer erläutert kurz das Vorgehen und wirft den Ball in die Runde
- Die Teilnehmer versuchen, den Ball so lange wie möglich in der Luft zu halten. Dabei werden die einzelnen Ball-Kontakte gezählt
- Nach kurzem Eingewöhnen gibt der Trainer der Gruppe ein Ziel vor: Versuchen Sie den Ball mindestens 15-mal hin- und herzubewegen, ohne dass er herunterfällt, d.h. den Boden berührt

Erläuterungen

„Ball über Boden" ist eine Aktivierungsübung mit Ball, die jede Menge Spaß macht und die Teilnehmer in Bewegung bringt. Eine ideale Übung, um der nachlassenden Aufmerksamkeit am Nachmittag des dritten Seminartages ein Schnippchen zu schlagen. Zudem ist die Übung nicht nur eine unserer Lieblingsaktivierungen, sondern es finden sich in jeder Gruppe Fans, die den nochmaligen Einsatz des Balls im Anschluss fordern.

Vorgehen

„Mir scheint, wir alle können ein wenig Abwechslung und Bewegung gebrauchen. Sehen Sie das auch so?" Der Trainer blickt in die Runde.

„Gut, dann würde ich Sie bitten, dass Sie einen Stuhlkreis bilden. Achten Sie bitte darauf, dass möglichst keine größeren Zwischenräume entstehen, Sie sich aber noch frei auf Ihrem Stuhl bewegen können. Bitte denken Sie auch daran, alle Sachen wegzustellen, die von unserem Ball

gleich nicht getroffen werden sollten, dies gilt vor allem für Tassen und Gläser ..."

An dieser Stelle bringt der Trainer den Ball ins Spiel.
„Sie sehen hier unseren Power-Ball. Ihre Aufgabe ist es nun, den Ball so lange wie möglich in der Luft zu halten. Sie müssen dabei auf Ihren Stühlen sitzen bleiben, dürfen aber ansonsten Arme, Beine, Ohren und was auch immer benutzen, um den Ball weiterzuwerfen. Der Ball soll zwischendurch aber nicht gefangen und erst dann wieder weitergeworfen werden, sondern im direkten Kontakt zwischen Ihnen hin und her ‚fliegen'. Das ‚Fliegen' betone ich ganz besonders, denn wie Sie gleich feststellen werden, ist der Ball relativ weich und fluffig. Probieren Sie also erst mal aus, wie Sie den Ball am besten weiterbefördern. Wir starten also erst mal mit einer Testphase."

Der Trainer wirft den Ball in die Runde und achtet darauf, dass möglichst jeder den Ball zumindest einmal bekommen und weiter transportiert hat, bevor er den Startschuss für die Aufgabe gibt:

„Ich denke, jetzt hat jeder von Ihnen den Ball schon mal in seinen Händen gehabt. Deshalb starten wir jetzt mit Ihrer eigentlichen Aufgabe: Versuchen Sie, den Ball mindestens 15 Mal hin- und herzubewegen, ohne dass er den Boden berührt. Und zwar ab jetzt!"

Der Trainer wirft den Ball in die Runde und zählt mit bzw. animiert die Teilnehmer, die Kontakte selbst laut mitzuzählen.

Hinweise

- Falls Sie merken, dass die Gruppe weit entfernt von den angedachten Kontakten ist, so reduzieren Sie diese mit dem Hinweis, dass Sie ein wenig zu hoch gegriffen haben. Sie können die zu schaffende Anzahl aber auch der Gruppe überlassen und diese vor Beginn fragen: „Was denken Sie, wie viele Kontakte schaffen Sie? Wer bietet mehr? Okay, die Wette gilt!"
- Wie die Erfahrungen zeigen, ist die Anzahl der Kontakte sowohl vom Ball als auch der Gruppe abhängig. Realistische Vorgaben bewegen sich zwischen 15 und 25 Kontakten.
- Die Art des Balls sollten Sie am besten testen. Ideal ist ein großer fluffiger, d.h. weicher Ball.

Literatur

„Ball über Boden" haben wir selbst erfunden. Gerade bei Ballspielen gibt es unendlich viele Varianten zu entdecken. Wer Anregungen sucht, dem seien folgende Bücher empfohlen:

- Beermann, Susanne: Spiele für Workshops und Seminare. Haufe-Lexware, 2008.
- Klein, Zamyat M.: Das tanzende Kamel. Kreative und bewegte Spiele für Trainings und Seminare. managerSeminare, 2008.
- Rachow, Axel (Hrsg.): Spielbar I bis III. managerSeminare.
- Schilling, Gert: Seminar-Spiele. Gert Schilling, 2004.

Kollegiale Praxisberatung – Einführung mit der Geschichte „Himmel und Hölle“ 13:40 Uhr

Orientierung

Ziele:
- Einleitung der kollegialen Beratung
- Schaffen einer vertrauensvollen Atmosphäre

Zeit:
- 5 Minuten

Material:
- Geschichte „Himmel und Hölle“

Überblick:
- Der Trainer liest die Geschichte „Himmel und Hölle“ vor

Erläuterungen

Die kollegiale Beratung setzt einen vertrauensvollen und offenen Umgang der Teilnehmer miteinander voraus. Zur Einstimmung eignet sich am besten eine Geschichte, da dadurch nicht nur die rationale, sondern auch die emotionale Ebene der Teilnehmer angesprochen wird. Die Geschichte „Himmel und Hölle“ ist hierfür sehr gut geeignet, da sie die gegenseitige Unterstützung und Zusammenarbeit ohne erhobenen Zeigefinger verdeutlicht.

Vorgehen

„Nachdem wir nun Ihre konkreten Fragen und Herausforderungen gesammelt haben, möchte ich Ihnen gerne zur Einführung in die kollegiale Beratung eine kurze Geschichte vorlesen. Die Geschichte heißt „Himmel und Hölle“. Lehnen Sie sich zurück, setzen Sie sich entspannt hin, Sie können auch gerne die Augen schließen und einfach nur zuhören.“

Der Trainer liest die Geschichte vor.

„Ein Wanderer auf der Suche nach Erkenntnis fällt nach einem langen und entbehrungsreichen Tag in einen tiefen Schlaf. Im Traum begegnet er einer alten Frau, die ihn an die Hand nimmt und in ein sonderbares Haus führt. Das Haus ist ganz leer, nur am Ende des dunklen Ganges sind zwei Türen. Die alte Frau öffnet die linke Tür und gibt dem

Wanderer ein Zeichen, einzutreten. Schon beim Eintreten vernimmt der Wanderer ein lautes Jammern und Wehklagen, sodass es ihm ganz eng in der Brust wird. Widerstrebend tritt er ein und kommt in einen Saal voller Menschen, die sich um einen großen Topf voller brodelnd-heißer und herrlich wohlriechender Suppe drängen. Und obwohl jeder der dort Versammelten einen Löffel hat, sterben die Anwesenden fast vor Hunger. Die Löffel aus Eisen sind doppelt so lang wie ihre Arme und nur am hinteren Ende ist ein hölzerner Stiel, an dem die heißen Löffel gehalten werden können. Gierig versucht jeder, etwas von der Suppe zu bekommen. Weil aber der Stiel viel zu lang ist, bringt keiner seinen Löffel bis zum Mund. Die meisten verschütten die Suppe, andere verbrennen sich beim Versuch, den Löffel weiter vorne am Eisen zu packen und wieder andere verbrühen die Menschen, die um sie herum stehen. So kommt es zu einem wilden Gedränge und Geschrei vor Hunger, Zorn und Schmerz. Der Wanderer ergreift die Flucht. ‚Das ist die Hölle', sagt die alte Frau, die im Gang auf ihn wartet, und schließt schnell die Tür.

Die Frau öffnet nun die rechte Türe und lässt den Wanderer eintreten. Schon beim Öffnen der Tür verbreitet sich eine heitere Stimmung wie ein Schleier, der über den Reisenden gelegt wird. Auch dieser Saal ist voll von Menschen, die um eine herrliche Suppe stehen, die verlockend in einem großen Topf in der Mitte des Raumes dampft. Die Menschen hier haben dieselben riesigen Eisenlöffel wie in dem Raum vorher. Nur sind die Menschen hier fröhlich und vollkommen zufrieden. Jeder kommt in den Genuss der Suppe, denn man füttert sich gegenseitig. Abwechselnd taucht einer den Löffel in die Suppe und füttert einen anderen in aller Ruhe. Wer den schweren Löffel nicht alleine halten kann, bekommt sofort Hilfe von anderen. Der ganze Saal ist erfüllt von einer wunderbar heiteren Stimmung. Vor dem Saal wartet die alte Frau auf den Wanderer: ‚Siehst Du, das ist der Himmel', sagt sie und schließt leise die Tür."

Hinweise

- Die Geschichte bietet sich als Überleitung zur kollegialen Beratung an. Der Trainer kann diese kurz kommentieren, dass er eine Methode vorstellen wird, die eine gegenseitige Hilfe für Probleme im Berufsalltag ermöglicht und dass dies eine sehr bereichernde Erfahrung darstellen kann.
- Alternativ kann der Trainer die Geschichte unkommentiert lassen und den Teilnehmern nur kurz Zeit geben, die Geschichte ein paar Sekunden auf sich wirken zu lassen.

Kollegiale Praxisberatung – Input und Durchführung einer Praxisberatung

13:45 Uhr

Orientierung

Ziele:
- Die Teilnehmer lernen Methode und Ablauf der kollegialen Praxisberatung kennen
- Die Teilnehmer entwickeln Lösungsmöglichkeiten für individuelle Anliegen und Fragen

Zeit:
- 90 Minuten (20 Min. Einführung, 60 Min. Durchführung, 10 Min. Puffer)

Material:
- Flipchart „Fälle/Fragen kollegiale Praxisberatung"
- Pinnwand „Kollegiale Praxisberatung"
- Klebepunkte

Überblick:
- Der Trainer präsentiert die Fälle für die kollegiale Beratung
- Die Teilnehmer erhalten die Möglichkeit, weitere Fälle einzubringen
- Der Trainer stellt die Methode der kollegialen Praxisberatung vor
- Der Trainer erläutert an der Pinnwand „Kollegiale Praxisberatung" den Ablauf der Methode
- Die Teilnehmer priorisieren mit Klebepunkten, welcher der Fälle im Plenum beraten werden soll
- Es findet eine Praxisberatung im Plenum statt
- Im Anschluss erfolgt eine kurze Reflexion über den Prozess der Beratung

Erläuterungen

Die kollegiale Praxisberatung ist ein systematisches Beratungsgespräch, in dem sich Seminarteilnehmer oder Kollegen nach einer vorgegebenen Gesprächsstruktur wechselseitig zu beruflichen Fragen und Schlüsselthemen beraten und gemeinsam Lösungen entwickeln. Die kollegiale Beratung findet in Gruppen von 6 bis 12 Mitgliedern statt, deren Mitglieder abwechselnd ihre Praxisfragen, Probleme und „Fälle" einbringen. Typische Praxisfragen und Fälle können im Rahmen von Teamentwicklungen beispielsweise sein:

- Einer meiner Teammitarbeiter lässt in letzter Zeit deutlich in seiner Leistung nach. Wie kann ich mit ihm darüber ins Gespräch kommen?
- Ich bin neu in der Rolle als Teamleiter. Wie kann ich den Auftakt unserer Zusammenarbeit so gestalten, dass sich alle wirklich engagieren und in das Team einbringen?
- Ich habe einen neuen Mitarbeiter bekommen. Er tut sich schwer, sich ins Team zu integrieren und steht abseits. Was kann ich tun, damit er vom Team akzeptiert wird?

Ein Teilnehmer leitet als Moderator die Gruppe durch die sechs Phasen des standardisierten Beratungsgespräches und aktiviert dabei die Erfahrungen und Ideen der übrigen Teilnehmer. Alle Teilnehmer beraten den Fallgeber und suchen gemeinsam nach Anregungen und Lösungsideen, die den Ratsuchenden weiterbringen sollen. Die Rollenverteilung wechselt bei jedem Fall, bleibt aber immer im Kreise der Teilnehmer. Es gibt keinen Berater oder Experten von außen, der in die Gruppe kommt. Das macht das Kollegiale an der kollegialen Beratung aus.

Vorgehen

In der Vorbereitung fasst der Trainer diejenigen Karten mit Praxisanliegen der Teilnehmer auf einem Flipchart zusammen, die zu komplex für den „Walk and talk" waren. Er bereitet die Pinnwand „Kollegiale Praxisberatung" vor und stellt diese verdeckt im Seminarraum auf.

Zu Beginn werden die Teilnehmer auf die Übung eingestimmt:
„Wie wir bei unserem ‚Walk and talk'-Erfahrungsaustausch gesehen haben, sind einige Anliegen von Ihnen dabei, bei denen es sich lohnt, ein wenig näher hinzuschauen, da sie komplexer sind und mehr Hintergrundinformationen für uns Experten erfordern. Ich habe Ihnen diese noch offenen Fälle hier am Flipchart nochmals zusammengefügt."

Der Trainer präsentiert ein Flipchart mit der Überschrift „Fälle/Fragen kollegiale Praxisberatung".
„Nachdem Sie gerade in der Praxisvernissage gesehen haben – und wie vielleicht auch die Geschichte ‚Himmel und Hölle' gerade gezeigt hat – lohnt es sich, in schwierigen Situationen den Rat und die Expertise von Kollegen einzuholen. Ich möchte Ihnen deshalb an dieser Stelle noch mal die Gelegenheit geben, noch eine Frage oder einen Fall für unsere kollegiale Beratung einzubringen. Überlegen Sie kurz, wer noch ein Praxisanliegen hat. Ich sammle anschließend Ihre Fälle auf dem

Flipchart, wo wir bereits die Fälle haben, die wir heute Vormittag beim ‚Walk and talk' für die kollegiale Praxisberatung aufgehoben haben."

Die Runde erhält für diese Aufgabe ein wenig Zeit. Jeder Fragensteller erläutert noch mal in ein paar Sätzen sein Anliegen. Dabei beginnen diejenigen, die ihren Fall neu einbringen, aber auch diejenigen, die am Vormittag des dritten Tages ihre Frage bereits geschildert hatten, klären ihr Anliegen noch mal kurz für alle.

Der Trainer notiert parallel dazu die reihum erläuterten neuen Fragen und Fälle der Teilnehmer stichwortartig auf dem Flipchart.
„Bevor wir nun beginnen, möchte ich Ihnen natürlich erst einmal erläutern, wie die kollegiale Beratung funktioniert. Hinter dieser Methode verbirgt sich ein systematisches Beratungsgespräch mit fester Rollenverteilung und festgelegtem Ablauf. Es gibt drei Rollen: Der Fallgeber, der sein Anliegen einbringt und beraten wird. Der Moderator, der den Prozess steuert und die Experten, nämlich wir alle, die gemeinsam nach Lösungen für den Fallgeber suchen. Ich werde Ihnen nun den Ablauf der kollegialen Beratung vorstellen."

Nun dreht er die vorbereitete Pinnwand „Kollegiale Praxisberatung" um, sodass alle Teilnehmer den Ablauf vor Augen haben. Es ist sinnvoll, die Pinnwand nach Phasen (blaue Karten), Zeiten (grüne Kuller) und Regeln (rote Karten) aufzuteilen.

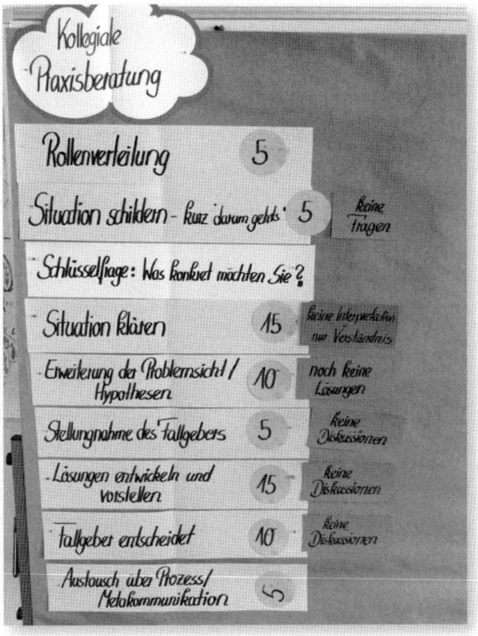

„Die kollegiale Beratung läuft wie folgt ab:

▶ *Phase 1: Vorstellung der Situation*
Hier schildert der Fallgeber schildert zunächst sein Anliegen. Er stellt seine Situation dar und formuliert seine Fragestellung, die er gerne beantwortet haben möchte. Diese Phase dauert fünf Minuten. Der Moderator ist für die Einhaltung der Zeiten verantwortlich. Die Experten hören in dieser Zeit aufmerksam zu und machen sich gegebenenfalls Notizen. In dieser Phase dürfen noch keine Fragen gestellt werden. Die Schlüsselfrage des Fallgebers wird vom Moderator zum Abschluss sichtbar für alle im Wortlaut des Fallgebers auf einem Flipchart festgehalten.

▶ *Phase 2: Klärung der Situation*

In dieser Phase dürfen die Experten Verständnis- und Informationsfragen stellen. Der Fallgeber versucht die Fragen möglichst differenziert zu beantworten. Die Fragen sollen dazu dienen, die Situation des Fallgebers zu verstehen – also im Sinne von ‚Was ist mir noch unklar? Was will ich noch wissen?' Der Moderator achtet darauf, dass keine Interpretationen oder gar schon Lösungsvorschläge der Experten erfolgen, sondern ausschließlich Verständnis- und Informationsfragen gestellt werden. Für diese Phase der kollegialen Beratung stehen 15 Minuten zur Verfügung.

▶ *Phase 3: Erweiterung der Problemsicht/Hypothesen*

Nun dürfen und sollen die Experten ihre Einfälle und Assoziationen zu dem geschilderten Fall benennen. Hierbei darf tabulos assoziiert werden, so als wäre der Fallgeber nicht mehr im Raum und wir anderen würden uns über seinen Fall und ihn unterhalten. Hypothesen, Vermutungen und Eindrücke werden frei heraus geschildert. Hierbei lohnt es sich, den Fallgeber ein wenig außerhalb des Sitzkreises zu positionieren, sodass er erst gar nicht in Versuchung kommt, sich einzuschalten. Der Fallgeber hört nämlich aufmerksam zu, greift aber nicht in das Geschehen ein. Er darf nicht kommentieren. Der Moderator achtet auf diese stillschweigende Rolle des Ratsuchenden, ebenso wie darauf, dass die Experten hier noch keine Lösungen vortragen, sondern lediglich Vermutungen äußern. Typische Formulierungen hierfür können beispielsweise sein: ‚Mir ist aufgefallen dass, ...', ‚Ich könnte mir vorstellen ...', ‚Es hört sich vielleicht total verrückt an, aber ...' Für die Äußerung von Hypothesen haben die Teilnehmer zehn Minuten Zeit.

▶ *Phase 4: Stellungnahme des Fallgebers*

Jetzt erfolgt in fünf Minuten eine Stellungnahme des Fallgebers zu den Hypothesen der Experten nach dem Motto ‚Interessant fand ich ...', ‚Zutreffend ist sicherlich ...' Der Fallgeber soll sich dabei aber nicht rechtfertigen oder lange begründen. Er sagt kurz und schlicht, welche der Hypothesen sich für ihn stimmig anhören. Der Moderator achtet darauf, dass keine Diskussionen aufkommen. Die Experten verhalten sich in dieser Phase ruhig. Zum Abschluss dieser Phase fragt der Moderator beim Fallgeber nach, ob die anfangs gestellte Schlüsselfrage weiterhin Gültigkeit besitzt oder er diese aufgrund der bislang gemachten Überlegungen nochmals ändern möchte. Falls der Fallgeber seine Schlüsselfrage neu stellen oder umformulieren möchte, notiert der Moderator die neue Schlüsselfrage wieder sichtbar für alle am Flipchart.

▶ *Phase 5: Lösungsvorschläge der Experten*

Die Experten entwickeln nun Lösungsvorschläge für den Fallgeber: ‚Wenn ich in der Situation wäre, würde ich ...' Die Experten halten ihre Ideen und Lösungen auf Moderationskarten fest. Sie haben dafür zehn Minuten Zeit. In dieser Zeit wird nicht diskutiert, sondern in Einzelarbeit ohne Diskussionen Lösungen entwickelt. Auch der Moderator kann seine Ideen einbringen.

▶ *Phase 6: Präsentation der Lösungsvorschläge*

Die Experten stellen ihre Ideen nun in zehn Minuten reihum dem Fallgeber vor. Auch hier wird nicht diskutiert. Der Fallgeber hört aufmerksam zu, gibt aber keine Kommentare ab.

▶ *Phase 7: Entscheidung des Fallgebers*

Der Fallgeber erläutert in fünf Minuten, welche der Lösungsvorschläge ihm sinnvoll erscheinen bzw. welche er umsetzen wird. Hierbei werden diejenigen Lösungen vorgestellt, die sinnvoll erscheinen. Der Fallgeber soll nicht begründen, warum und welche Lösungen er für nicht tragfähig hält. Der Moderator achtet auf die Lösungsorientierung. Die Experten hören in dieser Phase ruhig zu.

▶ *Phase 8: Austausch/Reflexion*

Zum Abschluss findet ein Austausch über den Prozess an sich statt. Zunächst gibt der Fallgeber eine kurze Rückmeldung, wie es ihm ergangen ist, dann der Moderator. Anschließend können sich die Experten äußern, was ihnen aufgefallen ist und was sie für sich aus der kollegialen Beratung mitnehmen können. Zeitdauer: fünf bis zehn Minuten."

Nachdem der Trainer die Methode und den Ablauf vorgestellt hat, entscheiden die Teilnehmer, welcher der Fälle im Plenum beraten werden soll. Hierzu verteilt der Trainer an jeden Teilnehmer drei Klebepunkte: *„Wir stimmen jetzt nicht mit den Füßen, sondern mit den Punkten ab. Bitte verteilen Sie Ihre drei Punkte auf die Fälle, die beraten werden sollen. Sie dürfen auch alle drei Punkte für ein Anliegen vergeben; einzige Regel: alle drei Punkte sind zu kleben."*

Die Teilnehmer kleben die Punkte zu den Fällen auf das Flipchart. Der Trainer zählt anschließend die Punkte und notiert die Punktzahl neben den Fall. Derjenige Fallgeber, der die meisten Punkte erhalten hat, kann seinen Fall in der kollegialen Praxisberatung einbringen. Bei zwei punktgleichen Anliegen klären die beiden betroffenen Teilnehmer untereinander, wer sich beraten lassen kann. Im Zweifelsfall wird über Münzwurf gelost.

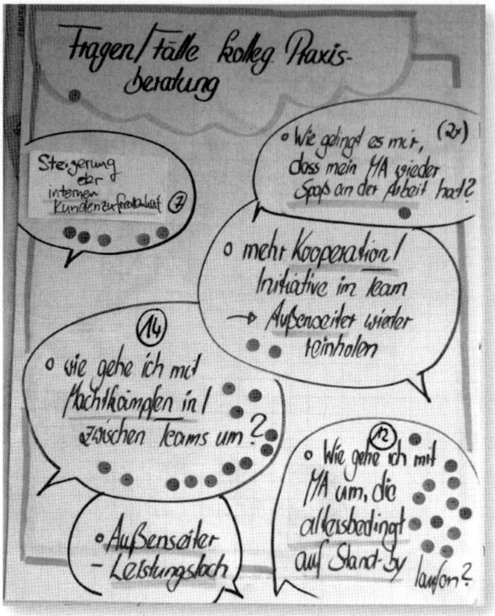

Im Anschluss findet nun eine tatsächliche Praxisberatung in dieser Form statt. Der Fallgeber rückt seinen Stuhl in die Mitte, der Moderator kann während des Prozesses am Flipchart die Kernbotschaften und wichtigen Aussagen mitvisualisieren. Es ist sinnvoll, wenn der Trainer beim ersten Mal die Moderatorenrolle einnimmt und beim Übergang in die jeweilige Phase noch mal erläutert, was zu tun ist. Spätestens bei einer zweiten Praxisberatung sollte die Moderatorenrolle in den Teilnehmerkreis wandern; der Trainer kann in diesem Falle noch unterstützend eingreifen.

Hinweise

- Falls nach dem „Walk and talk" viele Fälle der Teilnehmer offen sind, so kann die kollegiale Praxisberatung auch in Kleingruppen erfolgen. Hierbei teilen sich die Teilnehmer nach Interesse in Gruppen zu den verschiedenen Themen auf, wobei auf eine einigermaßen gleichmäßige Verteilung zu achten ist. Damit jede Gruppe den Ablauf vor Augen hat, ist es sinnvoll, wenn der Trainer für die Kleingruppen Handouts mit den Phasen der kollegialen Praxisberatung austeilt. Jede Kleingruppe führt die Praxisberatung selbstständig durch. Im großen Plenum berichtet anschließend jede Gruppe kurz, wie die Praxisberatung verlaufen ist.

- Die Qualität der kollegialen Beratung steht und fällt mit den Fragen zur Klärung der Situation. Diejenigen Gruppen, die noch wenig Erfahrung mit der Methode haben, versuchen hier in der Regel das „Problem“ des Fallgebers zu durchdringen und so viel wie möglich zu fragen, um das Problem tatsächlich zu verstehen. Dies ist zwar eine verständliche und häufig auch automatische Vorgehensweise, de facto bringt dies den Fallgeber aber nicht weiter. Der Trainer sollte darauf achten, dass die Teilnehmer lösungsorientiert fragen und immer wieder darauf hinweisen, dass es in der kollegialen Beratung nicht darum geht, das Problem des Fallgebers zu durchdringen, sondern ihn in seiner Lösungsfindung zu unterstützen.
- Idealerweise werden in der kollegialen Beratung lösungsorientierte Fragen eingesetzt. Diese finden Sie in Baustein „Lösungsorientierte Kommunikation“ erläutert (Seite 206).
- Eine kollegiale Beratung sollte in einer Seminargruppe nur dann durchgeführt werden, wenn unter den Teilnehmern eine gewisse Vertrauensbasis vorhanden ist. Es erfordert einiges an Mut, in einer Gruppe über entsprechende persönliche Herausforderungen, auch wenn sie aus dem beruflichen Kontext stammen, zu sprechen.
- Der Trainer sollte nicht versäumen, zu Beginn der kollegialen Beratung auf die Vertraulichkeit der Themen hinzuweisen und noch mal Einigkeit darüber herzustellen, dass keine Informationen den Raum verlassen.

Literatur

Die Praxisberatung lässt sich auf vielfältige Weise durchführen. Anregungen hierzu finden Sie in den folgenden Büchern:

- Benien, Karl: Beratung in Aktion. Windmühle, 2003.
- Schmidt, Thomas: Kommunikationstrainings erfolgreich leiten. managerSeminare, 5. Aufl. 2009.
- Schulz von Thun, Friedemann: Praxisberatung in Gruppen. Beltz, 2006.
- Tietze, Kim-Oliver: Kollegiale Beratung. rororo, 2003.

Kurze Pause 15:15 Uhr

15:30 Uhr Sieben auf einen Streich – Input und Ableitung konkreter Maßnahmen

Orientierung

Ziele:

- Reflexion der optimalen Teamzusammenarbeit auf humorvolle Art
- Ableitung konkreter individueller Team-Maßnahmen für jeden Teilnehmer

Zeit:

- 40 Minuten (10. Min. Input Teamgebote, 20 Min. Ableitung konkreter Maßnahmen, 10 Min. Blitzlicht zur Vorstellung der Maßnahmen im Plenum)

Material:

- Pinnwand „Sieben auf einen Streich“
- Moderationskarten
- Stifte

Überblick:

- Der Trainer stellt die sieben Gebote zur Zerstörung von Teams vor
- Die Teilnehmer leiten aus den vorangegangenen Inhalten ein bis drei konkrete Maßnahmen ab, wie sie die Zusammenarbeit in ihren Teams zukünftig besser handhaben wollen
- Die Maßnahmen werden abschließend in einer Blitzlicht-Runde dem Plenum präsentiert

Erläuterungen

Auf der Zielgeraden des Seminars bieten die „Sieben auf einen Streich“ eine ideale Möglichkeit, um Inhalte der Teamzusammenarbeit auf humorvolle Art noch mal in Erinnerung zu rufen. Bei den Teilnehmern sorgen die „Sieben auf einen Streich“ für viel Spaß – bringen sie aber gleichzeitig zum Nachdenken. Die Übung ist somit hervorragend als abwechslungsreicher Einstieg zur Ableitung konkreter Maßnahmen geeignet.

Vorgehen

„Nachdem wir in den letzten Tagen gemeinsam erarbeitet haben, wie die Zusammenarbeit in Teams gut funktioniert, möchte ich Ihnen unsere

Erkenntnisse noch mal auf ganz andere Art und Weise – nämlich mit einem leichten Augenzwinkern – verdeutlichen. Und zwar habe ich Ihnen die ‚Sieben auf einen Streich' mitgebracht, sieben Gebote zur Zerstörung von Teams, mit denen Sie es garantiert schaffen, innerhalb kürzester Zeit jedes Team absolut arbeitsunfähig zu machen."

Der Trainer bereitet die Pinnwand so vor, dass die Gebote zunächst verdeckt sind und er ein Gebot nach dem anderen offenlegen kann.

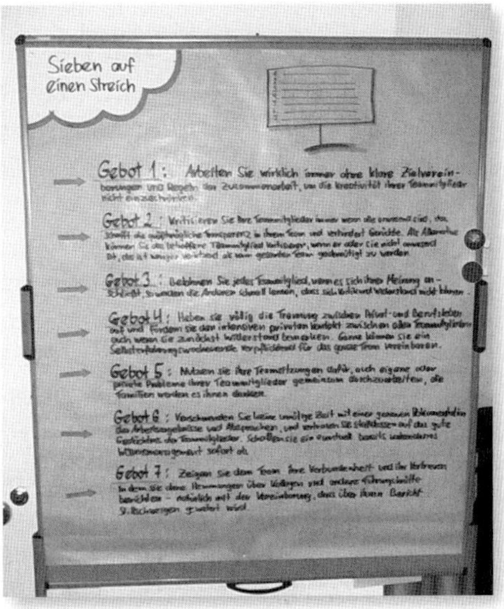

▶ Gebot 1
„Arbeiten Sie wirklich immer ohne klare Zielvereinbarungen und Regeln der Zusammenarbeit, um die Kreativität Ihrer Teammitglieder nicht einzuschränken."

Der Trainer legt Gebot 2 offen.

▶ Gebot 2
„Kritisieren Sie Ihre Teammitglieder immer, wenn alle anwesend sind, das schafft die größtmögliche Transparenz in Ihrem Team und verhindert Gerüchte. Als Alternative können Sie das betroffene Teammitglied kritisieren, wenn er oder sie nicht anwesend ist, das ist weniger verletzend, als vorm gesamten Team gedemütigt werden."

Der Trainer deckt Gebot 3 auf usw.

▶ Gebot 3
„Belohnen Sie jedes Teammitglied, wenn es sich Ihrer Meinung anschließt, so werden die anderen schnell lernen, dass sich Kritik und Widerstand nicht lohnen."

▶ Gebot 4
„Heben Sie völlig die Trennung zwischen Privat- und Berufsleben auf und fördern Sie den intensiven privaten Kontakt zwischen allen Teammitgliedern, auch wenn Sie zunächst Widerstand bemerken. Gerne können Sie auch ein Selbsterfahrungswochenende verpflichtend für das ganze Team vereinbaren."

▶ Gebot 5

„Nutzen Sie Ihre Teamsitzungen dafür, auch eigene oder private Probleme Ihrer Teammitglieder gemeinsam durchzuarbeiten; die Familien werden es Ihnen danken."

▶ Gebot 6

„Verschwenden Sie keine unnötige Zeit mit einer genauen Dokumentation der Arbeitsergebnisse und Absprachen und vertrauen Sie stattdessen auf das gute Gedächtnis der Teammitglieder. Schaffen Sie ein eventuell bereits vorhandenes Wissensmanagement sofort ab."

▶ Gebot 7

„Zeigen Sie dem Team Ihre Verbundenheit und Ihr Vertrauen, indem Sie ohne Hemmungen über Kollegen und andere Führungskräfte berichten – natürlich mit der Vereinbarung, dass über Ihre Berichte Stillschweigen gewahrt wird."

Nun steht der Trainer vor der komplett aufgedeckten Pinnwand.
„So sehr wir auch über die eine oder andere Regel schmunzeln mögen, ein Funken Wahrheit steckt doch dahinter. Ich würde Sie bitten, dass Sie sich an dieser Stelle die Zeit nehmen und kurz reflektieren, ob Sie in Ihrem Team vielleicht doch schon einmal eine der geschilderten Punkte erlebt haben. An dieser Stelle möchte ich Sie auch bitten, dass Sie die Gelegenheit nutzen, einen Rückblick auf unsere bisher gemachten Seminarinhalte zu nehmen. Schauen Sie sich dazu bitte die Übersicht der Bausteine auf unserer Transparenz-Pinnwand an, schauen Sie sich im Raum um, es gibt noch zahlreiche andere Flipcharts und Pinnwände. Lassen Sie die vergangenen Tage vor Ihrem inneren Auge Revue passieren und überlegen Sie dann bitte ganz konkret an Ihrem Teambild für Ihre Teamsituation: Welche konkreten Maßnahmen nehmen Sie sich fest vor, um die Teamzusammenarbeit in Zukunft noch besser zu handhaben? Ich teile Ihnen für Ihre Maßnahmen bzw. Vorsätze Moderationskarten aus, bitte notieren Sie diese darauf und kleben Sie die Karte ebenfalls auf Ihr Teambild. Da ich Ihnen die Teambilder individuell als Foto zuschicke, haben Sie alle wichtigen Infos zu Ihrem Team auch nach dem Seminar immer verfügbar."

Der Trainer teilt Moderationskarten aus. Die Teilnehmer erhalten für Reflexion und Ableiten der Maßnahmen 10 Minuten Zeit. Der Trainer achtet wieder darauf, dass konkrete Maßnahmen und keine Ziele notiert werden.

Wenn jeder seine Vorsätze/Maßnahmen aufgeschrieben und an sein Teambild geklebt hat, leitet der Trainer ein Blitzlicht im Plenum ein: *„Bitte erinnern Sie sich an unseren ersten Seminartag. Zu Beginn unseres Seminars haben Sie zunächst überlegt, wie Sie Ihr Team präsentieren möchten. Nun haben wir die Seminartage über immer mal wieder mit Ihrem Teambild gearbeitet. Wie Sie alle sehen, hat es sich auch ganz schön gefüllt. Zum Abschluss möchte ich Sie nun bitten, dass jeder kurz in drei bis fünf Sätzen seine Vorsätze und Maßnahmen vorstellt. Sie brauchen diese aber nicht begründen, es reicht aus, sie einfach bekanntzugeben. Wer möchte starten?"*

Reihum erläutert jeder Teilnehmer seine Maßnahmen und Vorsätze.

Hinweise

Die Teilnehmer können für die abschließende Blitzlichtrunde entweder im Stuhlkreis Platz nehmen oder ihre Maßnahmen direkt an ihrem Teambild erläutern, während sich die anderen um das jeweilige Teambild stellen. Der Trainer sollte dies vom Energieniveau der Teilnehmer abhängig machen und im Zweifelsfall nachfragen, was den Teilnehmern lieber ist.

Im Training sollte dem Ableiten konkreter Maßnahmen ausreichend Zeit eingeräumt werden. Nichts sichert die Nachhaltigkeit von Trainingsinhalten mehr als ein individueller Maßnahmenplan.

Literatur

- „Sieben auf einen Streich" ist entstanden nach einer Idee von Gellert, Manfred/Nowak, Claus: Teamarbeit, Teamentwicklung und Teamberatung. Ein Praxisbuch für die Arbeit in und mit Teams. Limmer Verlag, 4. Aufl. 2010.

16:10 Uhr Persönliche Feedback-Worte schenken

Orientierung

Ziele:
- Die Teilnehmer geben sich gegenseitig Feedback, wie sie sich in den Seminartagen in Bezug auf die Teamarbeit erlebt haben

Zeit:
- 30 Minuten

Material:
- Flipchart „Feedback-Worte schenken"
- Moderationskarten
- Stifte

Überblick:
- Der Trainer erläutert die Vorgehensweise
- Die Teilnehmer schenken sich gegenseitig persönliches Feedback

Erläuterungen

Wie unsere Erfahrungen zeigen, taucht in fast allen dreitägigen Seminaren, in denen intensiv und vertrauensvoll miteinander gearbeitet wird, der Wunsch vonseiten der Teilnehmer auf, persönliches Feedback zu erhalten. „Wie wirke ich auf andere?", „Was würden Sie mir noch raten?", sind typische Fragen, die sich die Teilnehmer stellen. Da ein Seminar der ideale Ort ist, um auf wertschätzende Weise einen Eindruck von seiner Außenwirkung zu erhalten, ist das persönliche Feedback mittlerweile fester Bestandteil unserer Seminare. Allerdings bieten wir dies den Teilnehmern als Option an und überlassen es ihnen zu entscheiden, ob sie dies wünschen. Beim persönlichen Feedback kommt es ganz wesentlich auf die Bereitschaft der Teilnehmer an, sich darauf einzulassen. Wir haben es allerdings bislang auch noch nicht erlebt, dass eine Seminargruppe dies nicht wollte. Die „Persönlichen Feedback-Worte" sind zudem eine ideale Methode, da die Teilnehmer selbst entscheiden können, von welchem der Kollegen sie gerne persönliches Feedback hätten.

Vorgehen

Der Trainer führt die Gruppe ein.

„Langsam nähern wir uns der Zielgeraden unserer Team- und Seminartage. Nachdem wir gerade über die Ableitung konkreter Maßnahmen ein kurzes Resümee in Bezug auf die Inhalte und Ihr Team gezogen haben, möchten ich uns allen nun die Möglichkeit geben, sich gegenseitig persönliches Feedback im wahrsten Sinne des Wortes zu schenken! Erinnern Sie sich an das ‚Johari-Fenster' und die ‚Blinden Flecken' – wir erhalten in der Regel viel zu selten die Möglichkeit, persönliches Feedback einzufordern. Wie wir aber auch gehört haben, gehört offenes und konstruktives Feedback zu jeder erfolgreichen Teamarbeit dazu. Deshalb schlage ich vor, dass wir die folgende halbe Stunde ausschließlich für persönliches Feedback nutzen. Wie sieht es aus? Haben Sie Lust dazu? Sie müssen sich auch keine Sorgen machen. Es wird keiner zur Entgegennahme eines Feedbacks gezwungen. Sie können selbst entscheiden. Am besten teile ich Ihnen zunächst die Materialien aus und erläutere Ihnen dann die Vorgehensweise."

Der Trainer verteilt an jeden Teilnehmer drei Moderationskarten und bei Bedarf Stifte und deckt anschließend das Flipchart „Feedback-Worte schenken" auf.

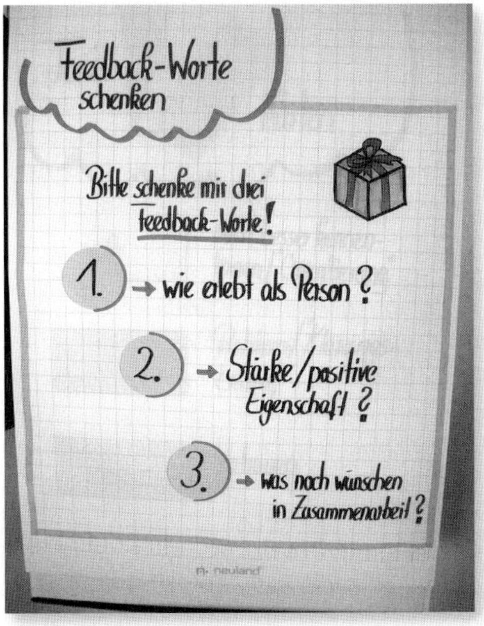

„Bitte überlegen Sie sich zunächst, von welchem Ihrer Teilnehmer-Kollegen Sie gerne ein persönliches Feedback hätten. Lassen Sie

dabei die Kollegen, bei denen Sie sich nicht sicher sind, wie das Feedback ausfällt, nicht außen vor! Gerade dies bringt Ihnen am meisten. Anschließend gehen Sie bitte zu den von Ihnen ausgewählten drei Kollegen, von denen Sie zum Abschluss unserer gemeinsamen Seminartage drei persönliche Feedback-Worte geschenkt haben möchten. Gehen Sie zu der entsprechenden Person, geben Sie ihm/ihr die Karte mit dem Wunsch: ‚Bitte schenke mir drei persönliche Feedback-Worte!' Dabei dürfen auch zwei, insgesamt aber maximal drei Worte das Feedback je Frage umschreiben. Die Feedback-Worte werden auf der Karte notiert, und der Feedbackgeber erläutert jedes seiner Feedback-Worte in drei bis fünf Sätzen. Die jeweilige Person bedankt sich und geht dann weiter zu einer anderen Person. Werden Sie selbst um drei Feedback-Worte gebeten, so überlegen Sie in Ruhe, vergegenwärtigen Sie sich Ihre Erfahrungen, die Sie mit der Person gemacht haben und schreiben Sie drei Worte auf, die Sie anschließend so zu erläutern versuchen, dass das Feedback für den Feedbacknehmer tatsächlich ein wertvolles Geschenk wird. Denken Sie daran: Es ist nicht einfach, gutes Feedback zu geben. Deshalb überlegen Sie zunächst in Ruhe, was tatsächlich die Besonderheiten der jeweiligen Person sind! Es geht nicht darum, irgendein Feedback zu geben, sondern die Knackpunkte zu erkennen und widerzuspiegeln!"

In der Regel fragen die Teilnehmer an dieser Stelle, in welche Richtung das Feedback zielen soll. Als Trainer können Sie variieren – so kann den Teilnehmern freie Wahl gelassen werden, worauf sie Feedback geben wollen und welche Worte sie dazu verwenden. Alternativ kann der Trainer die Feedback-Worte in eine bestimmte Richtung lenken. Für dieses Seminar bietet sich an:

1. *„Geben Sie zunächst mit einem zutreffenden Wort Feedback, wie Sie die entsprechende Person hier in diesem Seminar erlebt haben.*
2. *Notieren Sie als zweites Feedback-Wort eine Stärke/positive Eigenschaft, die die Person auszeichnet.*
3. *Als Drittes erläutern Sie in einem Wort, was Sie sich von der jeweiligen Person in der Zusammenarbeit noch bzw. mehr wünschen würden."*

So kann ein Teilnehmer beispielsweise für Frage 1 (wie erlebt?) das Wort „präsent" notieren, für Frage 2 (welche besondere Stärke?) das Wort „innere Kraft", für Frage 3 (welche weiteren Wünsche in der Zusammenarbeit?) das Feedback „Gefühle zeigen". In der anschließenden Erläuterungen könnte er die Feedback-Worte wie folgt kommentieren: *„Ich habe dich in diesem Seminar unglaublich präsent erlebt. Man spürte, dass du mit voller Aufmerksamkeit dabei warst und dich engagiert* *hast. Du gibst den anderen viel, sodass wir deutlich gespürt hätten, wenn du nicht dabeigewesen wärst. Als besondere Stärke ist mir deine innere Kraft aufgefallen. Du scheinst genau zu wissen, was du kannst und vertraust darauf. Ich würde mir manchmal noch wünschen, dass du uns anderen ein wenig mehr offenbarst, was in dir vorgeht. Du gibst wenig von dir preis, hier würde ich mir wünschen, dass du öfters deine Gefühle nach außen zeigst."*

Haben alle ihre Karten mit Feedback-Worten füllen lassen und das Feedback entgegengenommen, nehmen alle Teilnehmer wieder Platz. Die Teilnehmer erhalten ein paar Minuten Zeit, ihre geschenkten Feedback-Worte in Ruhe zu betrachten. Der Trainer führt diese kurze Reflexionszeit beispielsweise folgendermaßen ein: *„Bitte nehmen Sie sich drei Minuten Zeit, Ihre geschenkten Worte ein wenig auf sich wirken zu lassen."*

Hinweise

- Der Trainer kann sich bei den persönlichen Feedback-Worten mit einbringen und ebenfalls als Feedbackgeber zur Verfügung stehen. Er sollte aber während der Übung keine exponierte Rolle einnehmen. Hier sind im Wesentlichen die Teilnehmer dafür verantwortlich, sich gegenseitig Feedback zu geben.
- Es kommt relativ häufig vor, dass die Teilnehmer im Anschluss an die Übung noch mal gezielt nach persönlichem Feedback vom Trainer fragen. Falls dies gewünscht ist, gehen wir in Vier-Augen-Gesprächen auf die Fragen der Teilnehmer ein, dies aber außerhalb des Seminargeschehens (z.B. im Anschluss an das Seminar).

Variante: Abschluss-Runde über Feedback-Worte schenken

Der Trainer kann diesen Baustein auch nutzen, direkt in eine kurze Seminarfeedback-Runde überzuleiten. Hierzu teilt er eine Moderationskarte mehr aus (in unserem Beispiel jeweils vier) und bittet die Teilnehmer direkt nach Austeilen der Karten, also noch vor Erläuterungen der Vorgehensweise des persönlichen Feedback-Schenkens, eine der Karten unter ihren Stuhl zu legen. Im Anschluss an die Reflexion der Teilnehmer auf die persönlichen Feedback-Karten leitet der Trainer dann direkt eine kurze Seminarfeedback-Runde ein: *„Nachdem Sie sich nun gegenseitig Feedback geschenkt haben, bekäme auch ich gerne von Ihnen drei Worte Feedback geschenkt, wie Sie das Seminar erlebt haben. Hierzu dient die noch leere Karte unter Ihrem Stuhl. Bitte geben Sie mir* *und Ihren Kollegen in drei Worten eine kleine Einschätzung Ihrerseits, wie Sie die Seminartage fanden und was Sie mir und den anderen mit auf den Weg geben möchten."*

Die Teilnehmer erhalten zwei bis drei Minuten Zeit, kurz zu überlegen und ihre Feedback-Worte auf der Karte zu notieren. Der Trainer fragt in die Runde, ob alle fertig sind. Reihum bzw. per Ballzuwerfen soll nun jeder seine drei Worte kundtun. Wichtig dabei ist, dass an dieser Stelle nicht erläutert oder nachgefragt wird. Jeder Teilnehmer gibt seine drei Worte wieder. Der Trainer bedankt sich und schenkt anschließend der Gruppe ebenfalls drei Feedback-Worte, wie er das Seminar, die Teilnehmer und die Zusammenarbeit erlebt hat.

Die Abschlussrunde über Feedback-Worte dauert ca. 10 Minuten und ist somit bei Zeitknappheit als kürzere Abschlussrunde sehr gut geeignet.

Literatur

- Jörg, Fengler: Feedback geben. Strategien und Übungen. Beltz, 2009.
- Gellert, Manfred/Nowak, Claus: Teamarbeit, Teamentwicklung und Teamberatung. Ein Praxisbuch für die Arbeit in und mit Teams. Limmer Verlag, 4. Aufl. 2010.

Abschluss mit Motivkarten 16:40 Uhr

Orientierung

Ziele:
- Die Motivkarten erzeugen eine schöne Abschluss-Stimmung
- Die Teilnehmer erhalten die Möglichkeit, Feedback zum Seminar zu geben

Zeit:
- 20 Minuten

Material:
- Motivkarten (siehe Hinweise)
- Pinnwand „Unser Seminarfahrplan“
- Flipchart „Abschluss-Feedback mit Motiven“

Überblick:
- Der Trainer verteilt die Motivkarten im Raum
- Der Trainer erläutert das Vorgehen bei der Feedbackrunde
- Jeder Teilnehmer sucht sich die Motivkarte aus, die ihn spontan anspricht und gibt anhand der Karte Feedback
- Der Trainer beendet das Seminar

Erläuterungen

Die „Motivkarten“ sind unser Favorit für den Abschluss eines mehrtägigen Teamtrainings. Wie bereits mehrfach im Seminar erfahren, ermöglichen Bilder eine viel emotionalere und aussagekräftigere Feedbackmöglichkeit als dies eine rein „sprachliche“ Feedbackrunde könnte. Die Auswahl der Motive und das Feedback der Teilnehmer stellt auch für die Trainer in der Regel noch mal ein richtiges „Aha-Erlebnis“ dar. Zudem schließt sich mit den „Motivkarten“ der Kreis: Wie das Seminar am ersten Tag mit den Teambildern begonnen hat, so endet es auch am dritten Tag mit Bildern.

Vorgehen

Der Trainer verteilt Motivkarten im Raum. Je nach Raumbeschaffenheit können diese einfach auf dem Boden ausgelegt oder an den Wänden aufgestellt bzw. angehängt werden.

Ist dies geschehen, erläutert der Trainer das Vorgehen:
„Wie Sie sehen, habe ich für unsere Abschlussrunde eine Sammlung von Karten und Bildern mitgebracht. Bevor ich Ihnen erläutere, was es mit diesen Karten auf sich hat, möchte ich – nachdem wir die Zielgerade unseres Seminars erreicht haben – noch einmal einen Rückblick auf den heutigen Tag geben."

Er präsentiert die Pinnwand „Unser Seminarfahrplan".

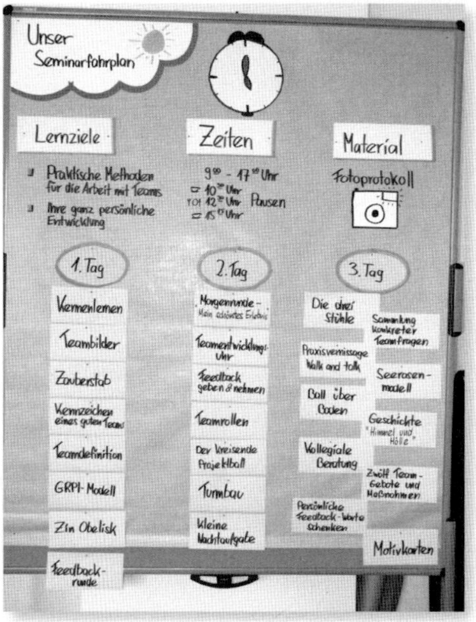

„Heute Morgen haben wir den Seminartag mit den ‚Drei Stühlen' begonnen. Wir haben anschließend Ihre ganz konkreten individuellen Teamherausforderungen und -fragen aufgegriffen und für diese in unserer Praxisvernissage ‚Walk and talk' Lösungen und Tipps gesammelt. Danach habe ich Ihnen das ‚Seerosenmodell' erläutert, um Ihnen deutlich zu machen, dass jedem Verhalten auf den Grund zu gehen ist, da unsere Persönlichkeit vielschichtig ist und mehrere Ebenen umfasst. Nach dem Mittagessen haben Sie sich am ‚Ball-über-Boden'-Spiel versucht und ich habe Ihnen zum Einstieg in die kollegiale Praxisberatung die Geschichte ‚Himmel und Hölle' vorgelesen. Wir haben uns auf einen Praxisfall für die kollegiale Beratung geeinigt und wir haben gemeinsam eine ‚Praxisberatung' durchgeführt. Danke an den Fallgeber. Am Nachmittag habe ich Ihnen dann noch ‚die sieben Teamgebote' vorgestellt, die Sie ein wenig ins Nachdenken bringen sollten. Und nachdem wir die drei Seminartage so intensiv miteinander verbracht haben, hatten Sie noch die Möglichkeit, sich gegenseitig persönliche ‚Feedback-Worte' zu schenken. Und nun sind wir tatsächlich fast am Ziel …"

Nach dem kurzen Rückblick deckt der Trainer das Flipchart „Abschluss-Feedback mit Motiven" auf.

„Was hat es nun mit den Karten auf sich, die ich hier im Raum verteilt habe? Ich möchte Sie bitten, dass Sie sich gleich ein Motiv auswählen, das Sie spontan anspricht. Erläutern Sie anhand der Karte kurz, wie Sie sich momentan fühlen, wie Sie das Teamseminar erlebt haben, was Sie mitnehmen und was Sie mir und den Kollegen mit auf den Weg geben möchten. Sie müssen nicht auf alle Punkte eingehen: Suchen Sie sich die Aspekte heraus, die Ihnen jetzt und hier im Moment wichtig sind."

Die Teilnehmer können anschließend in Ruhe die Motivkarten betrachten und sich eine Karte aussuchen. Der Trainer sucht sich ebenfalls eine Karte aus. Wenn jeder eine Karte gefunden hat, findet im Stuhlkreis das Abschluss-Feedback statt. Der Trainer weist die Teilnehmer darauf hin: *„Bitte zeigen Sie uns zunächst Ihre Karte bzw. erläutern Sie kurz, was darauf zu sehen ist. Wer möchte beginnen?"*

Jeder der Teilnehmer gibt anschließend anhand seiner Motivkarte Feedback. Die Reihenfolge steuern die Teilnehmer selbstständig.

Als Letzter in der Runde zieht der Trainer anhand der Karte ein Fazit, wie er das Seminar erlebt hat und was er den Teilnehmern mit auf den Weg geben möchte. Das Abschluss-Statement sollte der Trainer nutzen, um das Seminar für sich und die Teilnehmer stimmig abzurunden. Hier kann der Trainer entweder ganz spontan seine Eindrücke anhand des ausgesuchten Motivs schildern – oder sich vielleicht auch schon im Vorfeld überlegen, welche Botschaft er den Teilnehmern zum Abschluss mit auf den Weg geben möchte. Egal, wofür er sich entscheidet, wichtig ist: wertschätzend und authentisch – und das ehrlich gemeinte Dankeschön für die gemeinsamen drei Tage sollte unserer Meinung nach nie fehlen!

Varianten

Der Abschluss mit Motivkarten lässt sich vielfältig einsetzen, da die Leitfragen je nach Seminar und Stimmung variiert werden können. So bieten sich als Vorgaben beispielsweise auch an:

- Welche Karte spricht Sie spontan an und warum?
- Was war für Sie ein wichtiges Aha-Erlebnis im Seminar?
- Was wünschen Sie sich für Ihr Team?
- Wie soll die Zusammenarbeit in Ihrem Team zukünftig erfolgen?

Hinweise

- Je nach Zeit kann das Feedback auf drei bis vier Sätze je Teilnehmer oder einen einzelnen Aspekt begrenzt werden.
- Als Karten können Postkarten oder Werbekarten verwendet werden. Als Trainer lohnt es sich, hier eine Sammlung anzulegen. Häufig enthalten kostenlose „Werbekarten", die in Kneipen oder Bars ausliegen, schöne und kreative Motive.
- Motivkarten werden auch speziell für den Trainingsbereich angeboten. Hier gibt es verschiedene Anbieter. Ein Vergleich lohnt sich.

Literatur

Weitere abwechslungsreiche Ideen – nicht nur, aber auch – für Abschlussrunden finden sich in folgenden Büchern:

- Klein, Zamyat M.: Das tanzende Kamel. Kreative und bewegte Spiele für Trainings und Seminare. managerSeminare, 2008.
- Rachow, Axel (Hrsg.): Spielbar I bis III. managerSeminare.
- Seifert, Josef/Göbel, Heinz-Peter: Games. Spiele für Moderatoren und Gruppenleiter. Gabal, 2001.
- Schilling, Gert: Seminar-Spiele. Gert Schilling, 2004.

Ende des Seminars 17:00 Uhr

Mit den Motivkarten endet das dreitägige Seminar. Der Trainer sollte nach dem offiziellen Seminarende noch ein wenig Zeit für individuelle Fragen und Anliegen der Teilnehmer einplanen. Oft ergibt sich bei der persönlichen Verabschiedung ein intensiver Austausch mit den Teilnehmern, die in der vertrauten Atmosphäre eines „Vier-Augen-Gesprächs" noch das eine oder andere, was sie auf dem Herzen haben, loswerden möchten. Für den Trainer steht danach das Erstellen des Fotoprotokolls an. Wir achten hier immer auf eine chronologische Reihenfolge der Flipcharts und Pinnwände – und starten nach dem Willkommens-Chart immer mit der Transparenz-Pinnwand, sodass sich die Teilnehmer anhand des dort vorhandenen Seminarablaufes leicht orientieren können.

Tipp aus der Praxis

Wir nutzen die Erstellung des Fotoprotokolls und das Aufräumen des Seminarraumes immer, um gleichzeitig einen Rückblick auf das Seminar und die einzelnen Bausteine zu halten. Veränderter Zeitbedarf für Input und Übungen, besondere Reaktionen der Teilnehmer, „Aha-Erlebnisse" während des Seminars, besonders erfolgreiche Seminarbausteine, kleine Stolpersteine – alles wird direkt im Anhang des Trainerleitfadens festgehalten, sodass wir für die Vorbereitung des nächstes Seminars die wichtigsten Punkte schwarz auf weiß zusammengefasst haben. Auch wenn der Aufwand direkt nach dem Seminar ein wenig abschreckt: Es lohnt sich, direkt im Anschluss an das Seminar die Eindrücke festzuhalten, wenn sie noch ganz frisch in Erinnerung sind! Hierfür reichen in der Regel oft schon fünf bis zehn Minuten.

II.

Seminarbausteine und Geschichten

Bisher haben Sie den Fahrplan sowie die exakte Routenbeschreibung für die Durchführung eines dreitägigen Teamtrainings kennengelernt. Bereits damit sollten Sie sich im Training nicht verfahren. Nun gilt es, Ihre Wegstrecke noch abwechslungsreicher zu gestalten, damit Sie individuellen Ausflugswünschen Ihres Auftraggebers leicht gerecht werden können. Die folgenden 26 praxiserprobten Seminarbausteine ermöglichen Ihnen einen bunten Routenverlauf. Danach schließt sich eine Auswahl von 10 Metaphern und Geschichten an, mit deren Hilfe Sie verschiedene Teamaspekte kreativ thematisieren können.

Auf einen Blick

Zusätzliche Seminarbausteine von A bis Z

Zwölf Erfolgsfaktoren im Team – Input und Teamdiagnose

A

Orientierung

Ziele:

- Die Teilnehmer kennen und verstehen die zwölf Erfolgsfaktoren eines Teams
- Sie reflektieren die Erfolgsfaktoren in Bezug auf ihr eigenes Team

Zeit:

- 115 Minuten (15 Min. Input, 30 Min. Einzelarbeit, 60 Min. Besprechung, 10 Min. Puffer)

Material:

- Pinnwand „Zwölf Erfolgsfaktoren im Team"
- Moderationskarten mit den folgenden Beschriftungen: Führung/Steuerung, Qualifikation, Engagement, Klima, Leistungsstandards, Rolle im Unternehmen, Arbeitsmethoden, Organisation, Umgang mit Kritik, Weiterentwicklung, Kreativität, Beziehung zu anderen Gruppen
- DIN-A4-Blätter mit den Beschreibungen der zwölf Erfolgsfaktoren im Team (Kopiervorlage als PDF-Download)
- Spinnendiagramm (Download)
- Flipchart Arbeitsanweisung „Zwölf Erfolgsfaktoren im Team"

Überblick:

- Der Trainer verteilt die Moderationskarten mit den zwölf Erfolgsfaktoren an die Teilnehmer, sodass jeder Teilnehmer eine Karte erhält
- Der Trainer liest die Definitionen der zwölf Erfolgsfaktoren vor und bittet die Teilnehmer, die richtige Moderationskarte zuzuordnen

- Die Pinnwand „Zwölf Erfolgsfaktoren im Team“ wird gemeinsam erarbeitet
- Die Teilnehmer schätzen die Ausprägung der Erfolgsfaktoren in ihrem eigenen Team mithilfe des vorbereiteten Spinnendiagramms (Kopiervorlage als Excel-Download)
- Die Teilnehmer heften ihr Diagramm an ihr Teambild und überlegen, mit welcher Maßnahme sie einen der niedrig ausgeprägten Erfolgsfaktoren erhöhen könnten
- Die Teilnehmer stellen ihr Diagramm vor und erläutern mindestens zwei konkrete Maßnahmen, die sie als Konsequenz auf die Teamdiagnose direkt in ihrem Team umsetzen werden

Erläuterungen

Die „Zwölf Erfolgsfaktoren im Team“ ermöglichen eine erste Teamdiagnose und geben konkrete Anhaltspunkte zur erfolgreichen Steuerung und Entwicklung von Teams. Der Input samt Übung ist etwas zeitintensiv, lohnt sich jedoch. Die Teilnehmer arbeiten direkt mit ihrem eigenen Team und entwickeln konkrete Umsetzungsmaßnahmen, um die eigene Teamentwicklung effizient zu unterstützen.

Vorgehen

Der Trainer leitet den Input zu den Erfolgsfaktoren ein:
„Nachdem wir anhand des GRPI-Modells bereits die vier wesentlichen Säulen zur Optimierung der Teamzusammenarbeit bekommen haben – erinnern Sie sich? Das waren die Klärung der Ziele, der Rollen und Verantwortlichkeiten, die Arbeit- und Kommunikationsprozesse sowie die Werte und Umgangsformen im Team – werden wir diese Faktoren nun spezifizieren und die verschiedenen Stellschrauben der Teamentwicklung kennenlernen. Sie kennen das sicher auch: Man merkt zwar, dass es im Team nicht richtig rund läuft, aber man kann in den seltensten Fällen genau sagen, woran das jetzt exakt liegt. Ich möchte Ihnen zwölf Erfolgsfaktoren von Teams an die Hand geben, mit denen eine genaue Teamdiagnose samt Analyse der Optimierungspunkte für jedes Team möglich ist. Hierzu verteile ich zunächst einmal die Faktoren und erläutere Ihnen dann das weitere Vorgehen.“

Nach dieser Einführung verteilt er die zwölf Moderationskarten an die Teilnehmer, sodass jeder Teilnehmer eine Karte erhält. Die zwölf Erfolgsfaktoren im Team lauten wie folgt:

Zwölf Erfolgsfaktoren im Team

- Die Führungskraft hat die Fähigkeit und die Bereitschaft, mit ihrem Team eng zusammenzuarbeiten und Zeit für die Entwicklung des Teams aufzuwenden. Sie betrachtet die Führung des Teams als eine gemeinsame Aufgabe. Nicht nur der Vorgesetzte, sondern auch jedes einzelne Mitglied hat die Chance, Führungsfunktion zu übernehmen, wenn sein spezielles Wissen und Talent gefragt sind. Dennoch werden die Rollen der einzelnen Teammitglieder nicht unangemessen vermischt. (Führung/Steuerung)

- Die Mitglieder sind für ihre Arbeit qualifiziert, bilden sich weiter und können ihre Kompetenz so in das Team einbringen, dass eine ausgewogene Mischung aus Talent und Persönlichkeit entsteht. (Qualifikation)

- Die Mitglieder identifizieren sich mit den Zielen und Absichten des Teams. Sie investieren ihre Kräfte in die Teamarbeit und unterstützen andere Team-Mitglieder. Auch außerhalb des Teams fühlen sie sich miteinander verbunden und vertreten die Interessen des Teams. (Engagement)

- Im Team herrscht ein konstruktives Klima, in dem sich die Mitglieder wohlfühlen. Sie können offen und direkt miteinander sprechen und lassen sich auch auf Risiken ein, die ein gewisses Vertrauen fordern. (Klima)

- Das Team kennt seine Ziele und hält sie für erstrebenswert. Die Ziele sind anspruchsvoll, aber erreichbar. Die Mitglieder setzen ihre Kräfte vorwiegend dafür ein, Resultate zu erzielen. Sie betrachten die eigene Arbeit häufig kritisch im Rückblick, um zu sehen, wo Verbesserungen anzubringen sind. (Leistungsstandards)

- Die Mitglieder des Teams sind sich bewusst, an welcher Stelle der Wertschöpfungskette sie sich im Unternehmen befinden. Sie kennen die typischen Prozesse des Unternehmens und wissen, welchen Stellenwert und welche Aufgabe das Team im Zusammenspiel der gesamten Organisation hat. (Rolle im Unternehmen)

- Das Team hat praktische, systematische und effektive Wege gefunden, um die Arbeit zu bewältigen. Es misst der Arbeitsmethodik eine angemessene Funktion zu. (Arbeitsmethoden)

- Klar definierte Rollen, guter Informationsfluss und eine ablauforganisatorische Basis sind wesentliche Stützpfeiler eines Teams. (Organisation)

- Bei der Besprechung ihrer Fehler und Schwächen verzichten die Mitglieder auf persönliche Attacken. Sie geben und nehmen adäquates Feedback und sehen in konstruktiver Kritik ein angemessenes Mittel zur Weiterentwicklung. (Umgang mit Kritik)

- Die Mitglieder sind an Weiterentwicklung interessiert, suchen bewusst neue Erfahrungen und Herausforderungen und stellen ihre Persönlichkeit in den Dienst des Teams. (Weiterentwicklung)

- Das Team hat die Fähigkeit, durch sein Zusammenspiel selbst neue Ideen zu finden, Innovationsrisiken abzuschätzen und neue Ideen von innen oder von außen wohlwollend aufzunehmen und umzusetzen. (Kreativität)

- Das Team ist offen gegenüber anderen Teams des Unternehmens. Die Mitglieder des Teams verstehen, dass alle Teams des Unternehmens wichtig für ein gesundes und erfolgreiches Unternehmen sind. Sie pflegen einen konstruktiven Umgang mit allen Mitarbeitern des Unternehmens, unabhängig von der Zugehörigkeit zu anderen Teams. (Beziehung zu anderen Teams)

Anschließend fährt der Trainer fort:
„Wir werden nun gemeinsam die zwölf Erfolgsfaktoren von Teams sammeln. Jeder von Ihnen hält einen Erfolgsfaktor in der Hand. Ich werde Ihnen die dazugehörigen Definitionen vorlesen. Wenn Sie das Gefühl haben, dass Ihr Erfolgsfaktor zur Definition passt, dann melden Sie sich und wir pinnen die Moderationskarte mit der dazugehörigen Definition an unsere Pinnwand."

Der Trainer dreht die vorbereitete Pinnwand um und liest nacheinander die zwölf Definitionen vor.

Meldet sich ein Teilnehmer, wird die richtige Karte an die Pinnwand geheftet. Es kann durchaus vorkommen, dass eine falsche Moderationskarte den Definitionen zugeordnet wird. In diesem Fall greift der Trainer ein: *„Hat vielleicht noch jemand das Gefühl, dass seine Karte zur gerade vorgelesenen Definition passt?"* Jetzt kann er gemeinsam mit der Gruppe überlegen, welche Zuordnung stimmiger ist.

Der Trainer versucht bei der Besprechung der einzelnen Erfolgsfaktoren möglichst viele Beispiele aus bereits durchgeführten Übungen, wie beispielsweise „Zauberstab" und „Zin-Obelisk", mit einfließen zu lassen. Dies kann wie folgt geschehen:

„Können Sie sich erinnern, wie Sie beim Zin-Obelisk auf die Kritik der anderen reagiert haben? War das hilfreich?“, oder: *„Wissen Sie noch, wie wichtig eine klare Führung beim ‚Zauberstab‘ war, um ihn nach anfänglichen Schwierigkeiten auf dem Boden ablegen zu können?“*

Nachdem der Trainer in Zusammenarbeit mit den Teilnehmern die Pinnwand fertiggestellt hat, verteilt er im Anschluss die noch leeren Spinnendiagramme „Zwölf Erfolgsfaktoren leistungsstarker Gruppen“ (als Kopiervorlage zum Download vorhanden) an die Teilnehmer.

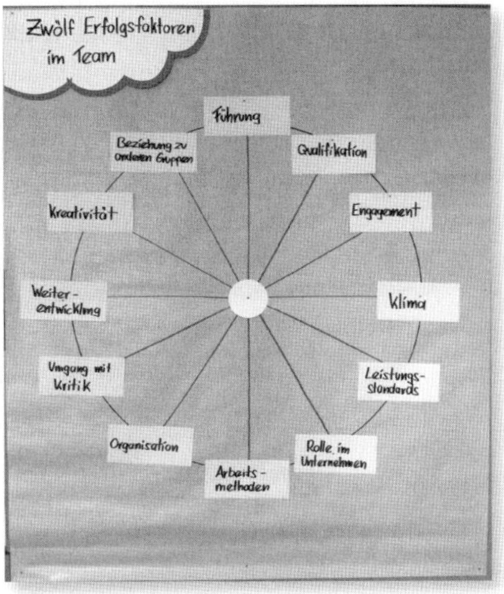

Nun begibt sich der Trainer zum Flipchart und blättert zur Arbeitsanweisung „Zwölf Erfolgsfaktoren im Team“.

Er erklärt den Teilnehmern anhand des Flipcharts das Vorgehen der nächsten Übung und gibt eine konkrete Endzeit vor:
„Und nun wünsche ich Ihnen ein erfolgreiches Arbeiten und interessante Erkenntnisse mit dem Diagramm. Wir machen um x Uhr mit der Besprechung der einzelnen Diagramme an Ihren Teambildern in der Gruppe weiter.“

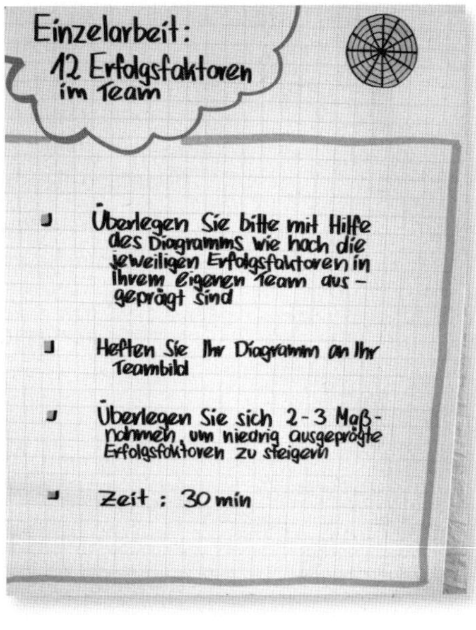

Nach Ablauf der Bearbeitungszeit bittet der Trainer alle Teilnehmer, sich vor einem zufällig ausgewählten Teambild zu versammeln.

„So, wir werden bei Herrn Mustermann beginnen. Bitte erläutern Sie uns kurz, wie Sie zu den einzelnen Ergebnissen Ihres Diagramms gekommen sind. Konzentrieren Sie sich hierbei bitte auf besonders hohe und niedrige Werte."

Der Trainer sollte immer wieder nachfragen, aus welchen Gründen Werte besonders hoch bzw. besonders niedrig eingestuft wurden. Nach den Erläuterungen der hohen und niedrigen Werte bittet der Trainer den Teilnehmer sich vorzustellen, welchen Erfolgsfaktor er in der nahen Zukunft verbessern will. *„Herr Mustermann, bitte teilen Sie uns mit, welchen der zwölf Erfolgsfaktoren Sie in Zukunft als Erstes verbessern wollen und welche zwei konkreten Maßnahmen Sie sich hierfür überlegt haben."*

Nach den Erläuterungen des Teilnehmers befragt der Trainer die Gruppe, ob ihnen noch zusätzliche hilfreiche Maßnahmen für Herrn Mustermann einfallen. So werden reihum die einzelnen Diagramme unter Zugrundelegung der Teambilder der Teilnehmer besprochen.

Hinweise

- Während der Einzelarbeit geht der Trainer zu den Teilnehmern und fragt nach, ob sie zurechtkommen. Er sollte darauf achten, dass die Teilnehmer tatsächlich konkrete Maßnahmen und keine Ziele sammeln.
- Der Trainer sollte im Auge behalten, dass bei der gemeinsamen Besprechung die Erläuterungen eines Diagramms und der Maßnahmen pro Teilnehmer nicht länger als fünf Minuten dauert, da die Übung sonst zeitlich aus dem Ruder läuft.

Download-Ressourcen

- Die Darstellung der zwölf Erfolgsfaktoren sowie die Vorlage für ein Spinnendiagramm stehen Ihnen als Download-Ressourcen zur Verfügung.
  www.managerseminare.de/tmdl/b,199771

Das Wertequadrat – Input und Übung B

Orientierung

Ziele:

- Mit dem Wertequadrat lassen sich sehr gut Dilemmata-Themen bearbeiten und reflektieren, z.B.:
  - Wie kann ich meine Mitarbeiter partnerschaftlich führen, ohne meine Autorität zu verlieren?
  - Wie kann ich großzügig sein, ohne verschwenderisch zu werden?
  - Wie kann ich Kritik äußern, ohne verletzend zu sein?
- Polarisierende Meinungen während des Seminars können aufgegriffen und besprochen werden

Zeit:

- 60 Minuten

Material:

- Flipchart „Wertequadrat"
- Moderationsstifte für alle Teilnehmer
- Leere Flipcharts (ein Flipchart für zwei Teilnehmer)

Überblick:

- Der Trainer führt das Prinzip des Wertequadrats ein
- Ein beispielhaftes Wertequadrat wird gemeinsam mit den Teilnehmern erarbeitet
- Anhand konkreter Dilemma-Situationen der Teilnehmer werden eigene Wertequadrate erstellt und im Anschluss präsentiert

Erläuterungen

Dieser Baustein lässt sich hervorragend in ein Seminar einbauen, wenn es sehr polarisierende Meinungen zwischen den Teilnehmern gibt und beide Gruppen der völligen Überzeugung sind, dass ihre Meinung der „Wahrheit" entspricht. Spürt der Trainer ein solches Spannungsfeld innerhalb der Seminarteilnehmer, kann er das Wertequadrat einführen und das Spannungsfeld nach dem Beispiel „Sparsamkeit – Großzügigkeit" direkt von den Teilnehmern in ein eigenes Wertequadrat eintragen lassen. Das von Helwig stammende Wertequadrat hat Schulz von Thun weiter ausgebaut und verbreitet.

Vorgehen

Der Trainer erläutert zunächst das Wertequadrat mithilfe des Flipcharts „Wertequadrat" am Bespiel von Großzügigkeit und Sparsamkeit:
„Das Wertequadrat hilft uns, unsere Meinung und unsere Glaubenssätze in konkreten Situationen, aber auch bei generellen Anschauungen noch mal zu reflektieren und ist bestens dazu geeignet, polarisierende Meinung in Einklang zu bringen. Lassen Sie uns zunächst ein Bespiel-Wertequadrat zum Thema Sparsamkeit und Großzügigkeit erarbeiten. Bitte nennen Sie mir drei bis vier Eigenschaften eines sparsamen Menschen."

Er notiert die Eigenschaften am Flipchart und fragt im Anschluss nach Eigenschaften eines großzügigen Menschen, die er ebenfalls auf dem Flipchart notiert.
„Gut, dann lassen Sie uns die beiden unteren Quadranten füllen. Wie würden Sie einen Menschen bezeichnen, der zu sparsam bzw. zu großzügig ist?"

Er ergänzt das Flipchart um die Begriffe „Geiz" und „Verschwendung" und fragt abermals nach Eigenschaften für diese negativen Werte. Schließlich erklärt er das Prinzip des Wertequadrats:

„Das Prinzip ist: Jeder Wert kann nur dann sinnvoll gelebt werden, wenn er sich in ausgehaltener Spannung zu einem positiven Gegenwert befindet (der Trainer zeichnet eine liegende 8 zwischen die beiden positiven Werte ein). *Ohne diese Balance kann ein positiver Wert leicht zu seiner entwerteten Übertreibung werden. So braucht es neben der Sparsamkeit auch Großzügigkeit, um nicht zum Geizhals zu verkommen und umgekehrt bewahrt die Balance mit Sparsamkeit den Großzügigen vor der Verschwendung. Die Entwicklungsrichtung findet sich nun in den Diagonalen* (Trainer zeichnet die Diagonalen ins Wertequadrat ein). *Wer die Sparsamkeit übertreibt und zum Geizigen wird, dessen Entwicklungspfeil zeigt zur Großzügigkeit und genauso gilt es für den Verschwenderischen, Sparsamkeit zu entwickeln."*

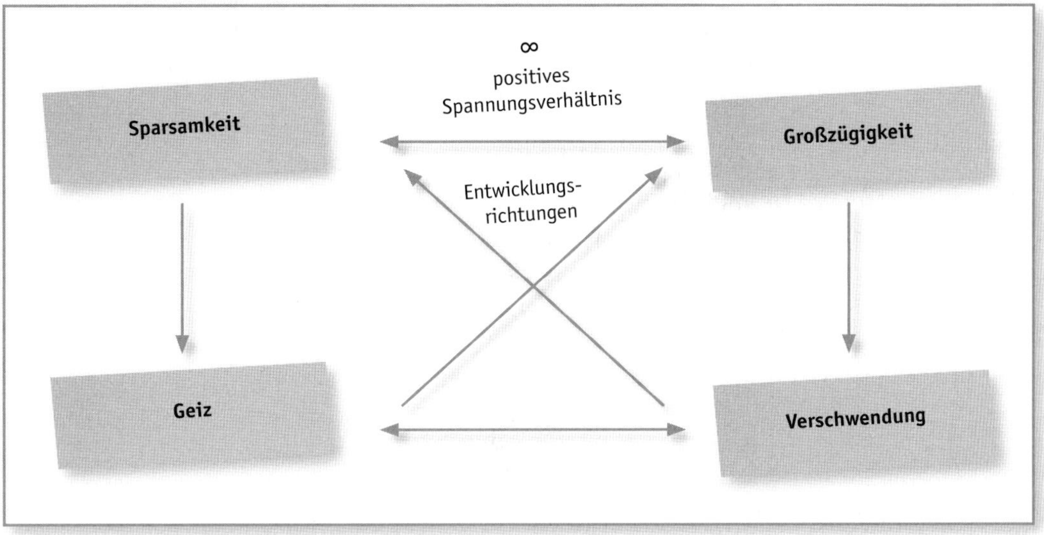

Abb.: Wertequadrat

Der Trainer teilt nun die Seminarteilnehmer in Gruppen à zwei Personen ein und fordert sie dazu auf, in 20 Minuten eigene „Wertequadrate" zu bilden – immer ausgehend von zwei positiven Gegenwerten. Nach Ablauf der Zeit werden die Wertequadrate durch die beiden Gruppen selbst vorgestellt.

Hinweis

- Mit dem Wertequadrat lassen sich in Seminaren gut Diskussionen in Gang bringen, etwa indem sich die einzelnen Personen den vier Quadranten zuordnen. Die dem Modell innewohnende Dialektik ist auch gut geeignet, die starren Positionen, die sich in Teams manchmal entwickeln, auf „spielerische" Weise zu lockern.

Literatur

- Helwig, Paul: Charakterologie. Herder, 1976.
- Schulz von Thun, Friedemann: Miteinander reden 2. Stile, Werte und Persönlichkeitsentwicklung. Rowohlt, 1989.
- Schulz von Thun/Ruppel/Stratmann: Miteinander reden für Führungskräfte. Rowohlt, 2000.
- http://www.possert.at/dp/dp5/dp5_05_37bis43.pdf, am 16.08.2010

C Teams im Dreieck – systemische Übung

Orientierung

Ziele:
- Die Teammitglieder erkennen systemische Zusammenhänge und lernen die Komplexität von Teamstrukturen kennen

Zeit:
- 35 Minuten (15 Min. Übung, 20 Min. Auswertung)

Material:
- Keines

Überblick:
- Der Trainer stellt die Aufgabe: Jeder Teilnehmer soll sich in Gedanken zwei Seminarkollegen aussuchen
- Auf Kommando sollen die Teilnehmer mit den von ihnen ausgewählten Kollegen ein gleichseitiges Dreieck bilden (ohne Kommunikation) – und zwar alle gleichzeitig
- Die Teilnehmer stellen die Dreiecke, was nicht einfach ist, da jede Änderung eines Teilnehmers dazu führt, dass auch andere Kollegen ihre Position neu suchen müssen
- Sobald alle Teilnehmer in der richtigen Formation stehen, leitet der Trainer die Reflexionsrunde ein

Erläuterungen

Die Übung „Teams im Dreieck" kann auf vielfältige Weise in Teamseminaren eingesetzt werden. Sie dient einerseits zur Aktivierung der Teilnehmer und bietet andererseits jede Menge „Food for Thought".

Vorgehen

Der Trainer bittet die Teilnehmer, sich in einem Kreis aufzustellen. Wenn sich alle im Kreis versammelt haben, reiht sich der Trainer ein und beginnt die Übung:
„Ich möchte mit Ihnen ein kleines Experiment durchführen. Hierfür ist es erforderlich, dass sich jeder von Ihnen – Achtung, ganz wichtig: ausschließlich in Gedanken, bitte nicht kommunizieren – zwei Personen aussucht. Niemand außer Ihnen soll wissen, um wen es sich dabei handelt."

Er gibt den Teilnehmern eine halbe Minute Zeit und fragt nach:
„Hat jeder von Ihnen seine Wahl getroffen?"

Falls noch nicht, gibt der Trainer noch etwas Zeit und betont dabei nochmal, wie wichtig es ist, dass jeder seine Wunschpersonen geheim hält. Dann erläutert er die Übung:
„Ihre Aufgabe ist es nun, dass Sie mit ihren zwei ausgesuchten Personen ein gleichseitiges Dreieck bilden, dabei dürfen Sie aber nicht kommunizieren, auch nicht über Blicke und Gesten. Die Seitenlänge des Dreiecks kann beliebig sein, wichtig ist nur, dass alle Seiten gleich lang sind. Die Aufgabe ist für Sie als Team gelöst, wenn alle gleichzeitig ihre Dreiecke gebildet haben. Bitte starten Sie jetzt und denken Sie dran: nicht kommunizieren!"

Die Gruppe setzt sich in Bewegung. Nun dauert es einige Zeit, bis das Team in ein Gleichgewicht kommt. Sobald sich einer der Teilnehmer bewegt, müssen auch andere, die in Dreiecken beteiligt sind, sich neu positionieren. Dies führt am Anfang zu einem Durcheinander, das sich jedoch nach und nach auflöst. In der Regel dauert es zwischen fünf und zwölf Minuten bis das Team in Balance ist und alle Dreiecke passen.

Abb.: Die Teilnehmer gruppieren sich zu gleichseitigen Dreiecken.

Sobald die Aufgabe gelöst scheint, fragt der Trainer nach:
„Wie ich sehe, haben Sie nun ein Gleichgewicht erreicht. Spannend ist, ob Sie tatsächlich alle in einem gleichseitigen Dreieck mit den Personen stehen, die Sie sich zu Anfang ausgesucht haben. Ich würde vorschlagen, wir schauen einfach mal. Frau xy: Wen hatten Sie sich ausgesucht?"

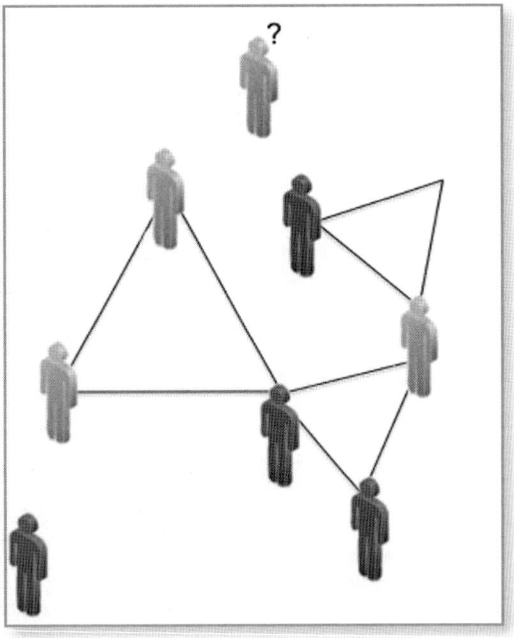

Der Trainer fragt nun reihum die Personen, sodass alle Teilnehmer die Vielzahl der gebildeten Dreiecke erkennen können.

Anschließend leitet der Trainer eine Reflexionsrunde ein. Hierzu können die Teilnehmer wieder im Stuhlkreis Platz nehmen. Als Auswertungsfragen kommen in Betracht:

- Wie haben Sie die Übung erlebt?
- Haben Sie gemerkt, wer mit Ihnen ein Dreieck bilden wollte?
- Warum hat es so lange gedauert, bis Sie als Team ein stabiles Gleichgewicht erreicht haben?

Der Trainer kann die Auswertung entweder anhand eines Blitzlichts oder in Diskussion im Plenum durchführen. Die wesentlichen Erkenntnisse kann er wie folgt zusammenfassen:
„Wie Sie gemerkt haben, lässt sich die Übung direkt auf Ihre Teams übertragen. Alle Personen sind in einem Team wie in einem Mobile verbunden. Gibt einer einen Impuls, so hat das oft weitreichende Konsequenzen. Insofern ist es als Teamleiter auch notwendig, sich bewusst zu machen, dass sich Teams nicht ‚eins zu eins' steuern lassen. Jede Intervention zieht Kreise. Die Auswirkungen sind aber vorab nur in den seltensten Fällen transparent. Ein einfaches ‚Wenn ich das mache, passiert genau das'-Denken reicht bei Teams nicht aus. Zu vielfältig und komplex sind die Strukturen in Teams. Diese Komplexität sollte einem immer bewusst sein!"

Variante

- Der Trainer kann die Übung konkret auf einzelne Teams beziehen und typische Interventionen vornehmen, auf die hin das Team jeweils wieder in sein Gleichgewicht finden muss. So kann beispielsweise der Weggang eines Teammitglieds veranschaulicht werden. Hierzu bittet der Trainer, sobald das Team in Balance ist, eine Person, die Rolle des weggehenden Teammitglieds zu übernehmen, und das Team zu verlassen. Die anderen, die mit der Person im Dreieck waren, suchen sich nun neue Kontaktpersonen und entsprechend müssen sich viele neu positionieren, um das Team wieder ins Gleichgewicht zu bringen.
- Die Reflexionsrunde kann auch in kurzer Form direkt in der Übung erfolgen, indem jeder kurz blitzlichtartig schildert, wie er die Übung erlebt hat. Anschließend kann der Trainer im Stuhlkreis eine längere Auswertungsrunde in Form einer Kartenabfrage machen. Hierzu gehen die Teilnehmer zu zweit zusammen und sammeln gemeinsam die beiden wichtigsten Erkenntnisse, die sie aus der Übung mitnehmen konnten, auf Karten. Diese werden an eine Pinnwand geheftet und kurz erläutert. Eine solche Sammlung bietet dem Trainer immer wieder Anschauungsmaterial für weiteren Input.

Hinweis

- Die Übung kann sowohl im Seminarraum als auch in freier Natur gemacht werden. Bei dreitägigen Seminaren bietet es sich an – sofern dies möglich ist – zwischendurch eine Übung im Freien zu machen. Hierfür sind die „Teams im Dreieck“ sehr gut geeignet.
- So erstaunlich es sich auf den ersten Blick anhören mag: Die Übung „Teams im Dreieck“ funktioniert! Wir haben es bislang noch bei keiner Gruppe erlebt, dass sich nicht alle abschließend im richtigen Dreieck positioniert haben. Beim Nachmessen mit dem Zollstock würde unter Umständen herauskommen, dass nicht alle Dreiecke exakt gleich lange Seiten haben – dies kann man als Trainer auf humorvolle Art kurz kommentieren, auch wenn es nicht weiter tragisch ist. Für die Übung ist es viel wichtiger, dass die Teilnehmer den „Aha-Effekt“ der systemischen Zusammenhänge erleben.

Literatur

Wie man mit dieser Übung weitere typische Eingriffe ins System simulieren kann, können Sie in der folgenden Übungssammlung nachschlagen:

- Rohm, Armin (Hrsg.): Change-Tools. managerSeminare, 4. Aufl. 2010.

D TZI-Dreieck: Balance der drei Grundelemente von Teams – Input

Orientierung

Ziele:

- Die Teilnehmer machen sich die verschiedenen Komponenten der Zusammenarbeit in Teams bewusst
- Sie reflektieren, welche Ebene (Sach-, Team- oder Ich-Ebene) in ihrem Team dominiert
- Sie erhalten Anregungen, wie eine Balance zwischen den Komponenten hergestellt werden kann

Zeit:

- 30 Minuten

Material:

- Flipchart „TZI-Dreieck"

Überblick:

- Der Trainer stellt die drei Perspektiven des TZI-Dreiecks vor
- Die Teilnehmer überlegen, welche der drei Perspektiven besonders stark oder besonders wenig in ihrem Team ausgeprägt ist
- Die Überlegungen werden in Form eines Blitzlichts im Plenum offengelegt
- Der Trainer gibt Anregungen, welche Interventionen bei Überbetonung einer der Komponenten möglich sind

Erläuterungen

Die „Themenzentrierte Interaktion", kurz TZI, bietet sich auf vielfältige Weise für Teamentwicklungen an. In diesem und dem folgenden Baustein greifen wir das TZI-Dreieck für die erfolgreiche Zusammenarbeit als auch für die bewusste Konfliktwahrnehmung auf. TZI ist ein pädagogisches Verfahren zur Arbeit mit Gruppen, das von der Psychotherapeutin Ruth Cohn begründet wurde. Cohn spricht sich dafür aus, in Gruppen auf die Herstellung einer dynamischen Balance zu achten. Eine solche Balance wird erzielt, wenn die drei wesentlichen Grundelemente von Gruppen als gleichgewichtet betrachtet werden: Das Individuum mit seinen Bedürfnissen, Gefühlen und Gedanken, das Team mit seinen Beziehungen und Interaktionen sowie das Thema, um das es geht.

Vorgehen

Der Trainer erläutert, wie sich Kommunikation und Kooperation in einem Team mithilfe der „Themenzentrierten Interaktion" verbessern lassen:

„Ich möchte Ihnen nun ein einfaches, aber sehr einprägsames Modell für gute Zusammenarbeit in Teams vorstellen. Wie wir bislang schon gehört haben, steht bei der Teamarbeit das gemeinsame Ziel des Teams im Mittelpunkt. Die Zielerreichung wird dabei von drei verschiedenen Ebenen der Zusammenarbeit beeinflusst, die wir zwar alle kennen, die wir uns aber selten in dieser Form bewusst machen."

Der Trainer deckt das Flipchart „Das TZI-Dreieck" auf.

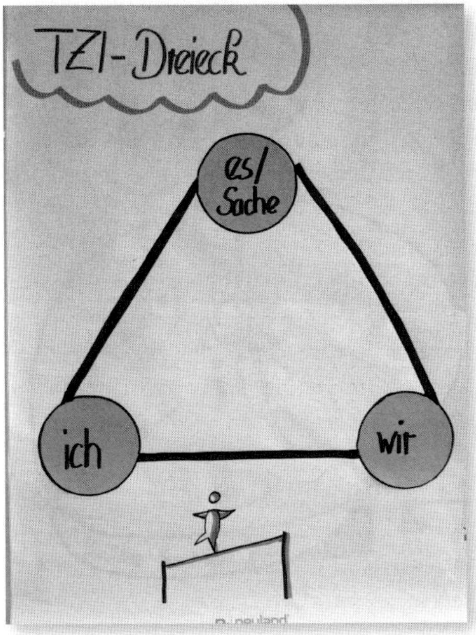

„Das sogenannte TZI-Dreieick – TZI steht dabei für themenzentrierte Interaktion – greift diese drei Ebenen auf. Dies ist einerseits das ‚es', die Sach-Ebene. Jedes Team hat einen Auftrag, hat bestimmte Aufgaben zu bewältigen. Diese inhaltlichen Aufgaben spielen sich vorwiegend auf der Sach-Ebene ab.

Des Weiteren beeinflusst das ‚wir', sprich die Team-Ebene den Teamerfolg. In der Regel ist ein Team eine Zweckgemeinschaft, die meistens aufgrund fachlicher Aspekte zusammengestellt wird.

Sympathien, Spannungen und Konflikte beeinflussen aber die Teamarbeit ganz wesentlich. Werden solche Gruppenprozesse, sowohl die zielförderlichen als auch die zielbehindernden, transparent gemacht, kann dies die Zusammenarbeit nachhaltig verbessern.

Als dritte Ebene gilt es das ‚ich', also die Ich-Ebene zu betrachten. Jedes Teammitglied bringt neben seinem Fachwissen auch seine Persönlichkeit, seine Erfahrungen und seine Stimmungen mit ein. Die daraus resultierenden Verhaltensweisen beeinflussen die Teamarbeit ganz erheblich und müssen thematisiert werden, damit das Team auf Dauer erfolgreich zusammenarbeiten kann.

In jedem Team sollten alle drei Komponenten – das ‚ich', ‚wir' und ‚es' – ausgewogen sein. Hierauf sollte der Teamleiter auch gezielt achten. So sollten beispielsweise alle drei Perspektiven in der Teamentwicklung eine Rolle spielen, auch bei den einzelnen Teammitgliedern sollte kein Abgleiten in ein extrem einseitiges Verhalten erfolgen. Ein Team kann nur dann auf Dauer funktionieren, wenn die drei Grundelemente in Balance gehalten werden."

Der Trainer fordert die Teilnehmer auf, über die drei Ebenen des TZI-Dreiecks nachzudenken:
„Ich würde vorschlagen, Sie nehmen sich eine Minute Zeit und überlegen still für sich, welche der drei Ebenen in Ihrem Team sehr ausgeprägt ist und welche vielleicht eher unbeachtet bleibt."

Danach holt er die Überlegungen der Teilnehmer in Form eines Blitzlichts ins Plenum:
„Ich finde es spannend zu hören, welchen Eindruck Sie von Ihrem Team in Bezug auf die drei Ebenen haben. Ich würde vorschlagen, dass kurz jeder in zwei bis drei Sätzen schildert, welche Ebenen in seinem Team stark ausgeprägt sind und welche Ebene unter Umständen eher etwas zurückstecken muss."

Die Teilnehmer schildern ihre Eindrücke.

Dann schließt der Trainer den kurzen Input zum TZI-Dreieck mit einigen Anregungen, welche Interventionen bei starker Ausprägung einer der Perspektiven sinnvoll sein können.
„Wie wir gerade gehört haben, sind die verschiedenen Perspektiven in den Teams unterschiedlich stark ausgeprägt. Ich möchte Ihnen nun noch ein paar Anregungen mit auf den Weg geben, wie Teamleiter und

-entwickler eingreifen können, falls sie das Gefühl haben, dass eine der Perspektiven zu sehr in einem Team dominiert.

Falls das ‚ich' dominiert, also ein stark selbstbezogenes Verhalten auffällt, bietet es sich an, die unterschiedlichen Stärken und Kompetenzen der Teammitglieder aufzugreifen und allen bewusst zu machen. Zudem hilft es, Spielregeln für die Kommunikation zu vereinbaren, etwa Redebegrenzungen für Beiträge oder auch der Einsatz von klassischen Moderationsmethoden, wie das Blitzlicht oder die Kartenabfrage, die dazu führen, dass alle im Team zu Wort kommen.

Dominiert die Wir-Ebene, was sich in einem ausgeprägten interaktionsbezogenem Verhalten zeigt, so sollte der Teamleiter darauf hinweisen, dass Meinungsverschiedenheiten und Konflikte zu jeder Teamarbeit dazugehören und die Äußerung von Kritik (natürlich auf wertschätzende Art und Weise) bewusst anregt. Hilfreich kann es sein, jedes Teammitglied einzeln nach seinen Wünschen und Bedürfnissen zu fragen.

Bei stark aufgabenbezogenem Verhalten, also einer Dominanz der Es-Perspektive regt der Teamleiter zu Feedback auf der Beziehungsebene an. Gruppendynamische Übungen zur Förderung des Wir-Gefühls führen dazu, dass das Team nicht nur das Ziel, sondern auch die Zusammenarbeit und Kooperation im Team wieder mehr würdigt.

Das waren nun ein paar Anregungen. Mein Appell an Sie: Machen Sie sich die drei Perspektiven des TZI-Dreiecks immer mal wieder bewusst!"

Hinweise

- Die drei TZI-Ebenen werden auch im sich anschließenden Baustein E bei der Konfliktwahrnehmung angewandt. Falls der Trainer das TZI-Dreieck vorstellt, bietet es sich an, sowohl den Aspekt der Zusammenarbeit als auch das Thema der Konfliktwahrnehmung kurz gemeinsam zu thematisieren.
- Das TZI-Dreieck eignet sich ebenfalls sehr gut für eine Morgenrunde oder ein Zwischendurch-Seminarfeedback in Blitzlichtform. Hierzu geben die Teilnehmer reihum zu jedem der TZI-Perspektiven kurz Feedback:
  - „ich" – Wie geht es mir momentan?
  - „wir" – Wie erlebe ich uns als Team/wie funktioniert die Zusammenarbeit in der Gruppe?

- „es" – Wie effektiv empfinde ich unsere Arbeit/haben wir unsere Aufgabe bzw. unser Ziel noch im Fokus?

Literatur

- Cohn, R.: Von der Psychoanalyse zur themenzentrierten Interaktion, Klett-Cotta, 15. Aufl. 2009.
- Langmaack, B./Braune-Krikaau, M.: Wie die Gruppe laufen lernt. Anregungen zum Planen und Leiten von Gruppen. Beltz Psychologie Verlags Union, 8. Aufl. 2010.

Die drei Positionen der Konfliktwahrnehmung – Input

E

Orientierung

Ziele:
- Die Teilnehmer lernen die drei Wahrnehmungspositionen bei Konflikten kennen
- Sie erfahren, wie sich Konflikte konstruktiv lösen lassen

Zeit:
- 20 Minuten

Material:
- Flipchart „Die drei Positionen der Konfliktwahrnehmung"

Überblick:
- Der Trainer erläutert die drei Positionen der Konfliktwahrnehmung

Erläuterungen

In Teams treten immer wieder Spannungen und Konflikte auf. „Die drei Positionen der Konfliktwahrnehmung" sind ein einfaches, aber sehr hilfreiches Instrument, das den Teilnehmern mit auf den Weg gegeben werden kann, um Konflikte in der Teamarbeit konstruktiv anzugehen und nicht eskalieren zu lassen.

Vorgehen

Der Trainer leitet den Input zu den unterschiedlichen Positionen der Konfliktwahrnehmung ein:
„Wie wir bereits anhand der Teamentwicklungsphasen gesehen haben, sind Konflikte in Teams nicht Ungewöhnliches. Sie gehören zur Weiterentwicklung des Teams dazu. Schwierig wird es aber immer dann, wenn Konflikte zu sehr eskalieren. Ich möchte Ihnen im Folgenden die drei Konfliktpositionen vorstellen, die helfen, Konflikte in Teams konstruktiv zu lösen."

Der Trainer deckt das Flipchart „Die drei Positionen der Konfliktwahrnehmung“ auf.

„Konflikte werden in der Regel zunächst aus der ‚Ich-Position‘ wahrgenommen, d.h., die Betroffenen sehen den Konflikt aus ihrer Perspektive. Sie sind von der Richtigkeit ihrer Position überzeugt und formulieren ihre Bedürfnisse, Ansichten und Forderungen. Ihre Ansprüche möchten Sie möglichst ungeschmälert durchsetzen, schließlich sehen sie sich im Recht.“

Er deutet auf die „Du-Position“ auf dem Flipchart und erläutert:
„Ein großer Schritt in Richtung konstruktive Konfliktbearbeitung lässt sich bewältigen, wenn die Konfliktparteien nicht in der ‚Ich-Position‘ verharren, sondern auch die ‚Du-Position‘ einnehmen. Aus dieser Position fühlt sich jede Konfliktpartei in die Sichtweisen, Gefühle und Bedürfnisse der Gegenseite ein. Ein solcher Perspektivenwechsel kann beispielsweise dadurch unterstützt werden, indem im Rahmen eines kontrollierten Dialoges die Aussagen des jeweils anderen wechselseitig mit anderen Worten wiederholt werden: ‚Du/Sie meint/meinen also … Habe ich Dich/Sie richtig verstanden …‘ Dies nennt sich ‚paraphrasieren‘. Hierbei geht es ausschließlich um das richtige Verstehen des Gegenübers.

Zu einer konstruktiven Lösung kommt man in einem Konflikt in der Regel jedoch nur dann, wenn die Konfliktparteien eine sog. ‚Meta-

Position' einnehmen. Sie betrachten dabei den Konflikt außerhalb von ‚Ich' und ‚Du' quasi von außen, so, als wären sie unbeteiligte Beobachter oder externe Berater. Beide reflektieren sachlich die wechselseitigen Bedürfnisse und Interessenslagen und suchen gemeinsam nach tragfähigen Lösungen, mit denen beide Parteien gut leben können. Erst wenn das gelingt, kann man von einer konstruktiven Konfliktlösung sprechen. Gibt es hierzu Fragen?"

Der Trainer schaut in die Runde und beantwortet offene Fragen, bevor er ein kurzes Fazit zieht:
„Konfliktfähig sein heißt demnach,
1. *die eigene Position verständlich und angemessen ausdrücken und vertreten zu können.*
2. *die Interessen und Bedürfnisse des Konfliktpartners ohne Abwertung wahrnehmen und formulieren zu können.*
3. *in Distanz zur eigenen und fremden Position treten und einen gerechten Interessenausgleich herbeiführen zu können."*

Hinweise

Zur Verdeutlichung und Auflockerung des kurzen Theorie-Inputs passt hervorragend die Geschichte „Der weise Rabbiner" (Seite 301) – entweder als Einführung oder zum Ausstieg.

Literatur

- Gellert, Manfred/Nowak, Claus: Teamarbeit, Teamentwicklung und Teamberatung. Ein Praxisbuch für die Arbeit in und mit Teams. Limmer Verlag, 4. Aufl. 2010.
- Peschanel, Frank: Phänomen Konflikt. Die Kunst erfolgreicher Lösungsstrategien. Junfermann, 1993.
- Schmid, Gunther/Dollinger, Anna/Müller-Kalthoff, Björn (Hrsg.): Gut beraten in der Krise. Konzepte und Werkzeuge für ganz alltägliche Ausnahmesituationen. managerSeminare, 2010.
- Schmidt, Thomas: Konfliktmanagement-Trainings erfolgreich leiten. managerSeminare, 2. Aufl. 2010.

F Von Problemen zu Lösungen in Teams – Input

Orientierung

Ziele:
- Die Teilnehmer lernen die Vorgehensweise einer lösungsorientierten Teamentwicklung kennen

Zeit:
- 20 Minuten

Material:
- Flipchart „Von Problemen zu Lösungen"

Überblick:
- Der Trainer erläutert das dreistufige Modell der lösungsorientierten Teamentwicklung

Erläuterungen

Wenn die Zusammenarbeit im Team nicht recht funktioniert, sich Teammitglieder streiten oder ein Projekt ins Stocken gerät, wird meist sorgfältig analysiert. Es werden Ursachen gesucht und oft werden Schuldige dafür ausgemacht. Das Team verbringt viel Zeit in Sitzungen mit ausführlichen Problemanalysen. Für viele scheinen solche detaillierten „Problem-Analysen" Voraussetzung dafür, die Teamarbeit zu verbessern. Die klassische Teamentwicklung geht in der Regel defizitorientiert vor: Was sind die Schwächen des Teams? Wo liegen die Ursachen für die Probleme? Die folgende Methode erweitert die klassische Problemsicht um eine lösungsorientierte Perspektive.

Vorgehen

Der Trainer kann die lösungsorientierte Sichtweise wie folgt einleiten: *„Liebe Seminarteilnehmer, sicherlich kennen Sie das: Wenn es irgendwo in Ihrem Team hakt, wird versucht, herauszufinden, woran das liegt und wer dafür verantwortlich ist. Es wird eine typische Problemanalyse vorgenommen. Dabei wird jedoch oft vergessen, dass Teams keine ‚toten' Systeme sind, bei denen es ausreicht, wie beispielsweise bei einer defekten Zündung am Auto, die Ursache für das Nichtfunktionieren zu finden, zu beheben und alles läuft wieder reibungslos. Teams sind keine Maschinen, die berechenbar funktionieren und auf Knopfdruck reagieren.*

Solche einfachen linearen ‚Wenn-dann'-Zusammenhänge scheitern immer dann, wenn Menschen und Organisationen betroffen und beteiligt sind. Als Teamleiter können Sie Einfluss auf Ihr Team nehmen: Sie können bestimmte Weisungen erteilen, Sie können bestimmte Informationen weitergeben, Aufträge verteilen etc. Sie können aber niemanden dazu veranlassen, genau so zu reagieren, wie Sie es sich wünschen. Zu komplex, zu autonom und zu vernetzt agieren soziale Systeme.

Systemisch orientierte Teamentwicklungen konzentrieren sich deshalb auf Lösungen. Der Lösung selbst ist es nämlich egal, warum das Problem entstanden ist. Steve de Shazer, einer der Begründer des ‚lösungsorientierten Ansatzes' hat dies treffend auf den Punkt gebracht: ‚Problem talk creates problems. Solution talk creates solutions.'

Ich möchte Ihnen im Folgenden vorstellen, wie eine solche Lösungsorientierung in der Praxis aussehen kann. Die zentrale Aufgabe eines erfolgreichen Teamleiters besteht darin, die Rahmenbedingungen so zu gestalten, dass die Teammitglieder möglichst optimal agieren können."

Er deckt das Flipchart „Von Problemen zu Lösungen" auf.

Anstatt zu fragen ...
- Was läuft alles schlecht?
- Warum läuft es schlecht?
- Welche Ursachen sind dafür verantwortlich?
- Was haben wir falsch gemacht?

... fokussiert sich das Team deshalb auf Ziele und Lösungsansätze:
- Was wünschen wir uns?
- Wie würde es optimal laufen?
- Was brauchen wir, um dies zu erreichen?

„Der Auftakt eines solchen lösungsorientierten Team-Workshops könnte beispielsweise wie folgt aussehen: Wenn unser Team die vorherrschenden Probleme und anstehenden Herausforderungen heute und in den nächsten Wochen wirklich gut lösen könnte und nach und nach zu einem wahren Superteam würde ...
- *Wie sähe unser Team in zwei Jahren aus?*
- *Woran würden wir konkret merken, dass das Team gut funktioniert?*
- *Was würden unsere Kunden und Kollegen über uns sagen?*
- *Was würde jeder von uns dann genau anders tun?*
- *Und wie hoch ist auf einer Skala von 0 bis 10 unsere Motivation, Zeit und Energie aufzuwenden, um die ersten Schritte in Richtung Superteam zu unternehmen?*

Der gegenseitige Austausch über eine wünschenswerte zukünftige Zusammenarbeit bewirkt eine positive, konstruktive Atmosphäre. Ziele werden konkretisiert, zukünftiges Handeln vorweggenommen und genau beschrieben. Aus Problemen werden Wünsche und aus Wünschen Maßnahmen. Der gemeinsame Wunsch nach Verbesserung und die konkrete Vorstellung der Zukunft setzen Energien im Team frei, sich gemeinsam und nachhaltig an die Umsetzung der Lösungen zu machen. Probieren Sie solch einen lösungsorientierten Team-Workshop einfach mal aus! Sie werden sehen:
- *Ihr Team entwickelt ein positives Selbstbild.*
- *Im Team entstehen neue Bilder und Visionen.*
- *Allen wird deutlich, welches Potenzial im Team steckt.*
- *Die Teammitglieder entwickeln viel mehr Vertrauen zueinander.*
- *Das gemeinsame Erarbeiten von Zielen erzeugt eine vertiefte Teamidentität.*
- *Die Konzentration auf Stärken führt zu einer großen Leistungsbereitschaft."*

Hinweise

- Der Input zur lösungsorientierten Teamentwicklung ist sehr gut in Ergänzung zum GRPI-Modell geeignet. Er kann allerdings auch unabhängig davon erfolgen.
- Als Variante kann der Trainer zum Abschluss des Inputs die Teilnehmer bitten, sich erste lösungsorientierte Gedanken für ihr Team zu machen. Dazu verteilt er Handouts mit dem auf dem Flipchart „Von Problemen zu Lösungen" enthaltenen dreistufigen Modell.
  - Was läuft schlecht in unserem Team?
  - Was würde ich mir wünschen? Wie würde es optimalerweise laufen?
  - Wie kommen wir dorthin? Welche Maßnahmen benötigt es hierfür?

  Die Teilnehmer erhalten 15 Minuten Zeit, Antworten zu finden und in Stichpunkten auf dem Handout festzuhalten. Dies erfolgt in Einzelarbeit. Im Anschluss daran kann ein Blitzlicht oder eine kleine Diskussion zu den Ergebnissen im Plenum erfolgen.

Literatur

- Geisbauer, Wilhelm: Reteaming. Methodenhandbuch zur lösungsorientierten Beratung. Carl-Auer-Systeme, 2006.
- Meier, Daniel: Wege zur erfolgreichen Teamentwicklung. SolutionSurfers, 2004.
- Röhrig, Peter (Hrsg.): Solution Tools. Die 60 besten, sofort einsetzbaren Workshop-Interventionen mit dem Solution Focus. managerSeminare, 2. Aufl. 2009.
- de Shazer, Steve : Mehr als ein Wunder. Lösungsfokussierte Kurztherapie heute. Carl-Auer-Systeme, 2008.

G Teamkulturen – Input

Orientierung

Ziele:
- Die Teilnehmer lernen ein Modell zur Einschätzung von Teamkulturen kennen
- Sie erfahren, wie Teamkulturen ausgeprägt sein können und welche Vorteile und Gefahren bestimmte Kulturen mit sich bringen können

Zeit:
- 50 Minuten (10 Min. Input, 15 Min. Kartensammlung, 15 Min. Präsentation, 10 Min. Puffer)

Material:
- Flipchart „Persönlichkeitsstile nach Riemann"
- Flipchart „Stärken und Schwächen der vier Pole"
- Pinnwand „Teamkulturen"
- Gelbe und grüne Moderationskarten
- Vier weiße Moderationskarten, wovon jede eine der folgenden Bezeichnungen erhält: „Distanz – ergebnisorientierte Kultur", „Wechsel – innovationsorientierte Kultur", „Nähe – beziehungsorientierte Kultur" und „Dauer – regel- und verfahrensorientierte Kultur"

Überblick:
- Der Trainer stellt zunächst das Modell der Persönlichkeitsstile nach Riemann vor
- Der Trainer überträgt das Modell auf Teams
- Die Teilnehmer suchen gemeinsam nach Vorteilen, die die unterschiedlichen Teamkulturen kennzeichnen und nach möglichen Interventionen, um die potenziellen Gefahren der einzelnen Kulturen zu vermeiden

Erläuterungen

Dieser Seminarbaustein arbeitet mit dem Modell der Persönlichkeitsstile nach dem Psychoanalytiker Fritz Riemann. Riemann hat zwei Gegensatzpaare menschlichen Strebens unterschieden: Distanz versus Nähe sowie Wechsel versus Dauer. Jeder Mensch verortet sich irgendwo in diesem Spannungsfeld der vier Achsen. Die Positionierung ist abhängig von der Biografie eines jeden, seinen Erfahrungen im Laufe des Lebens sowie den vorherrschenden Rahmenbedingungen. Die Verortung kann sich somit in Abhängigkeit von den verschiedenen Lebensphasen, die ein Mensch durchläuft, ändern.

Vorbereitung

Der Trainer beschriftet vier weiße Moderationskarten und bereitet die Pinnwand „Teamkulturen“ mit den vier Kulturen vor. Diese stellt er verdeckt im Raum auf.

Der Trainer erläutert die vier Persönlichkeitsstile nach Riemann und deckt hierzu das dazugehörige Flipchart auf:

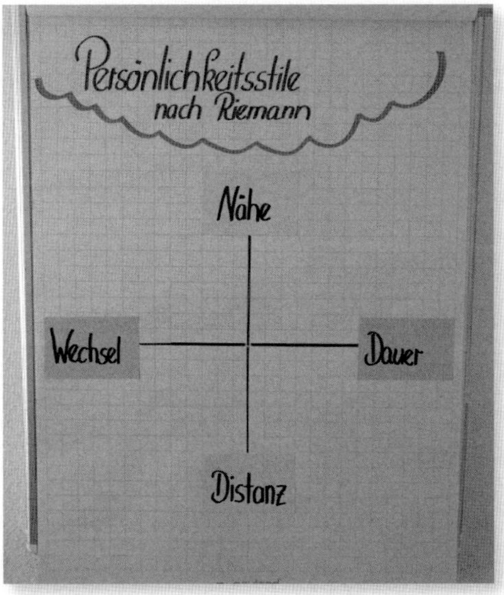

„Ich möchte Ihnen nun ein sehr bekanntes und, wie ich finde, auch sehr spannendes Persönlichkeitsmodell vorstellen, das Riemann-Kreuz. Riemann unterscheidet zwei Gegensatzpaare menschlichen Strebens: Distanz versus Nähe sowie Wechsel versus Dauer. Jeder von uns positioniert sich irgendwo im Spannungsfeld dieser vier Achsen. Jede dieser vier Grundströmungen bringt ganz typische Bedürfnisse, aber auch Haltungen hervor.

Der Faktor ‚Distanz‘ steht für den Wunsch nach Abgrenzung von anderen Menschen, um ein eigenständiges und unverwechselbares Individuum zu werden. Unabhängigkeit, Freiheit und klare Erkenntnis des Intellekts werden betont. Der Faktor ‚Nähe‘ steht für den Wunsch nach engem

Kontakt. Liebe, Geborgenheit, Bindungen und Harmonie werden hier betont.

Der Faktor ,Dauer' verdeutlicht den Wunsch nach Verlässlichkeit und Ordnung. Planung, Vorsicht und Sicherheit sind wichtige Säulen. Im zwischenmenschlichen Bereich wird Wert auf Pflichtbewusstsein, Pünktlichkeit und Sparsamkeit gelegt. Der Gegenwert ,Wechsel' fokussiert auf den Zauber des Neuen, den Reiz des Unbekannten. Spontaneität, Genuss und Fantasie sind wichtige Werte.
Wir alle werden von diesen vier Polen geprägt – allerdings ist bei jedem von uns die Mischung hinsichtlich Tendenz, Intensität und Reihenfolge unterschiedlich. Je nach Dominanz ergeben sich typische charakterliche Stärken und Schwächen."

Der Trainer deckt das Flipchart „Stärken und Schwächen der vier Pole" auf.

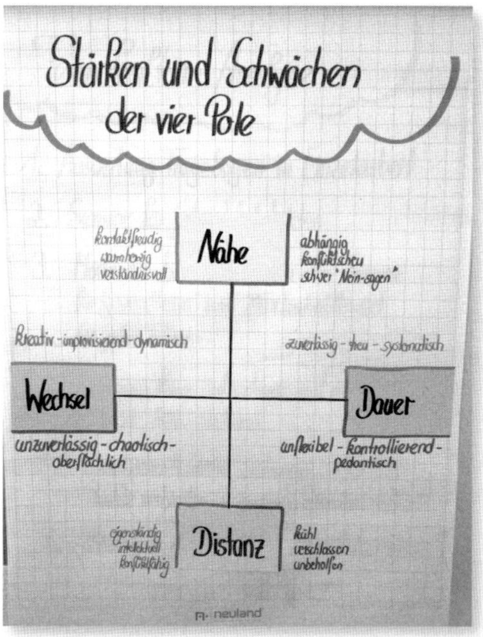

„Wie die Stärken und Schwächen der vier Pole zeigen, kann ein ausgeprägtes ,Wechsel-Verhalten' im positiven Sinne kreativ, improvisierend, charmant und dynamisch sein. In negativer Ausprägung kann dies jedoch auch Unzuverlässigkeit, Bindungslosigkeit, Oberflächlichkeit und Chaos bedeuten. Menschen, die eine starke

Tendenz zum Pol ‚Dauer' haben, können zuverlässig, treu, ordentlich und systematisch sein, bei starker Ausprägung aber auch dogmatisch, kontrollierend, unflexibel und pedantisch. Menschen mit hohem Distanz-Wert sind eigenständig, intellektuell, konfliktfähig und entschieden, unter Umständen aber auch kontaktscheu, kühl, unbeholfen und verschlossen. Und Menschen mit einem sehr ausgeprägten Nähe-Faktor können kontaktfreudig, warmherzig, ausgleichend und verständnisvoll sein, sind unter Umständen aber auch abhängig, konfliktscheu, selbstlos und tun sich schwer damit, ‚Nein' zu sagen.

Je nachdem, wo wir uns in diesen Spannungsfeldern verorten, durchdringen die entsprechenden Ausprägungen und Vorlieben Berufs- wie Privatleben, Lebensentscheidungen ebenso wie Alltägliches. Natürlich ändern wir auch unsere Positionierung in Abhängigkeit von den Erfahrungen und den verschiedenen Lebensphasen, die wir durchlaufen. Wir entwickeln Stärken und Neigungen hinsichtlich jener Anforderungen, die wir gut meistern – entwickeln aber auch Schwächen und Abneigungen hinsichtlich der Anforderungen und Ängste, denen wir uns weniger gewachsen fühlen. In der Regel gestalten wir unser Leben so, dass wir unseren Stärken Raum geben und unsere Schwächen eher meiden. Das ist auch sinnvoll, da aufgrund der Polaritäten zu jeder Strömung die Angst vor der Gegenströmung gehört. Ein Mensch mit ausgeprägtem Distanzpol hat Angst vor zu viel Nähe. Dennoch gilt es auf Dauer, ein dynamisches Gleichgewicht zwischen den verschiedenen Polen herzustellen.

Nachdem ich Sie nun kurz in das Riemann-Kreuz eingeführt habe, würde ich vorschlagen, jeder überlegt für sich im Stillen, wo er sich aktuell positionieren würde. Da dies doch etwas sehr Persönliches ist, bleibt die Antwort auf diese Frage auch ausschließlich bei Ihnen. Mir ist nur wichtig, dass jeder von Ihnen für sich überlegt, wo er sich verorten würde."

Der Trainer gibt den Teilnehmern eine Minute Zeit, nachzudenken. Anschließend fährt er fort:
„Sie fragen sich vielleicht, wieso ich Ihnen ein Persönlichkeitsmodell in einem Teamseminar vorstelle. Das ist auf den ersten Blick vielleicht ein wenig ungewöhnlich, oder? Sie ahnen es vielleicht schon: Das Riemann-Kreuz mit seinen vier Polen lässt sich natürlich auch auf Teams übertragen. Genau wie wir Menschen ganz unterschiedliche Persönlichkeitsausprägungen in uns tragen, entwickelt jedes Team ganz unterschiedliche Kulturen.

So gibt es Teams, bei denen der Faktor ‚Distanz' stark ausgeprägt ist. In solchen Teams herrscht eine sehr aufgaben- und ergebnisorientierte Kultur vor, wie sie sich beispielsweise bei Ingenieuren oder Software-Experten gerne finden lässt. Die Gefahr einer reinen Fokussierung auf Ergebnisse liegt darin, dass das Team unter Umständen zerfallen kann.

Der Faktor ‚Nähe' zeigt sich in ausgeprägter Form in sehr beziehungsorientierten Teamkulturen, wie sie häufiger im sozialen oder pädagogischen Bereich anzutreffen sind. Stark beziehungsorientierte Teamkulturen müssen aufpassen, dass sie nicht in zu viel Harmonie versinken.

Der Aspekt ‚Dauer' kennzeichnet regel- und verfahrensorientierte Teamkulturen. Typische Beispiele hierfür finden sich in Behörden. Solche Teams müssen sich davor in Acht nehmen, in einen zu ausgeprägten Formalismus zu verfallen. Ein stark ausgeprägter Faktor ‚Wechsel' findet sich in innovationsorientierten Kulturen, wie zum Beispiel in Forschungs- und Entwicklungsabteilungen oder im Marketing. Solchen Kulturen kann bei zu starker Ausprägung des Wechsel-Faktors ein Chaos drohen. Ich habe Ihnen die Übersicht der vier Teamkulturen an der Pinnwand vorbereitet."

Der Trainer dreht die Pinnwand „Teamkulturen" um.

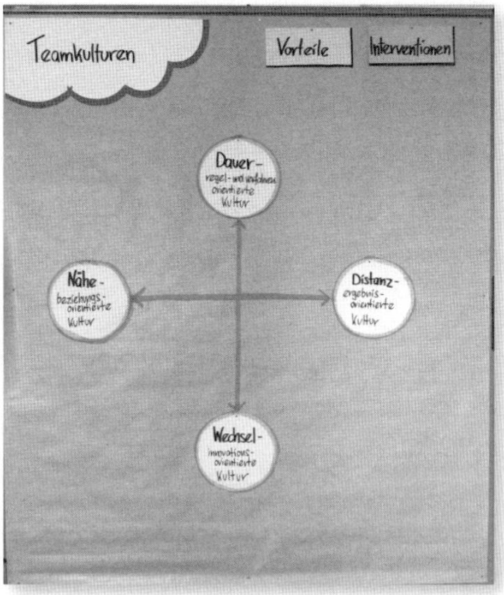

„Ich bitte Sie nun, dass Sie zu dritt die Köpfe zusammenstecken. Jede Dreier-Gruppe ist für eine der vier Teamkulturen zuständig. Jede Gruppe soll für ihre Teamkultur mindestens drei Vorteile, aber auch drei Maßnahmen sammeln, um die aufgezeigten Gefahren zu vermeiden. Schreiben Sie bitte Ihre Punkte auf Moderationskarten, sodass wir nachher gemeinsam die Pinnwand ergänzen können. Die Vorteile bitte auf die gelben Karten, die möglichen Interventionen auf die grünen Karten. Sie haben hierfür 15 Minuten Zeit. Bevor es an die Gruppenaufteilung geht: Ist die Aufgabe klar?"

Der Trainer schaut in die Runde und beantwortet je nach Bedarf Fragen. Anschließend folgt die Gruppenaufteilung. Je drei Sitznachbarn bilden eine Gruppe. Der Trainer gibt jeder Gruppe eine der vorbereiteten weißen Moderationskarten mit der jeweiligen Teamkultur, sodass jede Gruppe weiß, für welche Kultur sie verantwortlich ist. Danach verteilt der Trainer die gelben und grünen Moderationskarten. Nach 15 Minuten kommen die Teilnehmer reihum nach vorne und ergänzen an der Pinnwand Vorteile und mögliche Interventionen. Der Trainer kann abschließend noch Kennzeichen hinzufügen (Beispiele siehe Pinnwand).

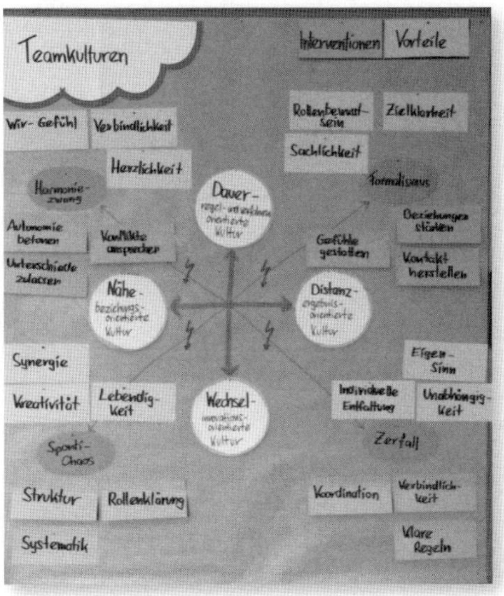

Hinweise

- Wir setzen diese Übung sehr gerne in Teamseminaren ein, da sie in der Regel zu einem „Aha-Effekt" bei den Teilnehmern führt. Durch den Einstieg über das Riemann-Kreuz reflektiert jeder der Teilneh-

mer seine Grundausprägungen. Dies regt viele zum Nachdenken an und bleibt lange in Erinnerung. Die Übertragung auf Teamkulturen – ausgehend von dem persönlichen Erlebnis – führt zu einem viel tieferen Verständnis für die unterschiedlichen Funktionsweisen von Teams. Viele der Teilnehmer sehen nach dieser Übung ihr Team mit ganz anderen Augen.
- Beim Sammeln der Stärken und Schwächen sowie der Vorteile und Maßnahmen sollte der Trainer darauf achten, dass keine der verschiedenen Ausprägungen per se als „gut" oder „schlecht" charakterisiert wird. Hier ist es wichtig darauf hinzuweisen, dass jede der Ausprägungen ihre ganz persönlichen Stärken und Schwächen hat.

Literatur

- Gellert, Manfred/Nowak, Claus: Teamarbeit, Teamentwicklung und Teamberatung. Ein Praxisbuch für die Arbeit in und mit Teams. Limmer Verlag, 4. Aufl. 2010.
- Große Boes, Stephanie: Trainer-Kit. Die wichtigsten Trainings-Theorien, ihre Anwendung im Seminar und Übungen. managerSeminare, 4. Aufl. 2010.
- Riemann, Fritz: Grundformen der Angst. Reinhardt, 36. Aufl. 2009.
- Schulz von Thun, Friedemann/Thomann, Christoph: Klärungshilfe. Rowohlt, 1996.
- Stahl, Eberhard: Dynamik in Gruppen. Beltz, 2002.

Analyse der eigenen Teamkultur – Test H

Orientierung

Ziele:
- Die Teilnehmer bekommen einen Fragebogen, mit dem sie für ihr Team eine Teamkultur-Analyse vornehmen können

Zeit:
- 15 Minuten (für Erläuterungen der Vorgehensweise)

Material:
- Flipchart „Teamkultur-Analyse“
- Fragebogen „Teamkultur-Analyse“ (Kopiervorlage als PDF-Download)

Überblick:
- Der Trainer verteilt die Fragebogen an die Teilnehmer
- Er erläutert, wie die Teilnehmer in ihren Teams eine Kulturanalyse vornehmen können

Erläuterungen

Diese Übung dient der Reflexion der Teamkultur. Da die Seminarteilnehmer in der Regel kein gemeinsames Team bilden, erläutert der Trainer, wie die Seminarteilnehmer mithilfe des Fragebogens eine Kulturanalyse in ihrem Team vornehmen können. Falls die Seminarteilnehmer tatsächlich ein Team bilden, ist es natürlich spannend, direkt im Seminar eine entsprechende Teamanalyse vorzunehmen. Hierfür sind rund 60 Minuten zu veranschlagen. Die Kulturanalyse beruht auf dem Modell der Persönlichkeitsstile nach Fritz Riemann.

Vorgehen

Der Trainer führt in den Baustein ein:
„Nachdem wir uns nun mit den verschiedenen Teamkulturen näher beschäftigt haben, ist es sicherlich für jeden von Ihnen spannend zu überlegen, wie die Kultur in seinem Team ausgeprägt ist. Ich würde vorschlagen: Nehmen Sie sich eine Minute Zeit und überlegen Sie, wo Sie Ihr Team zwischen den vier Faktoren verorten würden!“

Er gibt den Teilnehmern eine Minute Bedenkzeit. Anschließend fragt er in die Runde, ob jeder eine Position gefunden hat. Falls alle nicken, fragt er weiter: *„Wer von Ihnen erläutert uns, wo er sich positioniert hat und warum er sein Team dort positioniert hat?“* Der Trainer lässt einige Teilnehmer zu Wort kommen. Anschließend fährt er fort:
„Für Sie ist es sicherlich auch spannend, wie Ihre Teamkollegen die Kultur im Team wahrnehmen. Ich habe für Sie einen Fragebogen, mit dessen Hilfe Sie in Ihren Teams gemeinsam eine Teamkultur-Analyse vornehmen können. Ich teile Ihnen zunächst den Fragebogen aus und erläutere Ihnen anschließend, wie Sie die Analyse in Ihren Teams durchführen können.“

Der Trainer gibt jedem Teilnehmer einen Fragebogen und deckt im Anschluss das Flipchart „Teamkultur-Analyse“ auf (Kopiervorlage, PDF-Datei).

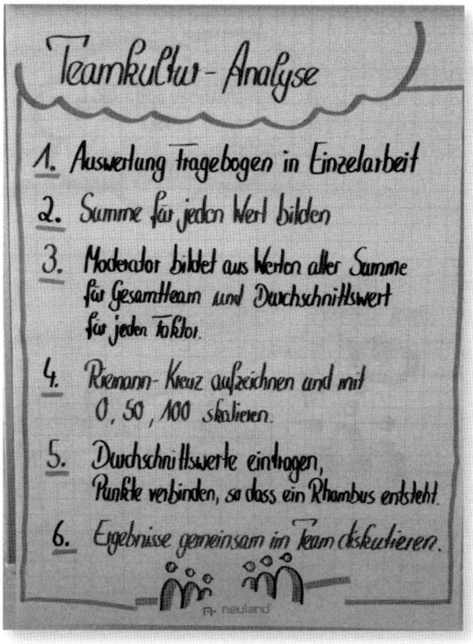

„Für die Analyse Ihrer Teamkultur füllt jedes Teammitglied zunächst den Fragebogen in Einzelarbeit aus. Anschließend nimmt jedes Teammitglied die Auswertung vor und erhält jeweils eine Summe für den Distanz-, den Nähe-, den Dauer- und den Wechsel-Wert. Sie bilden nun aus den Einzelwerten aller Teammitglieder die Summen für das Gesamtteam und ermitteln daraus jeweils den Durchschnittswert. Zeichnen Sie

das Riemann-Kreuz auf eine Pinnwand oder ein Flipchart und skalieren Sie jede Achse von 0 über 50 bis 100. Die ermittelten Durchschnittswerte für Distanz, Nähe, Dauer und Wechsel werden nun auf den entsprechenden Achsen des Riemann-Kreuzes eingetragen und die Punkte miteinander verbunden, sodass ein Rhombus entsteht. Die Ergebnisse werden nun im Team gemeinsam diskutiert. Als Leitfragen können hierbei dienen:

- *Was fällt auf?*
- *Stimmt das Ergebnis mit den Erfahrungen im Team überein?*
- *Wer von den Teammitgliedern verkörpert diese Teamkultur in besonderer Weise?*
- *Wie gut passe ich mit meinem eigenen Persönlichkeitsstil in diese Kultur?*
- *Welche Stärken und Ressourcen, aber auch Schwächen und potenziellen Gefahren werden deutlich?*
- *Wünschen wir uns eine Veränderung unserer Teamkultur?*
- *Wenn ja, wie kann diese erfolgen?*

Ich kann Ihnen nur raten, eine solche Teamkultur-Analyse einmal in Ihrem Team durchzuführen. Sie werden sehen, dass allein der Prozess schon einiges im Team bewirken kann!"

Hinweis

- Auch wenn der Fragebogen zur Teamkultur nicht selbst im Training ausgefüllt wird, so ist der Test für die Teilnehmer ein nützliches Handout für ihr eigenes Team. Solche Zusatzangebote erhöhen die Wertigkeit des Trainings.

Fragebogen zur Teamkultur Bitte beantworten Sie die folgenden Fragen in Bezug auf Ihr Team und tragen Sie in die Spalte hinter den Fragen jeweils eine Zahl zwischen 0 (trifft überhaupt nicht zu) und 10 (trifft voll und ganz zu) ein.	
1. Wir vermeiden emotionale Situationen.	
2. Wir sind kontaktfreudig und aufgeschlossen gegenüber Neuem.	
3. Wir legen großen Wert auf Traditionen und Werte.	
4. Wir sind risikobereit und experimentierfreudig.	
5. Unser Team besteht aus selbstständigen Personen, die auch gerne alleine arbeiten.	
6. Pflichtgefühl und Treue sind für uns wichtige Werte.	
7. Wir legen großen Wert auf Anerkennung und Wertschätzung von außen.	
8. Wir nehmen eigene Nachteile und Mehrarbeit in Kauf, um andere Teammitglieder zu unterstützen.	
9. Experimentierfreude und Risikobereitschaft sind bei uns nicht stark ausgeprägt.	
10. Wir legen uns nur ungern durch Vereinbarungen langfristig fest.	
11. Wir fokussieren uns auf Sachaspekte.	
12. Konflikte werden eher verdrängt bzw. es wird ihnen aus dem Weg gegangen.	
13. Kurzfristige Veränderungen rufen zunächst Widerstand hervor.	
14. Wir betrachten plötzliche Veränderungen und neue Entwicklungen als positive Herausforderung.	
15. Wir arbeiten in erster Linie zielorientiert.	
16. Wir sitzen und unterhalten uns über Privates.	
17. Wir halten vorgegebene Richtlinien und Vorschriften strikt ein.	
18. Unserem Team fällt es eher schwer, neue Mitglieder zu integrieren.	
19. Wir sind oft ungeduldig und wünschen uns schnelle Fortschritte.	
20. In unserem Team wird selten Lob und Anerkennung ausgesprochen.	
21. Bei uns ist jeder bereit, persönliche Bedürfnisse den Teamerfordernissen unterzuordnen.	
22. Wir sichern uns gerne in schwierigen Situationen nach allen Seiten ab.	
23. Routinearbeit ist nicht unsere Stärke.	
24. Unser Selbstbewusstsein ziehen wir aus unserem Zusammengehörigkeitsgefühl.	
25. Wir benötigen klare Rollen und Zuständigkeiten für erfolgreiches Arbeiten.	
26. Wir sprechen nur selten über Dinge, die nichts mit der Arbeit zu tun haben.	
27. Es fällt uns leicht, uns auf neue Situationen und Menschen einzustellen.	
28. Wir empfinden Regelungen und Vorschriften als starke Beschränkung unserer Kreativität.	

Auswertung Bitte zählen Sie die Zahlenwerte folgender Antworten zusammen:	
Nähe-Wert 2+8+12+16++21+24+27 =	
Distanz-Wert 1+5+11+15+18+20+26 =	
Dauer-Wert 3+6+9+13+17+22+25 =	
Wechsel-Wert 4+7+10+14+19+23+28 =	

Download-Ressourcen

- Der Fragebogen zur Teamkultur steht Ihnen als Download-Ressource zur Verfügung.
  www.managerseminare.de/tmdl/b,199771

I Moderationen leiten – Input

Orientierung

Ziele:
- Die Teilnehmer lernen die Grundlagen zur Durchführung einer professionellen Moderation kennen

Zeit:
- 30 Minuten

Material:
- Pinnwand „Wozu Moderation?"
- Flipchart „Wozu Moderation?"
- Flipchart „Durchführung einer Moderation"
- Moderationskarten (blau)

Überblick:
- Der Trainer erläutert den Teilnehmern, wozu eine Moderation dienen kann
- Die Teilnehmer erhalten einen „Fahrplan" zur strukturierten Durchführung einer Moderation

Erläuterungen

Nicht selten werden Teambesprechungen vom Teamleiter oder einem anderen Mitglied des Teams „moderiert" oder auf der Suche nach neuen Ideen wird mithilfe der Moderation eine Themen-/Problem- oder Lösungssammlung durchgeführt. Doch was steckt eigentlich ursprünglich hinter der „Moderationsmethode"? Diese Frage könnte durchaus zum Thema eines Teamentwicklungs-Trainings werden und einem Team helfen, effizienter und strukturierter Besprechungen durchzuführen (vgl. hierzu auch „Checkliste erfolgreiche Teambesprechungen", Seite 228).

Vorbereitung

Der Trainer positioniert die Pinnwand „Wozu Moderation?" verdeckt im Seminarraum. Dann eröffnet er das Thema „Moderationen leiten" mit einer kurzen Kartenabfrage in Dreier-Teams.

„Jeder von Ihnen hat doch bestimmt schon mal an einer Moderation teilgenommen oder eine im Fernsehen bzw. auf einer Tagung verfolgt. Kön-

nen Sie sich erinnern, mit welchem Ziel diese Moderationen durchgeführt wurden? Was glauben Sie: Wozu kann eine Moderation dienen? Bitte notieren Sie Ihre Stichworte in Dreier-Teams auf diese blauen Moderationskarten. Versuchen Sie pro Gruppe mindestens fünf Punkte zu finden. Sie haben dafür 10 Minuten Zeit."

Nach Ablauf der zehn Minuten sammelt der Trainer die Moderationskarten ein und dreht die Pinnwand „Wozu Moderation?" um.

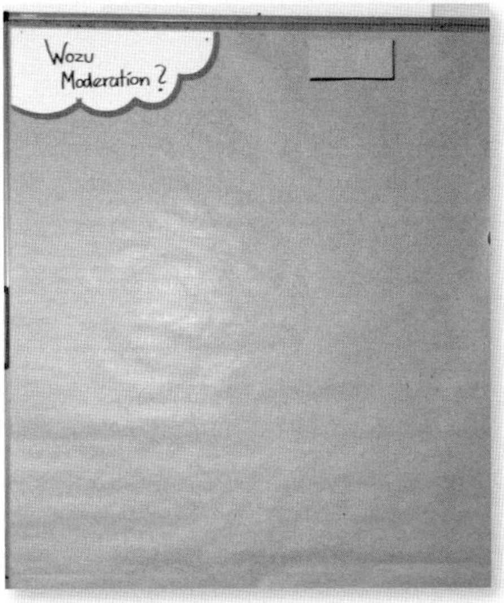

Er hängt die Karten nach und nach an die Pinnwand und clustert sie dabei gleichzeitig inhaltlich. Danach fasst er die Ergebnisse der Teilnehmer kurz zusammen.

Als Nächstes zeigt der Trainer den Teilnehmern das Flipchart „Wozu Moderation?"

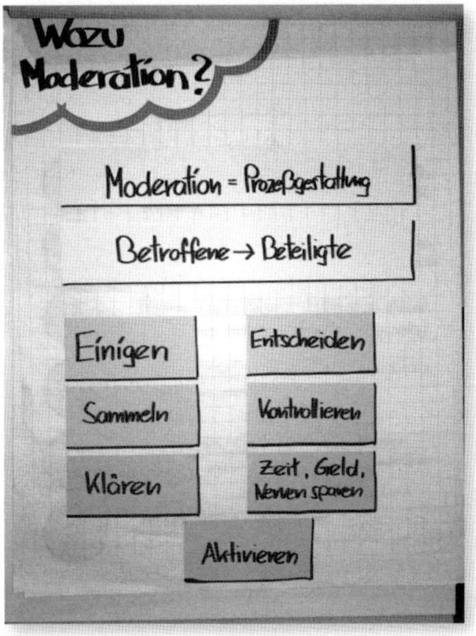

„Eine Moderation ist immer als Unterstützung zur Gestaltung eines Prozesses gedacht und hat den großen Mehrwert, dass sie Betroffene zu Beteiligten macht. Dies erhöht die Akzeptanz für den Prozess, vor allem wenn es sich um einen Veränderungsprozess handelt oder im Team bereits negative Vorerfahrungen vorhanden sind in Bezug auf fehlende Beteiligung oder unzureichende Informationsweitergabe. Eine Moderation kann dazu dienen, sich auf eine Meinung oder eine Vorgehensweise zu einigen, Ideen und Vorschläge zu sammeln, eine Situation zu klären, um zu entscheiden, aber auch um zum Beispiel Ergebnisse zu kontrollieren, mit einer Moderation wird das Team aktiviert und durch all diese Eigenschaften kann eine professionell und strukturiert durchgeführte Moderation helfen Zeit, Geld und Nerven zu sparen."

Er blättert um und zeigt das nächste Flipchart „Durchführung einer Moderation".

„Die folgenden sechs Schritte geben Ihnen einen kurzen, aber sehr pragmatischen Überblick, wie eine Moderation durchgeführt werden kann. Ein kompletter Moderationszyklus kann – je nach situativen Gegebenheiten – viel Zeit in Anspruch nehmen, aber auch schon innerhalb einer Stunde abgeschlossen sein.

Im ersten Moderationsschritt geht es darum, die Sitzung zu eröffnen, ein positives Arbeitsklima zu schaffen und Orientierung für die gemeinsame Arbeit zu geben. Der Moderator eröffnet die Sitzung, stimmt den Zeitplan mit dem Team ab und sorgt gegebenenfalls für ein gegenseitiges Kennenlernen, falls dies nötig sein sollte. Es werden die Erwartungen der Teilnehmer geklärt, die Zielsetzung bekanntgegeben, die Vorgehensweise der Moderation vorgestellt und geklärt, ob es ein Protokoll geben soll und wenn ja, in welcher Form und wer dafür verantwortlich ist.

Schritt 2: Das Sammeln der Themen ist der erste inhaltliche Arbeitsschritt. Hier geht es darum, die Themen festzulegen, die bearbeitet werden könnten oder konkret bearbeitet werden sollen. Der Ablauf dieses Schrittes könnte folgendermaßen aussehen:

- *Formulierung einer präzisen und zielgerichteten Fragestellung*
- *Verteilen von Moderationskarten an die Teilnehmer und Aufforderung zur schriftlichen Beantwortung der Fragestellung*
- *Einsammeln der Karten, um diese an der Pinnwand zu ordnen und zu strukturieren*

Beim dritten Schritt geht es darum festzulegen, welches Thema bearbeitet wird bzw. in welcher Reihenfolge die Themen bearbeitet werden sollen. Dazu müssen für die gesammelten Karten zunächst Themenüberschriften gefunden werden. Diese werden wiederum an der Pinnwand visualisiert und dann im Anschluss zum Beispiel mit Klebepunkten priorisiert. Jeder Teilnehmer bekommt die gleiche Anzahl von Punkten und klebt diese direkt an die Überschriften. Das Thema mit den meisten Punkten wird nun im nächsten Schritt bearbeitet.

Das Bearbeiten des Themas ist der vierte Arbeitsschritt einer Moderation. In diesem Arbeitsschritt werden die Themen entsprechend der festgelegten Rangordnung bearbeitet. Hierfür gibt es eine so große Vielzahl von Vorgehensweisen, dass hier nur Schlagworte geboten werden können, die in der angegebenen Literatur detailliert nachgelesen werden können. Methoden für diesen Schritt sind beispielsweise: Zwei-Felder-Tafel, Fadenkreuz, Problem-Analyse-Schema, SWOT-Analyse, Ursache-Wirkungs-Diagramm, Mind-Map, Matrix, Ablaufplan oder Brainstorming.

Beim nächsten Schritt ‚Maßnahmen planen' wird festgelegt, welche Maßnahmen aufgrund der Ergebnisse aus der Themenbearbeitung durchgeführt werden sollen. Bei diesem Schritt ist es von zentraler Bedeutung, dass für jede Maßnahme Verantwortlichkeiten und Termine festgelegt und gegebenenfalls Kontrollen vereinbart werden.

Der letzte Schritt der Moderation wird als ‚Abschluss' bezeichnet. Die inhaltliche Arbeit ist nun beendet. Es bietet sich, an den Gruppenprozess zu reflektieren, das heißt, gemeinsam die folgenden Fragen zu besprechen: Wurden meine Erwartungen in der Teamsitzung erfüllt? Habe ich die Arbeit als effektiv erlebt? Bin ich mit dem Ergebnis zufrieden? Habe ich mich in der Gruppe wohlgefühlt? Eine solche Reflexion kann auch zu einem früheren Zeitpunkt sinnvoll sein, wenn das Team Unzufriedenheit äußert, die inhaltliche Arbeit ins Stocken gerät oder die Arbeit durch eine längere Pause unterbrochen war. Abschließend schließt der Moderator die Sitzung, indem er sich bei allen Beteiligten für die Mitarbeit bedankt."

Der Trainer beendet diesen Einschub zum Thema „Moderationen leiten", indem er noch mal das Flipchart „Wozu Moderation?" aufgreift und den Teilnehmern erklärt, wie wichtig es für ein Team ist, Betroffene, die ausschließlich mit Informationen und Beschlüssen konfrontiert werden, zu Beteiligten zu machen, die einen Prozess mitgestalten können.

Hinweise

- Falls ausreichend Zeit im Seminar zur Verfügung steht, bietet es sich an, Moderationen zu üben, sodass die Teilnehmer die Theorie direkt in die Praxis umsetzen können. Eine von uns beliebte und selbst erfundene Methode ist hierbei der „Flying Moderator". Hierzu geben wir ein Moderationsthema vor, etwa: „Wie können wir in Zukunft unsere Teamsitzungen erfolgreicher durchführen?" – ebenso die Zeitdauer, die für die Sitzung insgesamt zur Verfügung steht. Die Seminargruppe übernimmt nun die Rolle des Teams und einer der Teilnehmer nimmt die Moderatorenrolle ein. Der Moderator ist vollkommen frei, in welcher Form er seine Moderation durchführt – wichtig ist aber, dass am Schluss der Sitzung brauchbare Ergebnisse vorliegen. Auf Zeichen des Trainers (Pfiff oder Händeklatschen) wechselt nach einer bestimmten Zeit die Moderatorenrolle. Der aktuelle Moderator wirft einem seiner Kollegen einen Ball zu, dieser kommt nach vorne und übernimmt die Moderatorenrolle. Dieser Wechsel wird einige Male durchgeführt. Am Schluss erhalten alle Moderatoren Feedback auf ihren Einsatz.

Literatur

- Funcke, Amelie/Havenith, Eva: Moderations-Tools. Anschauliche, aktivierende und klärende Methoden für die Moderations-Praxis. managerSeminare, 2010.
- Seifert, Josef: Visualisieren. Präsentieren. Moderieren. Gabal-Verlag, 2008.
- http://www.xperteasy.com/?module=knowhow&id=119&super=20&title=Durchf%FChrung+einer+Moderation, am 20.07.2010

Erfolgreiche Teambesprechungen – Checkliste J

Orientierung

Ziele:
- Die Teilnehmer lernen die Grundregeln erfolgreicher Teambesprechungen kennen

Zeit:
- 20 Minuten

Material:
- Flipchart „Teambesprechungen – was läuft häufig nicht optimal?"
- Handout „Checkliste erfolgreiche Teambesprechungen" (Kopiervorlage als PDF-Download)

Überblick:
- Der Trainer erläutert den Teilnehmern, wie sie Teambesprechungen in ihren Teams zukünftig erfolgreich umsetzen
- Die Teilnehmer erhalten eine Checkliste mit den wichtigsten Punkten für effektive Meetings

Erläuterungen

Ein Hauptärgernis von Teamarbeit sind häufig unproduktive Besprechungen, die allen viel Zeit kosten und nur zu wenig Ergebnissen führen. Deshalb ist es angebracht, dieses Thema auch in einem Teamentwicklungs-Workshop aufzugreifen und den Teilnehmern die Grundregeln erfolgreicher Teambesprechungen mit an die Hand zu geben.

Vorgehensweise

Der Trainer führt zu dem Thema mit einer Zuruffrage hin. Hierzu stellt er am Flipchart die Frage: *„Wenn Sie an Ihre Teambesprechungen denken – was läuft hier oft nicht optimal?"*

Nach einer kurzen Reflexionszeit sammelt der Trainer die Antworten der Teilnehmer am Flipchart.
„Wie wir sehen, fällt Ihnen jede Menge an Optimierungsbedarf bei den Teambesprechungen ein. Das ist häufig der Fall. Sie ärgern sich beispielsweise über …"

An dieser Stelle fasst der Trainer die notierten Aussagen der Teilnehmer zusammen und liest diese laut vor.
„Ich möchte Ihnen eine Checkliste vorstellen, auf der die wichtigsten Regeln für erfolgreiche Teambesprechungen festgehalten sind."

Der Trainer teilt die „Checkliste erfolgreiche Teambesprechungen" als Handout an die Teilnehmer aus (Online-Kopiervorlage). Sobald jeder die Checkliste erhalten hat, erläutert der Trainer kurz die einzelnen Punkte und fragt abschließend, ob hierzu noch Fragen bestehen.

Checkliste – Erfolgreiche Teambesprechungen

- Ein Team-Meeting wird nur dann anberaumt, wenn es wirklich erforderlich ist.
- Jedes Team-Meeting hat klar definierte Ziele und eine Agenda.
- Einladungen mit den Tagesordnungspunkten, versehen mit Zeitangaben und Zuständigkeiten, sowie alle erforderlichen Unterlagen werden rechtzeitig vorab verschickt, sodass alle Teammitglieder die Möglichkeit haben, sich vorzubereiten.
- Jedes Team-Meeting wird mit einem Anfangs- und Endzeitpunkt terminiert (keine Open-end-Meetings!) und immer pünktlich begonnen.
- Das Treffen sollte in einem angemessen großen Raum stattfinden, in dem alle wichtigen Materialien wie Flipchart, Stifte, Overhead usw. vorhanden sind.
- Jeder Tagesordnungspunkt wird aufgeteilt in Information, Diskussion und Beschluss.
- Jedes Team-Meeting sollte einen Moderator haben.
- Jedes Meeting verläuft teamorientiert nach fairen Spielregeln.
- Die vereinbarte Zeit sollte für jeden Tagesordnungspunkt nicht überschritten werden.
- Zu Beginn jedes Meetings wird auf das letzte Treffen verwiesen und der Status der vereinbarten To-Dos etc. geklärt.
- Während des Team-Meetings wird so viel wie möglich visualisiert – Zwischenergebnisse und Endergebnisse werden auf alle Fälle schriftlich und sichtbar für alle festgehalten.

- Jedes Meeting hat ein eindeutiges Ergebnis mit Aktivitätenplan. Bei der Verteilung von Aufgaben werden die dafür zuständigen Personen sowie ein Termin eindeutig benannt.
- Jedem Team-Meeting folgt ein Ergebnisprotokoll.
- Jedes Meeting führt zu verbindlichen Umsetzungen. Der Stand der Umsetzungen wird spätestens zu Beginn des nächsten Meetings geklärt.
- Am Ende einer jeder Gruppensitzung reflektiert das Team kurz die Arbeitsweise: Wie effektiv war das Meeting, was lief gut, was sollten wir beim nächsten Mal verbessern?

Hinweise

- Da der Großteil aller Beschäftigten schon die Erfahrung von zu viel vergeudeter Zeit in uneffektiven Meetings gemacht hat, bietet es sich in einem Teamseminar an, den Teilnehmern eine Checkliste an die Hand zu geben, wie Teambesprechungen besser ablaufen. Die Teilnehmer freuen sich in der Regel über solch praxisnahen Checklisten.
- Die „Checkliste erfolgreiche Teambesprechungen" eignet sich ebenso hervorragend als ein Zusatzbaustein, den man als Trainer in der Hinterhand hält, um einen kürzeren Trainingsbaustein auf Reserve zu haben und um sich so eine gewisse Flexibilität im Zeitmanagement zu bewahren.

Literatur

- Funcke, Amelie/ Havenith, Eva: Moderations-Tools. Anschauliche, aktivierende und klärende Methoden für die Moderations-Praxis. managerSeminare, 2010.
- Seifert, Josef: Besprechungen erfolgreich moderieren. GABAL-Verlag, 2008.

Download-Ressourcen

- Die „Checkliste erfolgreiche Teambesprechungen" steht Ihnen als Download-Ressource zur Verfügung.
www.managerseminare.de/tmdl/b,199771

K Das Seilquadrat – Team-Übung

Orientierung

Ziele:
- Informationsaustausch, Führungs-, Kooperations- und Konfliktverhalten werden von den Teilnehmern im Team auf spielerische Art und Weise erfahren

Zeit:
- 75 Minuten (10 Min. Einführung, 15 Min. Durchführung, 40 Min. Reflexion, 10 Min. Puffer)

Material:
- ca. 20 m Seil
- Augenbinden
- Beobachterbogen

Überblick:
- Die Teilnehmer verbinden sich die Augen und werden zu einem am Boden in Schlangenlinien und Schleifen liegenden Seil geführt
- Die Aufgabe der Teilnehmer ist es, blind und in Teamarbeit aus dem Seil ein Seilquadrat zu bilden
- Zwei Beobachter analysieren die Teamübung
- Es findet eine gemeinsame Reflexionsrunde über das Erleben der Teamübung und der Zusammenarbeit im Team statt

Erläuterungen

Das „Seilquadrat" ist ähnlich wie die Turmbau-Übung und das fliegende Ei eine typische gruppendynamische Teamübung, in der die Teilnehmer auf spielerische Art und Weise viel über die erfolgreiche Zusammenarbeit im Team lernen – und sich zugleich selbst als ein Team begreifen. Die Vorteile beim „Seilquadrat": Die Übung ist ohne große Vorbereitung und Materialien (bis auf das Seil und die Augenbinden) durchzuführen und dauert nicht so lange wie vergleichbare Übungen. Für einen ersten Einstieg ist sie deshalb ideal geeignet.

Vorgehen

Aus der Gruppe werden zunächst zwei Beobachter bestimmt, die die Aufgabe haben, die folgenden Ereignisse zu beobachten, ihre Wahr-

nehmungen festzuhalten und der Gruppe im Anschluss an die Übung Feedback zu geben.
„Für die folgende Übung benötigen wir zwei Beobachter. Wer würde gerne diese wichtige Aufgabe übernehmen? Vielleicht noch ein kleiner Hinweis: Diese Rolle ist besonders für diejenigen von Ihnen geeignet, die Probleme damit haben, nicht-sehend, also blind zu agieren."

Die Beobachter werden gebeten, sich etwas außerhalb der Gruppe zu platzieren und alles, was passieren wird, genau zu beobachten und möglichst schriftlich festzuhalten. Um das Wichtigste zu erfassen, erhalten die Beobachter nach Bekanntgabe der Aufgabe an die Gruppe einige Leitfragen an die Hand.

Die Gruppe begibt sich anschließend in einen sehr großen Raum oder in die freie Natur mit möglichst ebenmäßigem Untergrund (Parkplatz, Wiese etc.). Der Trainer verteilt an alle Augenbinden. Die Teilnehmer werden aufgefordert, sich gegenseitig die Augen zu verbinden. Erst wenn alle Teilnehmer, mit Ausnahme der Beobachter, nichts mehr sehen, wird das Seil ins Spiel gebracht. Der Trainer legt dieses in Schlangenlinien und Schleifen möglichst willkürlich kreuz und quer aus und führt anschließend jeweils zwei Teilnehmer, an den Händen nehmend, an das Seil. Ein Teilnehmer wird links, der andere Teilnehmer rechts vom Seil platziert. Der Trainer achtet darauf, dass jeder Teilnehmer mit beiden Händen das Seil hält.

Erst wenn alle vom Trainer gleichmäßig über die Seillänge hinweg platziert und in Kontakt mit dem Seil sind, erläutert der Trainer die Aufgabe:
„Wie Sie spüren, hält jeder von Ihnen in beiden Händen ein Seil. Ihre Aufgabe ist es, gemeinsam aus dem Seil ein Quadrat zu bilden und als Seil-Viereck auf dem Boden zu drapieren. Sie haben für diese Aufgabe so viel Zeit, wie Sie benötigen. Achten Sie nur darauf, dass jeder von Ihnen immer mit zumindest einer Hand Kontakt zum Seil hält. Dies ist die einzige Regel. Viel Erfolg!"

Der Trainer teilt nun den Beobachtern einige Punkte mit, auf die diese während der Übung achten sollen. Als Leitfragen kommen in Betracht:

- Wie läuft der gesamte Prozess ab?
- Wie werden Entscheidungen getroffen?
- Wer kommuniziert wie mit wem?
- Wer übernimmt die Leitung und versucht, den Prozess zu steuern?

- Wer nimmt welche Rolle ein?
- Sind die Rollen fest zugeordnet oder wechseln diese im Laufe der Aufgabe?
- Wie werden Informationen weitergegeben?
- Sind alle Teilnehmer oder nur Teile der Gruppe aktiv? Wer ist aktiv, wer eher nicht?
- Wer klinkt sich wann aus der Verantwortung aus?
- Wie ist der Umgangston? Wie ist die Stimmung in der Gruppe? Zu Anfang und über die Zeit? Wie wird mit Misserfolgen umgegangen?
- Etc.

Der Trainer weist die Beobachter an:
„Bitte beobachten Sie die Gruppe und machen Sie sich Notizen zu den einzelnen Fragen. Als Beobachter spielen Sie eine wichtige Rolle in der Reflexionsrunde. Beobachten Sie genau, greifen Sie aber auf keinen Fall in das Geschehen ein."

Auch der Trainer beobachtet, wie die Gruppe zusammenarbeitet.

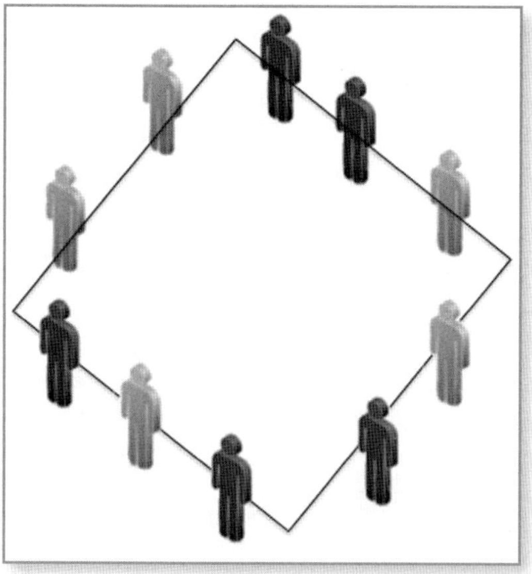

Abb.: Die Teilnehmer bilden gemeinsam aus einem Seil ein Quadrat.

Das Team entscheidet selbst, wann es die Aufgabe als erledigt betrachtet und dies dem Trainer als Spielleiter deutlich macht. Sobald das Signal „Quadrat liegt" vonseiten der Gruppe kommt, dürfen alle den Kontakt zum Seil lösen und sich die Augenbinden abnehmen. Hier erfolgt in der Regel ein großer Aha-Effekt, wenn die Einzelnen erkennen, wo sie stehen und ob tatsächlich ein Quadrat entstanden ist.

Anschließend erfolgt im Plenum eine Reflexionsrunde. Hierzu schildern zunächst die Beobachter anhand der Leitfragen, wie sie die Zusammenarbeit im Team erlebt haben. Jeder der Teilnehmer darf ebenfalls ein bis zwei Sätze sagen, wie er die Übung erlebt hat.

Tipp: Schränken Sie als Trainer je nach bisherigem Zeitverlauf und noch vorhandener Zeit das Feedback der einzelnen Teilnehmer entweder auf eine Anzahl von Sätzen („Bitte maximal ein bis zwei Sätze") und/oder auf einen bestimmten Aspekt ein („Bitte schildern Sie kurz, wie Sie die Übung erlebt haben/für wie erfolgreich Sie die Zusammenarbeit auf einer Skala von 0 bis 10 einschätzen/wie zufrieden Sie mit der Zusammenarbeit sind), da sonst die Auswertung sehr lange dauern kann.

Nachdem Beobachter und Teilnehmer ihre Eindrücke geschildert haben, fokussiert der Trainer die Reflexionsrunde auf ein oder zwei wichtige Aspekte, beispielsweise „Optimierung der Zusammenarbeit" oder „Parallelen zur täglichen Arbeit". Dies kann in Form einer offenen Diskussionsrunde stattfinden, bei der der Trainer die wichtigsten Punkte auf einem Flipchart für alle festhält. Eine andere Möglichkeit ist, dass sich die Teilnehmer zunächst zu zweit (oder zu dritt) kurz austauschen und ihre wichtigsten Erkenntnisse auf Moderationskarten festhalten. Diese werden dann von jeder Gruppe kurz präsentiert und auf einer Pinnwand gesammelt.

Der Trainer kann die Abschluss-Auswertung wie folgt einleiten:
„Nachdem nun alle ihre Eindrücke vom Verlauf der Übung geschildert haben, möchte ich die Reflexion auf zwei Aspekte fokussieren, nämlich erstens, wie die Zusammenarbeit noch besser hätte laufen können und zweitens, wo Sie Parallelen aus der Seilquadrat-Übung zu Ihrer täglichen Arbeit im Team erkennen."

Er legt einen Stapel mit grünen und blauen Moderationskarten in die Mitte und dreht die vorbereitete Pinnwand „Auswertung Seilquadrat" um.
„Bitte gehen Sie zu zweit zusammen, tauschen Sie sich aus und sammeln Sie für jeden der zwei Punkte je zwei Ihrer wichtigsten Erkenntnisse. Halten Sie diese bitte auf Moderationskarten fest. Die grünen Karten sind für ‚Optimierung der Zusammenarbeit', die blauen Karten für ‚Parallelen zur täglichen Arbeit'. Jedes Zweier-Team nimmt sich also zwei grüne und zwei blaue Moderationskarten. Sie haben hierfür 15 Minuten Zeit."

Nach Ablauf der 15 Minuten stellt jedes Zweierteam seine wichtigsten Erkenntnisse vor und hängt die entsprechenden Karten an die dazugehörige Seite auf der Pinnwand. Der Trainer fasst abschließend die wichtigsten Punkte zusammen.

Hinweise

- Der Trainer hält den Beginn der Übung, die Zwischenschritte und natürlich auch das Endergebnis der Gruppe auf Fotos oder Video fest.
- Er kann die Aufgabe für die Gruppe erschweren, indem zusätzlich der Hinweis erfolgt, dass die Teilnehmer während der Formierung des Seil-Quadrates nicht miteinander kommunizieren dürfen.
- Ebenso ist es möglich, dass sich die Teilnehmer noch sehend in einem Kreis aufstellen. Die Seilenden werden verknotet und jedes Teammitglied nimmt das Seil in die Hände. Dann werden vom Trainer und den Beobachtern die Augen verbunden und das Team soll sich anschließend blind und ohne miteinander zu sprechen zu einem Quadrat formieren.

Literatur

Weitere Anregungen für gruppendynamische Übungen finden sich in:

- Bonkowski, Frank: Team Building. 44 Aktionen, die verbinden. Aussaat, 2009.
- Dürrschmidt et al.: Methodensammlung für Trainerinnen und Trainer. managerSeminare, 5. Aufl. 2009.
- Maaß, Evelyne/Ritschl, Karsten: Teamgeist. Spiele und Übungen für die Teamentwicklung. Junfermann, 5. Aufl. 2008.

Blind Walk im Wald – Team-Übung L

Orientierung

Ziele:

- Gruppendynamische Übung in freier Natur, die teilweise persönliche Überwindung erfordert und das Teamvertrauen stärkt

Zeit:

- Mind. 120 Minuten ohne Anfahrt/Weg zum Waldparcours und Vorbereitung des Trainers (10 Min. Einführung, 40 bis 60 Min. Vorbereitung der Teilnehmer sehend, 30 bis 40 Min. Ablauf des Parcours mit verbundenen Augen, 20 Min. Puffer)
- Zusätzlich wird Zeit zur Reflexion benötigt (mind. 40 Min.)

Material:

- Augenbinden oder Tücher
- Moderationskarten, Edding oder anderer wasserfester Stift
- Stecknadeln/Pinn-Nadeln

Überblick:

- Der Trainer bereitet einen Parcours im Wald vor, in dem er so viele Bäume wie Teilnehmer auswählt und mit den Karten von Start, 1, 2, 3 ... bis Ziel kennzeichnet
- Der Trainer erläutert die Aufgabe: Die Teilnehmer müssen mit verbundenen Augen als Team gemeinsam den Parcours in der vorgegebenen Reihenfolge ablaufen. Jeder Teilnehmer muss einmal die Führung über einen Parcours-Abschnitt übernehmen
- Die Teilnehmer bereiten sich sehend auf die Aufgabe vor
- Mit dem Startsignal werden den Teilnehmern die Augen verbunden und der Parcours wird blind abgelaufen
- Anschließende Reflexion im Seminarraum

Erläuterungen

Eine klassische Teamübung, die wir sehr gerne in unseren Seminaren einsetzen. Sie benötigt allerdings ausreichend Zeit, idealerweise sollte hierfür ein Nachmittag zur Verfügung stehen. Notwendig ist auch, dass in Seminarraumnähe ein entsprechendes Waldstück vorhanden ist. Der Blind Walk ist für alle Teilnehmer in der Regel eine tolle Erfahrung, die lange in Erinnerung bleibt. Der ideale Zeitpunkt für die Übung ist der letzte Nachmittag vor dem Abschlusstag. Bis dahin hat sich das notwendige Vertrauen in der Seminargruppe gebildet – und die Teilnehmer gehen mit dem euphorischen Gefühl „Ja, wir haben es geschafft“ in den letzten Seminartag.

Vorbereitung

Vorgehen

Die Übung findet am besten in einem gut begehbaren Wald mit mitteldichtem Baumbestand statt. Der Trainer sollte auf das Unterholz achten – die Teilnehmer müssen einigermaßen sicher laufen können. Im Rahmen der Vorbereitung steckt der Trainer einen Parcours im Wald ab. Jeder Baum stellt eine Etappe dar. Es gibt so viele Etappen, wie es Teilnehmer pro Gruppe gibt. Die Abstände zwischen den Bäumen sollten zwischen 8 und 15 Meter betragen. Die Bäume werden mit Kärtchen „Start, 1, 2, 3, ..., Ziel“ gekennzeichnet.

Tipp: Der Trainer läuft den Parcours am Schluss unbedingt noch einmal ab und zählt die Schritte. Man tendiert leicht dazu, gegen Ende zu lange und schwierige Abschnitte zu wählen. Testen Sie deshalb noch mal, ob der Parcours für die Teilnehmer auch machbar ist! Wichtig ist der Abstand der Bäume zueinander – falls dieser groß gewählt wird, ist es der Gruppe nicht mehr möglich, sich von einem Baum zum nächsten „aufzureihen“, d.h. sich als lange Menschenkette von einem Baum zum nächsten Etappenbaum zu hangeln und dabei immer in Kontakt mit zumindest einem Etappenbaum zu bleiben. Die Gruppe befindet sich ansonsten zwischenzeitlich tatsächlich orientierungslos im Gelände ohne Fixpunkt. Dies sollten Sie maximal bei zwei Etappen einplanen, da sonst die Herauforderung, den Parcours tatsächlich zu meistern, zu groß wird.

Er erläutert der Gruppe erst am Start-Baum ihre Aufgabe.
„Im Folgenden sollen Sie testen, wie gut Sie als Team auch unter schwierigen Bedingungen zusammenarbeiten. Ihre Aufgabe ist es, den hier abgesteckten Parcours mit verbundenen Augen in der Gruppe abzulaufen. Dabei müssen alle die ganze Strecke mit verbundenen Augen gehen, jeder muss jeden Baum in der richtigen Reihenfolge berührt haben und jeder von Ihnen muss einmal für eine Teilstrecke die Führung der Gruppe übernommen haben!“

Der Trainer vergewissert sich zunächst, ob die Gruppe die Aufgabe verstanden hat, bevor er die Details erläutert:
„Der Parcours darf nur in der vorgegebenen Reihenfolge abgelaufen werden. Sie dürfen den Parcours nicht verändern, also auch keine

Äste, Zweige oder Ähnliches beiseite räumen bzw. als Hilfsmittel zur Orientierung hinlegen oder verschieben. Jeder muss jeden Baum berührt haben, zudem müssen alle Materialien (Karten und Pinn-Nadeln) von der Gruppe eingesammelt werden. Sie haben 40 Minuten sehend Zeit, sich auf Ihre Aufgabe vorzubereiten. Ab dann werden die Augen verbunden. Haben Sie noch Fragen, ist alles so weit klar?"

Falls keine Fragen mehr bestehen, gibt der Trainer das Startsignal für die Vorbereitungszeit:
„Sie haben ab jetzt 40 Minuten Zeit, sich vorzubereiten. Um xxx Uhr werden die Augen verbunden und der Blind Walk beginnt."

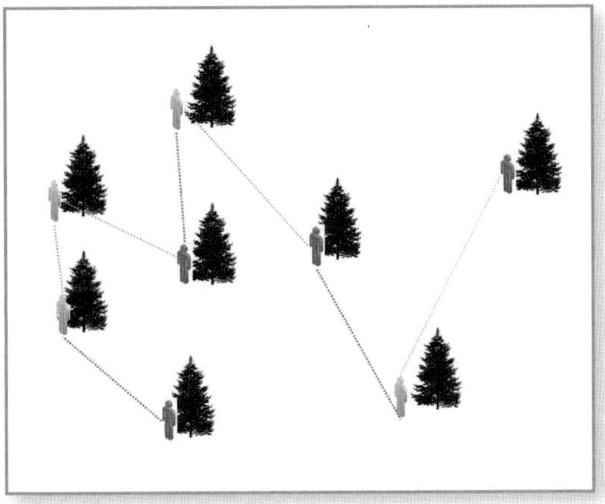

Abb.: Erste Phase – Jeder ist für seinen Abschnitt verantwortlich und erkundet diesen.

Durchführung

Die Durchführung beginnt: Die Teilnehmer bereiten sich sehend auf die Aufgabe vor und organisieren sich. Der Trainer kann nach 40 Minuten noch einen Zeitaufschub um 20 Minuten („Verlängerung") gewähren, spätestens nach einer Stunde startet der Parcours.

Hinweis: Der Trainer kann der Gruppe einen Joker gewähren. Der Joker sieht wie folgt aus:
„Falls Sie sich einmal ‚verlaufen', d.h. nicht mehr wissen, wo Sie sich befinden, dürfen Sie einmal den Joker setzen. Ich führe Sie dann zum nächsten Zielbaum, also der Etappe, die nicht gefunden wurde."

Die Teilnehmer setzen am Start die Brillen (Schlafmasken oder Tücher) auf und machen sich auf den Weg. Der Trainer begleitet die Gruppe unauffällig. Falls die Gruppe die Joker-Variante wählt, führt der Trainer die Gruppe nach Joker-Aufforderung zum nächsten Etappenbaum. Ab da ist dann die Gruppe wieder auf sich allein gestellt. Die Teamaufgabe ist gewonnen, wenn alle den Zielbaum berührt haben.

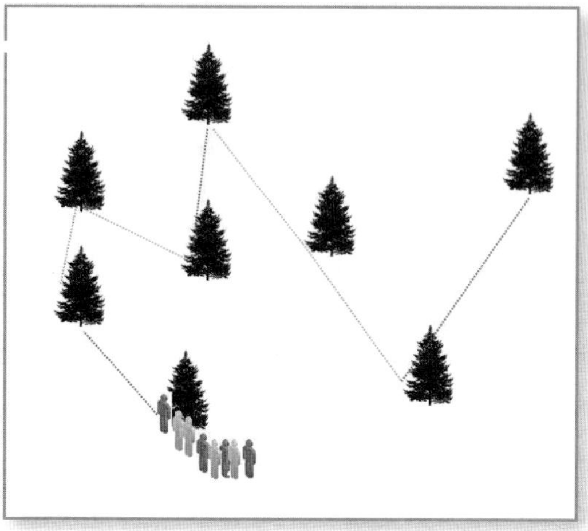

Abb.: Zweite Phase – Die Gruppe durchläuft den gesamten Weg. Jeder führt in seinem Abschnitt die Gruppe an.

Am Zielbaum gilt: Feiern! Der Trainer lässt der Gruppe Zeit, ihren Erfolg zu genießen – hier sind viele Emotionen im Spiel.

Hinweise

- Der Trainer fotografiert idealerweise während der Übung oder nimmt die Gruppe auf Video auf.
- Da für diese Übung keine Beobachter ausgewählt werden, damit alle gemeinsam als Team die Übung bestreiten können, ist es sinnvoll, wenn sich der Trainer Notizen zum Verlauf des Blind Walks und zur Zusammenarbeit im Team macht – und sich auch einige Zitate/Ausrufe der Teilnehmer notiert.
- Die Gruppen meistern die Blind-Walk-Übung auf vielfältige Art und Weise. Hier erlebt man auch als Trainer immer neue Varianten. Die Übung sollte nur eingesetzt werden, wenn der Trainer entsprechendes Vertrauen in das Team hat, die Übung auch tatsächlich gemeinsam zu meistern. Es kann sein, dass einige Teilnehmer Probleme mit dem Nicht-Sehen über einen längeren Zeitraum haben. Dies sind Themen, die die Gruppe selbst diskutieren und lösen sollte. Der Trainer sollte erst dann einschreiten, wenn er sieht, dass ein Teilnehmer erhebliche Probleme mit der Übung hat und die Gruppe hierauf keine Rücksicht nimmt. Uns ist das aber in unserer jahrelangen Erfahrung mit dieser Übung noch nie passiert, ganz im Gegenteil: Gerade

der Blind Walk zeigt der Gruppe noch mal auf intensive Art und Weise, wie in einem Team mit Schwächen und Stärken der einzelnen Teammitglieder umzugehen ist. Viele Teilnehmer zeigen sich im Verlauf dieser Übung auch noch mal in einem ganz anderen Licht als bislang im Seminar erlebt. Das ist in der Regel für alle Teilnehmer eine nachhaltige Erfahrung.

Reflexion

- Die Auswertung der Übung sollte später mit ausreichender Pause zum Verarbeiten des Erlebten im Seminarraum erfolgen. Hierzu bietet es sich an, die Reflexion mit Fotos oder einem Video vom Blind Walk einzuleiten, die der Trainer während der Pause der Teilnehmer erstellt. Dies führt zu großen Aha-Effekten der Teilnehmer, schließlich sehen sie zum ersten Mal, wie sie die Übung gemeistert haben.
- Die Reflexionsrunde sollte ähnlich der Auswertung der beiden Teamübungen „Zin-Obelisk“ oder „Turmbau“ je nach Zielsetzung des Trainers erfolgen. Es bietet sich beispielsweise an, dass zunächst jeder Teilnehmer kurz schildert, wie er die Übung erlebt hat. Anschließend kann der Trainer schildern, wie er als Beobachter den Verlauf der Übung wahrgenommen hat, wie die Zusammenarbeit organisiert wurde, wer welche Rollen eingenommen hat, wie mit besonderen Herausforderungen umgegangen wurde etc. Die Teilnehmer können anschließend gemeinsam auf Karten sammeln, welche Faktoren ihnen geholfen haben, die Aufgabe zu meistern (Faktoren erfolgreicher Teamarbeit), aber auch wie die Zusammenarbeit noch besser hätte laufen können und welche Erfahrungen sie aus dem Blind Walk in ihren Arbeitsalltag übertragen können.

Literatur

Weitere Anregungen für gruppendynamische Übungen finden sich in:

- Bonkowski, Frank: Team Building. 44 Aktionen, die verbinden. Aussaat, 2009.
- Maaß, Evelyne/Ritschl, Karsten: Teamgeist. Spiele und Übungen für die Teamentwicklung. Junfermann, 5. Aufl. 2008.

M Tonys drei Karten – Übung

Orientierung

Ziele:
- Die Teammitglieder lernen sich in Vier-Augen-Gesprächen besser kennen, klären Konflikte und bauen Vertrauen zueinander auf
- Die Teilnehmer lernen eine Methode kennen, die die Kommunikation und das Zusammengehörigkeitsgefühl in Teams fördert

Zeit:
- 60 Minuten (50 Min. Durchführung, 10 Min. Puffer)

Material:
- Flipchart „Tonys drei Karten"
- Moderationskarten in drei unterschiedlichen Farben
- Stifte

Überblick:
- Der Trainer erläutert die Vorgehensweise
- Die Teilnehmer verteilen untereinander Karten in verschiedenen Farben, die unterschiedliche Gesprächsanlässe symbolisieren
- Die Teilnehmer besprechen „unter vier Augen" den über die Karten verdeutlichten Gesprächswunsch

Erläuterungen

„Tonys drei Karten" ist eine hervorragende Teamübung, um bewusst die Kommunikation in Teams zu fördern. Die Übung bereinigt Konflikte, stärkt das Vertrauen aller in das Team und fördert den Teamzusammenhalt. Zusätzlicher Effekt: Die offene Kommunikation im Team hält in der Regel auch nach der Übung an – die Teilnehmer sprechen Dinge, die ihnen auf dem Herzen liegen, zukünftig viel häufiger und offener an.

Vorgehen

Der Trainer erläutert das Vorgehen: *„Jeder von Ihnen erhält nun drei Karten unterschiedlicher Farbe. Jede Farbe hat eine Bedeutung. So symbolisiert die weiße Karte, dass Sie eine bestimmte Person gerne noch besser kennenlernen würden und Ihrerseits noch Orientierungsbedarf besteht. Die rote Karte steht für ein Teammitglied, mit dem Sie ein Problem* *bzw. Klärungsbedarf hinsichtlich einer wichtigen Frage zur Zusammenarbeit haben. Die blaue Karte signalisiert, dass Sie zu einer bestimmten Person bereits eine vertrauensvolle Basis der Zusammenarbeit aufgebaut haben, auch wenn der Betreffende davon noch nichts weiß. Damit Sie nicht den Überblick verlieren, habe ich die Symbolik der Farben auf einem Flipchart festgehalten."*

Der Trainer deckt das Flipchart „Tonys drei Karten" auf.

„Ich gebe nun jedem von Ihnen die drei Karten."

Der Trainer verteilt die vorab vorbereiteten Karten und achtet dabei darauf, dass tatsächlich jeder die drei Farben erhält.
„Ihre Aufgabe ist es nun, die drei Karten nach den genannten Kriterien ‚Orientierungsbedarf', ‚Problem/Klärung' und ‚Vertrauen' zu verteilen. Wichtiger Hinweis: Sie müssen alle drei Karten verteilen! Anschließend führen Sie mit den Personen, von denen Sie eine Karte erhalten haben, ein Vier-Augen-Gespräch – Gesprächsinitiator ist dabei die Person, die eine Karte erhalten hat. Damit das Ganze strukturiert abläuft, bitte ich Sie, die Reihenfolge rot – weiß – blau einzuhalten. Die Gespräche sollten jeweils etwa zehn Minuten dauern. Nach erfolgtem Gespräch wird die betreffende Karte wieder zurückgegeben, sodass am Ende jeder wieder seine drei Karten in Händen hält. Soweit die Vorgehensweise, ist Ihnen alles klar geworden oder haben Sie noch Fragen?"

Hier wird in der Regel nachgefragt, ob tatsächlich alle drei Karten verteilt werden müssen bzw. wie man sich entscheiden soll, wenn beispielsweise mehrere Adressaten für die blaue Karte in Betracht kommen. Der Trainer überlässt die Entscheidung den Teilnehmern, signalisiert aber:
„Ich weiß, dass es für einige schwierig ist, genau drei Karten und somit Gesprächsanlässe zu verteilen. Vielleicht haben Sie für einige Karten mehrere Adressaten, wissen bei manchen Karten zunächst aber nicht, wem Sie diese geben sollen. Bitte verteilen Sie dennoch alle Karten und besprechen Sie direkt im Zweiergespräch, was Sie dazu geführt hat bzw. wo auch Zweifel waren/sind. Falls Sie gerne mehrere Karten verteilen würden, denken Sie bitte daran: Die Karten symbolisieren Gesprächsanlässe. Sie können diese auch nach unserer Übung der entsprechenden Person mitteilen. Diese Übung ist gerade dazu gedacht, dass Sie als Team stärker zusammenwachsen, setzen Sie deshalb diese Vier-Augen-Gespräche nicht nur in den folgenden Minuten fest, sondern suchen Sie permanent das Gespräch.“

Die Teilnehmer erhalten anschließend 45 Minuten Zeit, die Karten zu verteilen und die Vier-Augen-Gespräche zu führen.

Hinweise

- Tonys drei Karten-Übung kann innerhalb eines Seminars angewandt werden, um das Vertrautheitsgefühl in der Gruppe zu stärken. Die Übung ist jedoch auch eine hervorragende Methode, die den Teilnehmern an die Hand gegeben werden kann, um ihr jeweiliges Team bewusst in Richtung „Performing“ zu führen. Oft kommen bei den Vier-Augen-Gesprächen Dinge zur Sprache, die die Zusammenarbeit erheblich beeinflussten, bislang aber eher im Verborgenen schlummerten.
- Die Übung geht zurück auf eine Idee von Gellert/Nowak (2010). Namensgeber für unsere angepasste Trainingsübung ist Kathrins Labrador Tony, der alle Leser herzlich grüßt.

Intuitionsübung – Einstiegsvariante N

Orientierung

Ziele:
- Jeder Teilnehmer findet erste Bezugspersonen in der Gruppe
- Die Teilnehmer kommen miteinander von Beginn an in einen intensiven Austausch
- Es wird die Basis für einen offenen und vertrauensvollen Umgang miteinander gelegt

Zeit:
- 50 Minuten (5 Minuten Instruktion, 3 Intuitionsrunden à 10 Minuten, 5 Minuten Reflexion, 10 Minuten Puffer)

Material:
- Flipchart „Intuitionsübung"

Überblick:
- Der Trainer erläutert die Übung
- Die Teilnehmer lernen sich in Dreier-Gruppen auf etwas ungewöhnliche Art kennen, indem sie ihrer Intuition vertrauen und frei über die Kollegen „spekulieren"
- Es findet ein kurzer Austausch im Plenum zu den Erfahrungen mit der Intuitionsübung statt

Erläuterungen

Die Intuitionsübung ermöglicht eine andere Art des Kennenlernens, die auf den ersten Blick für die Teilnehmer unter Umständen etwas ungewöhnlich erscheint. Wie unsere Erfahrungen zeigen, ist es für die Teilnehmer jedoch sehr angenehm, sich zunächst mit einer oder wenigen Personen in einer größeren Gruppe vertraut zu machen. Die intensive Art des Kennenlernens sorgt für einen sehr vertrauensvollen und vertrauten Umgang der Gruppe miteinander und prägt die Beziehung der Teilnehmer für den weiteren Verlauf des Seminars nachhaltig. Während der Übung wird in der Regel viel gelacht, sodass mit dieser Übung auch die Basis für eine gute Seminarstimmung gelegt wird.

Vorgehen

Der Trainer leitet das Kennenlernen ein.
„An dieser Stelle möchte ich Sie um einen kleinen Vertrauensvorschuss bitten – und zwar habe ich für Sie eine etwas andere Art des Kennenlernens vorgesehen. Die Arbeit in und mit Teams lebt natürlich von der Zusammenarbeit der Teammitglieder, des Umgangs miteinander. Hier spielen oft Faktoren im Unterbewusstsein eine wichtige Rolle, die wir uns in der Regel gar nicht bewusst machen. Sie erhalten jetzt einmal die Möglichkeit, Ihrer Intuition, Ihrem Bauchgefühl freien Lauf zu lassen und Ihr Gespür für andere Menschen zu testen. Unsere Kennenlernrunde gestaltet sich wie folgt."

Dann deckt er das Flipchart „Intuitionsübung" auf.

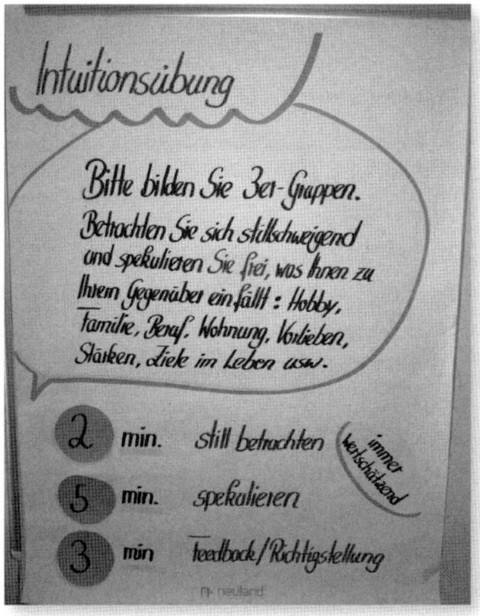

„Ihre Aufgabe ist nun die Folgende:

- *Bitte gehen Sie in Dreier-Gruppen zusammen. Suchen Sie sich hierzu Gruppenmitglieder aus, die Sie noch nicht kennen.*
- *Suchen Sie sich ein ruhiges Plätzchen und legen Sie fest, wer in der Dreier-Gruppe beginnen möchte (Person A).*
- *Person A wird von den beiden anderen Gruppenmitgliedern (Person B und C) zwei Minuten stillschweigend betrachtet.*
- *Anschließend spekulieren B und C fünf Minuten frei über A. Wichtige Regel: Immer wertschätzend! Überlegen Sie, was A wohl von Beruf ist, was er gerne in seiner Freizeit macht, wie seine Lebens- und Wohnsituation ist, was seine Stärken, vielleicht auch potenziellen Schwächen sind, in welchem Umfeld Sie ihn sich gut vorstellen können, in welchem gar nicht, welche Rolle er in Teams am liebsten einnimmt, welche auf keinen Fall etc. Der Fantasie sind dabei keine Grenzen gesetzt.*
- *Während über A spekuliert wird, zeigt dieser zunächst keinerlei Reaktionen in Bezug auf das Gesagte, sondern hört sich alles schweigend an.*

- *Im Anschluss an die fünf Minuten hat A drei Minuten Zeit, Feedback zu geben: Was hat gestimmt, wo lagen die anderen daneben.*
- *Anschließend ist Person B an der Reihe.*

Suchen Sie sich am besten ein ruhiges, ungestörtes Plätzchen. Verteilen Sie sich im Seminarraum bzw. auch davor (soweit möglich). Jeweils einer in der Gruppe ist verantwortlich für das Einhalten der Zeiten. Das ist sehr wichtig – halten Sie bitte die vorgegebenen Zeiten unbedingt ein. Noch ein Tipp: Das zweiminütige stillschweigende Betrachten empfinden einige als unangenehm. Achten Sie bitte darauf, nicht zu starren, sondern eine freundliche, offene Atmosphäre zu erzeugen, in der sich jeder in der Gruppe wohlfühlt. Es darf während der Übung übrigens auch gelacht werden! Gibt es zum Ablauf noch Fragen?"

Falls es keine Fragen gibt, fordert der Trainer die Teilnehmer auf, sich in Dreier-Gruppen zusammenzuschließen:
„Suchen Sie sich nun bitte zwei Kollegen, die Sie noch nicht kennen. Am leichtesten geht das, wenn Sie dazu aufstehen, Blickkontakt suchen bzw. auf eine Person oder Zweier-Gruppe zugehen."

Der Trainer wartet ab, bis sich alle gefunden haben und unterstützt bei Bedarf, indem er fragt, wer noch auf der Suche ist, sodass sich die Gruppen relativ schnell finden.

Während der Übung sollte der Trainer kurz zu jeder Gruppe schauen und nachfragen, ob alles klar ist. Dabei sollte er darauf achten, nicht mitzuhören, um nicht die Vertrauensbasis, die sich in der Kleingruppe aufbaut, zu stören. Oft muss bei der ersten Spekulationsrunde noch mal darauf hingewiesen werden, dass die Person, über die spekuliert wird, keinerlei Reaktionen auf die Mutmaßungen zeigt.

Nach Abschluss der dritten Runde bittet der Trainer die Teilnehmer, sich wieder im Sitzkreis im Plenum einzufinden. Wenn alle im Kreis sitzen, leitet er eine kurze Reflexion ein:
„Ich bin mir sicher, dass Sie einige interessante und unerwartete Erfahrungen gemacht haben. Sie sind sicherlich genauso wie ich gespannt zu hören, was die anderen Gruppen erlebt haben. Kann bitte jede Gruppe kurz schildern, wie sie die Übung erlebt hat und inwieweit Sie bei Ihren Einschätzungen richtig lagen?"

Die Gruppen tauschen abschließend ihre Eindrücke aus.

Hinweise

- Die Intuitionsübung erfordert ein wenig Fingerspitzengefühl. Für die Teilnehmer muss klar werden, dass es nicht darum geht, bloßgestellt bzw. von anderen beurteilt zu werden. Der Trainer sollte deshalb die Regel „Immer wertschätzend" mehrfach betonen. Auch der Hinweis „Es darf während der Übung gelacht werden", lockert sofort die Stimmung.
- Bitte beachten Sie: Die Intuitionsübung ist ausschließlich für Gruppen geeignet, die sich großteils vorab nicht kennen. Kennen sich einige der Leute untereinander, so sollte der Trainer darauf achten, dass sich diese nicht in den Dreier-Gruppen in der Intuitionsrunde zusammenschließen.
- Da die Intuitionsübung als Einstiegsvariante in Kleingruppen verläuft, bietet sich im Anschluss noch eine Tempo-Morgenrunde an (vgl. Seminartag 1, ab Seite 24), in der jeder Teilnehmer die wichtigsten Daten über sich in einer Minute erzählt, sodass jeder der Teilnehmer die anderen schon mal kurz kennengelernt hat.

Literatur

Eine Vielzahl von weiteren Ideen für einen guten Start in den Seminartag findet sich in folgenden Büchern:

- König, Stefan: Warming-Up in Seminar und Training. Beltz, 2007.
- Rachow, Axel (Hrsg.): Spielbar I bis III. managerSeminare.
- Weidenmann, Bernd: Handbuch Active Training. Die besten Methoden für lebendige Seminare. Beltz, 2. Aufl. 2008.

Das 9-Punkt-Rätsel – Aktivierung O

Orientierung

Ziele:

- Die Übung fördert die Kreativität der Gruppe:
  Die Teilnehmer erfahren, dass es mehr Perspektiven und Lösungen gibt, als dies auf den ersten Blick offensichtlich erscheint
- Zu Anfang des Seminars oder eines neuen Abschnitts: Die Teilnehmer neugierig machen auf das, was kommt

Zeit:

- 10 bis 15 Minuten

Material:

- Flipchart „9 Punkte"
- Leere DIN-A4-Blätter und Stifte für die Teilnehmer

Überblick:

- Der Trainer erläutert die Aufgabenstellung
- Die Teilnehmer erhalten Zeit, kreative Lösungen für das 9-Punkt-Rätsel zu finden
- Im Plenum werden eine Vielzahl von Lösungen von den Teilnehmern vorgestellt; der Trainer ergänzt diese im Anschluss

Erläuterungen

Die Übung eignet sich hervorragend zur Überleitung neuer Themen sowie für die Aktivierung zwischendurch.

Vorgehen

Der Trainer leitet die Übung ein:
„Ich möchte Ihnen eine kleine Herausforderung bieten, bei der Sie Ihrer Kreativität freien Lauf lassen können."

Der Trainer legt das Flipchart „9-Punkt-Rätsel" offen.

„Sie sehen hier neun Punkte. Diese neun Punkte sollen durch gerade Striche verbunden werden, ohne dass der Stift abgesetzt wird. Das Ziel ist es, dies mit möglichst wenigen Strichen zu bewerkstelligen. Damit es für Sie etwas einfacher ist, habe ich für Sie Blätter und Stifte, damit Sie ein wenig probieren können."

Der Trainer verteilt die Materialien. Wenn alle ein Blatt haben, fährt er fort:
„Sie haben nun alle ein Blatt vor sich. Bitte nehmen Sie sich drei Minuten Zeit, so viele Lösungen wie möglich zu finden."

Der Trainer schaut auf die Uhr. Nach drei Minuten fragt er in die Runde:
„Welche Lösungen haben Sie gefunden?"

Die Teilnehmer berichten, welche Lösungen sie gefunden haben. Auf eine der zahlreichen Varianten der 5-Strich-Lösungen kommen viele. Der Trainer kann die Teilnehmer jedoch weiter herausfordern:
„Hat jemand von Ihnen auch eine Variante mit vier Strichen gefunden?"

Es wird eine Vier-Strich-Lösung vorgestellt, idealerweise von einem Teilnehmer, sonst vom Trainer. Er fordert die Teilnehmer weiter heraus:
„Denken Sie weiter: Gibt es vielleicht sogar eine 3-Strich-Lösung?"

Auch hierzu gibt er ausreichend Zeit, anschließend wird eine 3-Strich-Lösung präsentiert. Nun fährt der Trainer fort:
„Und nun noch die Ein-Millionen-Euro-Frage: Schaffen Sie es, alle neun Punkte mit nur einem Strich zu verbinden?"

Anschließend erfolgt eine kurze Reflexion der Übung durch den Trainer im Plenum. Er fragt nach, welche Denkblockaden die Teilnehmer jeweils überwinden mussten, um auf die Varianten mit wenig Strichen zu kommen. Typische Denkblockaden sind beispielsweise:
- Striche müssen innerhalb des gedachten 9-Punkte-Quadrates bleiben
- Strich muss durch die Mitte der Punkte gehen

- Ich muss den Stift verwenden, den ich in der Hand habe
- Ich muss auf meinem Blatt Papier bleiben
- Das Blatt Papier muss flach auf dem Tisch liegen bleiben
- Ich darf die Punkte nicht übereinander liegend durch das Papier verbinden. Es muss gleich klappen und nachvollziehbar sein
- ...

Der Trainer zieht ein Fazit:
„Wie Sie gemerkt haben, ist es gar nicht so einfach, festgefahrene Denkstrukturen zu verlassen. Doch wie Sie auch gesehen haben: Es lohnt sich! Oft ergeben sich auf den zweiten, dritten oder sogar vierten Blick ganz andere Sichtweisen auf die gleichen Dinge. Insofern möchte ich Sie auffordern, auch im weiteren Verlauf des Seminars vorgegebene Pfade hinter sich zu lassen, neue Ideen zu entwickeln, Altvertrautes mit neuen Augen zu sehen und einfach mal querzudenken."

Hinweise

Und hier finden Sie die Lösungen:

- Eine Variation der 5-Strich-Variante

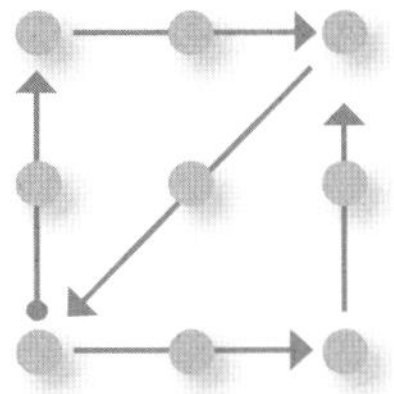

- 4-Strich-Lösung

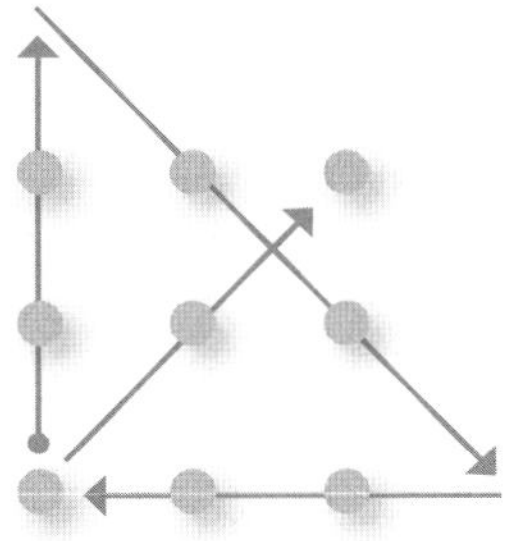

- 3-Strich-Lösung

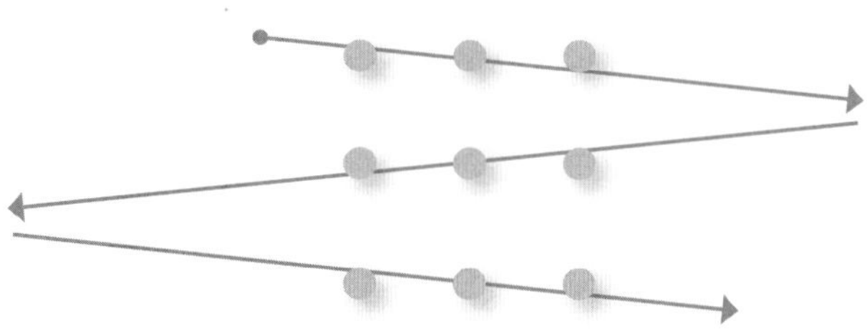

- 1-Strich-Lösungen
  - Mit einem sehr dicken Stift alle Punkte auf einmal verbinden („übermalen“)
  - Drei Punkte verbinden, einmal um die ganze Welt, die nächsten drei Punkte verbinden und noch einmal um die ganze Welt, um die letzten drei Punkte mit einzubinden
  - Blatt zu einer Röhre rollen und den schräg durch die Punkte führenden Strich außen herumlaufen lassen
  - Blatt zerknüllen und mit dem Stift darauf einstechen, bis alle neun Punkte auf einmal getroffen sind
  - Papier so falten, dass alle Punkte auf einer Linie nebeneinander liegen
  - Punkte ausschneiden und neu aufkleben

Literatur

Dieses und weitere Spiele finden sich z.B. in:

- Schilling, Gert: Seminar-Spiele. Gert Schilling, 2004.
- Beermann, Susanne: Spiele für Workshops und Seminare. Haufe-Lexware, 2008.
- Dürrschmidt et al.: Methodensammlung für Trainerinnen und Trainer. managerSeminare, 5. Aufl. 2009.
- Rachow, Axel (Hrsg.): Spielbar. managerSeminare, 3. Aufl. 2009.

Bewegung, die mir gut tut – Aktivierung P

Orientierung

Ziele:
- Die Übung sorgt für einen kleinen Ausgleich vom vielen Sitzen
- Bringt wieder neuen Schwung in die Gruppe

Zeit:
- 10 Minuten

Material:
- Nicht nötig

Überblick:
- Der Trainer erläutert kurz das Vorgehen
- Die Teilnehmer stellen sich im Kreis auf
- Jeder Teilnehmer gibt reihum den anderen eine Bewegung vor, die die anderen nach- bzw. mitmachen

Erläuterungen

Die Übung „Bewegung, die mir gut tut" ist eine Mini-Aktivierung, die sich für alle Seminare zu jeder Zeit eignet, um die Teilnehmer nach langem Sitzen auf schnelle Art und Weise wieder in Schwung zu bringen.

Vorgehen

Der Trainer leitet die Aktivierungsübung ein:
„Ich denke, dass uns ein wenig körperlicher Ausgleich ganz tut täte. Was halten Sie von einer kleinen Übung, um wieder neuen Schwung zu tanken? Ich schlage vor, wir lüften nicht nur uns, sondern gleichzeitig einmal den Raum so richtig durch, in Ordnung?"

Fenster werden geöffnet, um frische Luft reinzulassen.
„Bitte stellen Sie sich in einem Halbkreis auf. Achten Sie darauf, dass Sie ausreichend Platz zu Ihrem Nebenmann haben, nutzen Sie ruhig den ganzen Raum. Jeder sucht sich nun eine Bewegung aus, die ihm just in diesem Moment gut tut. Wir anderen machen diese Bewegung mit

bzw. versuchen es zumindest. Ich starte einfach mal, ab dann geht es reihum."

Der Trainer kreist beispielsweise die Arme, streckt seinen Körper in die Höhe, gähnt herzhaft oder trampelt mit den Beinen. Der Fantasie sind hier keine Grenzen gesetzt. Mit Blickkontakt wird der nächste Teilnehmer aufgefordert, eine Bewegung, die ihm gut tut, auszuführen. So geht die Runde einmal reihum. Bewegungen können auch gerne doppelt ausgeführt werden.

Nach der Übung setzen sich alle wieder hin.

Hinweise

- Je nach Sportlichkeitsgrad der Teilnehmer werden hier ganz unterschiedliche Bewegungen vorgeschlagen. Dies läuft jedoch in der Regel unproblematisch ab, da jeder Teilnehmer selbst entscheidet, ob und wie er die Bewegung ausführt. Hin und wieder werden sehr akrobatische Übungen vorgeschlagen, was meist zu herzhaftem Lachen der Teilnehmer führt bei dem Versuch, diese ansatzweise mitzumachen.
- Großer Vorteil der Übung: Benötigt wenig Zeitbedarf und bringt ruckzuck wieder neue Energie in die Gruppe.

Literatur

Wer Anregungen für Aktivierungen und Seminarspiele sucht, dem seien folgende Bücher empfohlen:

- Beermann, Susanne: Spiele für Workshops und Seminare. Haufe-Lexware, 2008.
- Klein, Zamyat M.: Das tanzende Kamel. Kreative und bewegte Spiele für Trainings und Seminare. managerSeminare, 2008.
- Rachow, Axel (Hrsg.): Spielbar I bis III. managerSeminare.

Koffer packen – Aktivierung Q

Orientierung

Ziele:
- Kurze Pause für zwischendurch
- Bringt wieder Konzentration in die Gruppe

Zeit:
- 10 Minuten

Material:
- Zwei unterscheidbare Bälle (z.B. in unterschiedlichen Farben)

Überblick:
- Der Trainer erläutert kurz das Vorgehen
- Die Teilnehmer spielen „Ich packe meinen Koffer"
- Die Reihenfolge wird über Ballzuwerfen bestimmt

Erläuterungen

„Koffer packen" ist eine typische Aktivierungsübung, die immer dann angebracht ist, wenn die Konzentration und Energie in der Gruppe merklich nachlässt – und eine kleine gedankliche Auszeit vom Seminar benötigt wird.

Vorgehen

Der Trainer kann die Übung wie folgt einleiten:
„Nachdem wir nun so fleißig gearbeitet haben, finde ich, dass wir uns eine kleine Verschnaufpause verdient haben, die uns alle wieder auf andere Gedanken bringt. Mein Vorschlag: Wir spielen eine Runde ein Spiel, das Sie vermutlich das letzte Mal in Ihrer Kindheit gespielt haben, nämlich ‚Ich packe meinen Koffer'. Wer erinnert sich? Ich erläutere am besten noch mal für alle kurz das Spiel. Einer von uns startet, kommt hier nach vorne und beginnt ‚Ich packe meinen Koffer und lege ein … (beliebiger Gegenstand) hinein' und sucht sich einen Gegenstand aus. Dann wirft er den Ball einem anderen Teilnehmer zu, der kommt nach vorne und erzählt ebenfalls, was er in seinen Koffer packt. Dabei gilt es aber, die Gegenstände, die bereits genannt wurden, zunächst aufzuzählen und dann seinen eigenen Gegenstand hinzuzufügen. Dabei darf nichts vergessen oder durcheinander geworfen werden, also: ‚Ich

packe meinen Koffer und lege ... und ...hinein'. Und so geht es reihum. Da es die, die später drankommen, deutlich schwerer haben, da ja schon jede Menge im Koffer ist, gibt es ab sieben Gegenständen einen zusätzlichen Jokerball. Wer nicht mehr weiterweiß, kann den Ball einer anderen Person zuwerfen, von der er denkt, dass sie ihm weiterhelfen und ,vorsagen' kann. Noch Fragen dazu? Keine? Gut, dann starte ich gleich: Ich packe meinen Koffer und lege ein Badetuch hinein."

Der Trainer wirft den Ball einem Teilnehmer zu – und achtet darauf, dass ab sieben genannten Gegenständen ein andersfarbiger „Jokerball" bereitliegt.

Hinweise

Die Ankündigung der Übung löst Erstaunen bei den Teilnehmern aus. Fast alle kennen das Spiel noch aus Kindertagen. Hin und wieder regt sich auch ein wenig Widerwillen bei den Teilnehmern. Wie unsere Erfahrungen aber zeigen, macht die Übung am Schluss allen Spaß – und die neue Energie in der Gruppe ist nach der Aktivierung deutlich spürbar.

Literatur

Diese Übung ist durch Zamyat M. Klein inspiriert. Wer Anregungen für Aktivierungen und Seminarspiele sucht, dem seien folgende Bücher empfohlen:

- Beermann, Susanne: Spiele für Workshops und Seminare. Haufe-Lexware, 2008.
- Klein, Zamyat M.: Das tanzende Kamel. Kreative und bewegte Spiele für Trainings und Seminare. managerSeminare, 2008.
- Rachow, Axel (Hrsg.): Spielbar I bis III. managerSeminare.

Die NASA-Übung R

Orientierung

Ziele:

- Das NASA-Spiel soll verdeutlichen, dass komplexe Probleme leichter gelöst werden können, wenn die verschiedenen Überlegungen und Informationen beigesteuert und von allen Teilnehmern diskutiert werden
- Die Lösungskompetenz eines Teams ist höher als individuelle Lösungsideen
- Beobachtung und Reflexion der Entscheidungsfindung innerhalb eines Teams

Zeit:

- Mindestens 90 Minuten

Material:

- Arbeitsblatt „NASA-Übung" (PDF-Download)
- Flipchart „Richtlinien NASA-Übung"
- Flipchart „Lösung NASA-Übung"
- Flipchart „Reflexion NASA-Übung"
- Stifte für alle Teilnehmer

Überblick:

- Der Trainer erläutert die Rahmenbedingungen und Spielregeln
- Jeder Teilnehmer findet zunächst seine individuelle Lösung
- Die individuellen Lösungen müssen innerhalb einer Gruppe in Einklang gebracht werden
- Der Entscheidungsprozess innerhalb der Gruppe wird reflektiert

Erläuterungen

Diese Übung kann dazu dienen, aufzudecken, wie die Entscheidungen in der Gruppe getroffen werden, wie Kommunikation funktioniert, wie sich Gruppenrollen bilden und was der Einzelne zur Lösung einer Gruppenaufgabe beitragen kann. Die „richtige" Lösung ist relativ uninteressant.

Die Autoren und die Herkunft der Übung sind nicht bekannt.

Vorgehen

Der Trainer schildert den Teilnehmern folgende Situation:
„Sie gehören einer Raumfahrergruppe an. Sie hatten den Auftrag, sich mit dem Mutterschiff auf der beleuchteten Mondoberfläche zu treffen. Wegen technischer Schwierigkeiten musste Ihr Raumschiff 300 km entfernt vom Mutterschiff landen. Während der Landung ist das meiste der Bordausrüstung zerstört worden. Ihr Überleben hängt davon ab, dass Sie das Mutterschiff zu Fuß erreichen. Sie dürfen nur das Allernotwendigste mitnehmen, um diese Strecke bewältigen zu können. Auf dem Arbeitsblatt, das ich Ihnen gleich austeile, ist eine Aufzählung von 15 unzerstört gebliebenen Dingen. Ihre Aufgabe besteht darin, eine Rangordnung der aufgezählten Gegenstände zu erstellen, die für die Mitnahme durch die Besatzung mehr oder weniger wichtig sind. Ordnen Sie – in Einzelarbeit – eine 1 der allerwichtigsten Position zu, eine 2 der nächst wichtigen usw., bis alle 15 Positionen entsprechend ihrer Wichtigkeit aufgereiht sind. Sie haben dafür 15 Minuten Zeit. Danach treffen wir uns wieder hier im Plenum. Es ist wichtig, dass Sie Ihre Rangfolge alleine bilden, ohne sie mit den anderen abzustimmen."

Anschließend verteilt er das Arbeitsblatt „NASA-Übung" (Download) an alle Teilnehmer. Nach den vereinbarten 15 Minuten bittet der Trainer alle Teilnehmer wieder in den Stuhlkreis und teilt zwei Gruppen ein, die er in den verschiedenen Ecken eines Raumes oder alternativ in zwei verschiednen Räumen positioniert. Er erläutert den nächsten Teil der Aufgabe:

„Nachdem Sie nun Ihre eigene Rangfolge gebildet haben, ist es nun Ihre Aufgabe, innerhalb dieser Gruppe eine gemeinsame neue Rangfolge zu erstellen, mit der alle Mitglieder einverstanden sind. Das bedeutet, dass die Rangfolge der einzelnen Positionen einstimmig festgelegt werden muss. Einstimmigkeit ist nur schwer zu erzielen – und genau aus diesem Grund wird nicht jeder Rangplatz jeden Einzelnen voll befriedigen. Versuchen Sie trotzdem eine Rangordnung so zu erstellen, dass alle hinreichend damit einverstanden sind. Hier einige Richtlinien:"

Der Trainer zeigt das Flipchart „Richtlinien NASA-Übung“.

Die Teilnehmer erhalten vom Trainer das Kommando, dass die Übung begonnen werden kann und dafür 30 Minuten zur Verfügung stehen. Der Trainer weist die Teilnehmer darauf hin, dass nach Ablauf der Zeit die gefundene Rangordnung mit Erklärung vorm Plenum präsentiert werden muss.

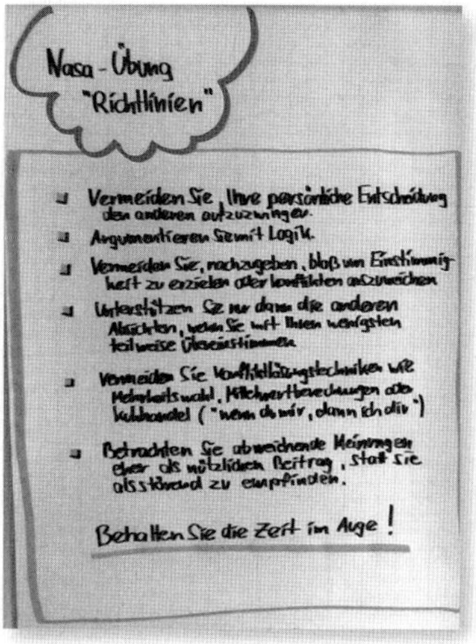

Nach Ablauf der Zeit präsentieren die Gruppen ihr Ergebnis. Der Trainer zeigt das Flipchart „Lösung NASA-Übung“ und die Teilnehmer bekommen nochmals zehn Minuten Zeit, ihr Ergebnis und das der Gruppe mithilfe des Auswertungsbogens (Download) zu analysieren.

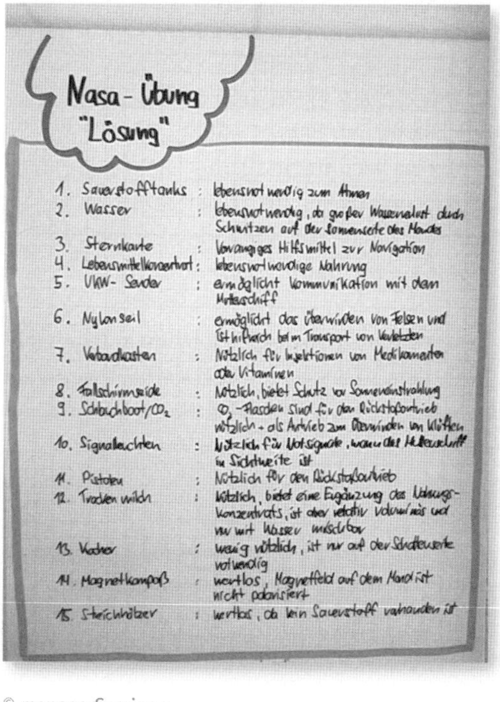

Als abschließender Baustein der Übung wird der Entscheidungsfindungsprozess reflektiert. Hierfür kann das nachfolgende Flipchart eine Orientierungshilfe sein:

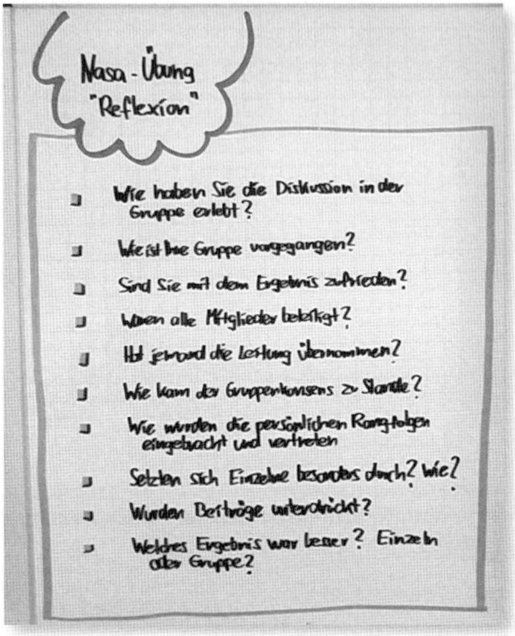

Hinweis

Es kann sinnvoll sein, pro Gruppe jeweils einen neutralen Beobachter einzusetzen, der die Fragen der Reflexion bereits während der Übung beantwortet, da sich die Gruppe im Nachhinein häufig nicht mehr an alle Details erinnern kann. Entscheidet sich der Trainer dafür, keine neutralen Beobachter einzusetzen, sollte er diese Rolle übernehmen und abwechselnd beide Gruppen beobachten.

Als Variante kann die Übung ohne eine genaue Zeitvorgabe am Ende eines Tages oder auch sogar nach dem Abendessen durchgeführt werden. Die Übung ist dann beendet, wenn sich die Gruppe auf eine Rangfolge geeinigt hat.

Download-Ressourcen

- Das Arbeitsblatt sowie eine Musterlösung stehen Ihnen als Download-Ressourcen zur Verfügung.
  www.managerseminare.de/tmdl/b,199771

Selbsteinschätzungsbogen zu den Fähigkeiten eines Teamleiters

S

Orientierung

Ziele:

- Die Teilnehmer erhalten einen Einschätzungsbogen an die Hand, mit dem sie reflektieren können, welche Fähigkeiten ein Teamleiter benötigt und welche Stärken und Schwächen sie in ihrer Rolle als Teamleiter haben
- Der Bogen ermöglicht einen Abgleich von Fremd- und Selbstbild in Bezug auf die Fähigkeiten eines Teamleiters

Zeit:

- 10 Minuten zur Erläuterungen des Bogens

Material:

- Selbsteinschätzungsbogen „Die Fähigkeiten eines Teamleiters" (Kopiervorlage als PDF-Download)

Überblick:

- Der Trainer teilt die Selbsteinschätzungsbogen aus
- Der Trainer erläutert, welchen Zweck der Test erfüllt
- Er instruiert die Teilnehmer, wie der Bogen auszufüllen und auszuwerten ist

Erläuterungen

Der Selbsteinschätzungsbogen reflektiert die Fähigkeiten eines Teamleiters. Insofern ist er nur für diejenigen Seminarteilnehmer geeignet, die tatsächlich Teamleiterpositionen innehaben. Falls dies für alle Teilnehmer der Fall ist, kann der Trainer diesen in das Seminar integrieren, ansonsten bietet es sich an, den Bogen an diejenigen Teilnehmer mit Teamleiterfunktion auszuteilen und kurz zu erläutern, wie damit umzugehen ist. Der Reflexionsbogen ist ideal für die Vor- und Nachbereitung eines Teamseminars geeignet: So können die Teamleiter ihre Stärken und Schwächen als Teamleiter zur Vorbereitung des Seminars reflektieren und im Nachgang den Bogen von Teammitgliedern ausfüllen lassen, um einen Abgleich von Fremd- und Selbstwahrnehmung vorzunehmen.

Vorgehen

Der Trainer leitet die Übung ein.

„Ich habe für Sie einen Selbsteinschätzungsbogen, mit dem Sie reflektieren können, welche Fähigkeiten ein Teamleiter benötigt und wo Ihre Stärken und Schwächen als Teamleiter liegen. Zudem können Sie mit dem Bogen einen Abgleich Ihrer eigenen Wahrnehmung mit der Wahrnehmung Ihrer Teamkollegen zu Ihren Fähigkeiten als Teamleiter vornehmen. Ich werde Ihnen den Bogen austeilen und Ihnen erläutern, wie Sie diesen ausfüllen und mit Ihren Teammitgliedern auswerten können."

Dann verteilt er den Bogen und erläutert, wie vorzugehen ist:

„Falls Sie auch an einer Einschätzung von anderen Personen zu Ihren Fähigkeiten interessiert sind, gilt es zunächst einmal, den Bogen in entsprechender Anzahl zu kopieren, bevor Sie sich ans Ausfüllen machen. Im ersten Schritt geht es um Ihre Selbsteinschätzung: Bitte füllen Sie den Bogen aus und bewerten Sie die angesprochenen Fähigkeiten. Die herausragenden Fähigkeiten werden mit 7 bewertet, die so gut wie nicht vorhandenen Fähigkeiten mit 1. Alle Abstufungen dazwischen (von 1 bis 7) sind möglich. Addieren Sie anschließend die Punkte je Kriterium und tragen Sie die Summe im Auswertungs-Chart unter Spalte ‚Selbsteinschätzung' ein. Nutzen Sie die Ergebnisse zunächst als Gelegenheit zur Reflexion. Wo liegen Ihre Stärken, welche Fähigkeiten können Sie noch ausbauen? In einem zweiten Schritt können Sie ausgewählte oder auch alle Teammitglieder um eine Einschätzung bitten. Lassen Sie diese ebenfalls den Bogen ausfüllen, ermitteln Sie die Summen je Kriterium und tragen Sie die Ergebnisse in die Spalten für die ‚Fremdeinschätzung' ein. Im Auswertungs-Chart sind hierfür drei Spalten vorgesehen, Sie können diese natürlich ergänzen. Addieren Sie die Werte der Fremdeinschätzung für jede Aussage, tragen Sie die Summe ein und bilden Sie anschließend den Mittelwert der Fremdeinschätzungen je Kriterium.

Wie gehen Sie nun mit den Ergebnissen um? Für die Interpretation der Ergebnisse ist einerseits der Vergleich zwischen der gemittelten Fremdeinschätzung und Ihrer Selbsteinschätzung, andererseits aber auch der Absolutbetrag der gemittelten Fremdeinschätzung maßgeblich.

Aussagen, bei denen der gemittelte Wert unter 3 liegt, sollten Sie veranlassen, über Maßnahmen zur Verbesserung des angesprochenen Sachverhaltes nachzudenken und eine entsprechende positive Entwicklung anzustreben. Handlungsfelder mit Entwicklungsmöglichkeiten sind auch für jene Fähigkeiten erkennbar, bei denen die gemittelten Fremdeinschätzungen weit von Ihrer Selbsteinschätzung abweichen.

Besprechen Sie mit den Teammitgliedern das Ergebnis und machen Sie Ihre unterschiedlichen Sichtweisen zu den jeweiligen Aussagen transparent. Am Ende können Sie die Ergebnisse zusammenfassen und einen Aktionsplan erstellen, in dem Sie festhalten, was Sie:

- *gegenwärtig mit Erfolg tun und beibehalten wollen,*
- *zukünftig mehr tun wollen,*
- *zukünftig weglassen wollen.*

Noch ein Hinweis: Falls Sie den Bogen nicht an Ihre Teammitglieder geben möchten, können Sie Ihre Ergebnisse auch mit einer Person Ihres Vertrauens durchsprechen und diese fragen, ob sie zu einer ähnlichen Einschätzung Ihrer Fähigkeit kommt."

Selbsteinschätzungsbogen zu den Fähigkeiten eines Teamleiters – Fragebogen

Bewerten Sie bitte die einzelnen Aussagen anhand der Skala. „1" meint „Fähigkeit nicht vorhanden", „7" meint „Fähigkeit hervorragend ausgeprägt". Auch alle Abstufungen zwischen 1 und 7 sind möglich.

Bilden Sie anschließend die Summe der Ergebnisse je Kriterium und tragen Sie diese in das Auswertungs-Chart ein.

1. Führungsstärke	1	2	3	4	5	6	7
Stellt die Erwartungen an alle Mitglieder klar dar							
Spricht Abweichungen von Vereinbarungen, Regeln und Zielen offen an							
Nimmt sich ausreichend Zeit für Führungsaufgaben							
Ist bereit, auch unliebsame Entscheidungen begründet durchzusetzen							
Klärt für alle im Team Aufgaben, Rollen und Verantwortlichkeiten							

2. Kommunikationsfähigkeit	1	2	3	4	5	6	7
Kann anderen aktiv zuhören							
Spricht auch schwierige Themen wertschätzend-sachlich an							
Ist in Gesprächen und Meetings lösungsorientiert							
Behält auch in schwierigen Gesprächen Distanz zum Geschehen und den Blick für die Gesamtsituation							
Hat jederzeit ein offenes Ohr für seine Mitarbeiter							

3. Konfliktmanagement	1	2	3	4	5	6	7
Schätzt unterschiedliche Sichtweisen und Meinungen							
Geht Konflikten nicht aus dem Weg							
Sieht Konflikte als Weiterentwicklungschance für Einzelne und das Team							
Weiß, wann er als Teamleiter bei Konflikten im Team zu interventieren hat							
Löst Konflikte auf sachliche, für beide Konfliktseiten gewinnbringende Art							

4. Haltung	1	2	3	4	5	6	7
Positioniert sich klar in seiner Führungsrolle							
Ist in seinem Verhalten verlässlich							
Handelt selbst wertebewusst und ermutigt andere, nach ihren Wertenzu leben							
Legt offen, welche Werte im Team Geltung haben sollen und nimmt Vorbildfunktion ein							
Sorgt für verbindliche Entscheidungen							

5. Lernbereitschaft	1	2	3	4	5	6	7
Stellt Bestehendes wie Arbeitsabläufe, Aufgabenverteilung und Strukturen immer mal wieder in Frage							
Gesteht sich selbst und anderen Fehler zu							
Motiviert sein Team, sich kontinuierlich weiterzuentwickeln							
Ist offen für Neues							
Steht zu seinen eigenen Fehlern und lernt aus diesen							

6. Reflexionsfähigkeit	1	2	3	4	5	6	7
Hinterfragt den eigenen Standpunkt							
Holt sich regelmäßig Feedback von anderen ein							
Ist interessiert an Menschen, die andere Meinungen vertreten							
Hat die Fähigkeit, Situationen und Personen schnell zu erfassen und richtig einzuschätzen							
Wird aufgrund seiner Reflektiertheit als Ratgeber geschätzt							

7. Zielorientierung	1	2	3	4	5	6	7
Vereinbart realistische Ziele und sorgt für Zieltransparenz							
Verdeutlicht jedem seinen Beitrag zur Zielerreichung							
Benennt Zwischenschritte auf dem Weg zum Ziel							
Überprüft regelmäßig die Zielerreichung							
Motiviert und unterstützt das Team bei der Zielerreichung							

8. Prozessoptimierung	1	2	3	4	5	6	7
Nimmt Einfluss auf die Arbeitsorganisation							
Sorgt für reibungslose Prozesse							
Kümmert sich um gute Rahmenbedingungen für das Team							
Ermutigt zur Kooperation und zum vernetzten Arbeiten							
Ist ständig auf der Suche nach Verbesserungen im Prozessablauf							

9. Beziehungskompetenz	1	2	3	4	5	6	7
Kann gut mit Menschen umgehen							
Unterstützt und begleitet andere in ihrer Entwicklung							
Hat ein Gespür für die Bedürfnisse seiner Mitarbeiter							
Sorgt sich um den Teamzusammenhalt und eine gute Stimmung im Team							
Schafft eine vertrauensvolle Atmosphäre							

Selbsteinschätzungsbogen zu den Fähigkeiten eines Teamleiters – Auswertungs-Chart

	Selbst-einschätzung	Fremdeinschätzung 1	Fremdeinschätzung 2	Fremdeinschätzung 3	Summe Fremdeinschätzung	Durchschnitt Fremdeinschätzung
1						
2						
3						
4						
5						
6						
7						
8						
9						

Download-Ressourcen

- Der Selbsteinschätzungsbogen steht Ihnen als Download-Ressource zur Verfügung.
  www.managerseminare.de/tmdl/b,199771

Kreativität in Teams fördern: Die vier Farben – Input und Übung T

Orientierung

Ziele:
- Die Teilnehmer lernen eine Kreativitätsmethode für Teams kennen
- Sie entwickeln kreative Lösungen mit der Vier-Farben-Methode

Zeit:
- 60 Minuten (10 Min. Vorstellung Methode und Rollen, 30 Min. Diskussion, 10 Min. Austausch, 10 Min. Puffer)

Material:
- Flipchart „Kreativ diskutieren – die vier Farben"
- Vier große, farbige Moderationskarten mit Rollenbezeichnungen (weiße Karte: „Neutraler", grüne Karte: „Realist", blaue Karte: „Kritiker", gelbe Karte: „Visionär")

Überblick:
- Der Trainer erläutert die Methode und die vier Rollen
- Die Teilnehmer gehen in drei Gruppen à vier Teilnehmern zusammen
- Sie diskutieren ein Thema mit der Vier-Farben-Methode
- Abschließend werden die Erfahrungen mit der Methode im Plenum besprochen

Erläuterungen

Die „Farben-Methode" kann als zusätzlicher Baustein fest in das Seminar integriert werden, um den Teilnehmern Schlüsselkompetenzen mit auf den Weg zu geben. Ansonsten bietet es sich an, die Methode immer dann vorzustellen, wenn die Teilnehmer im Seminar nach kreativen Lösungen für ein Thema suchen (z.B. Entwicklung einer gemeinsamen Teamvision).

Vorgehen

„Ich möchte Ihnen gerne eine bekannte Kreativitäts-Methode vorstellen, bei der mehrere Personen ein Problem aus verschiedenen Blickwinkeln

betrachten und diskutieren. Die Methode geht zurück auf den Autor und NLP-Trainer Robert Dilts, der über den berühmten Zeichentrickpionier Walt Disney geschrieben hat: „There were actually three different Walts: the dreamer, the realist and the spoiler.“ („Tatsächlich gab es drei Walts: den Träumer, den Realisten und den Miesepeter.“). *Diese drei Rollen werden genutzt, um die verschiedenen Perspektiven im Umgang mit neuen Ideen zu symbolisieren und dadurch kreative Lösungen für ein Problem zu finden. Kreativität meint in diesem Fall nicht eine Sammlung von verrückten Ideen, vielmehr wird Kreativität als ein Instrument verstanden, um zu besseren Resultaten zu gelangen. Kreativität ist notwendig, um Bestehendes zu hinterfragen, eingeschlagene Pfade einmal zu verlassen, querzudenken und neue, bessere Ideen und Mittel zu entwickeln und umzusetzen. Dieses Einnehmen von verschiedenen Rollen macht sich auch die Vier-Farben-Methode zu eigen, auch wenn zur Kreativitätsförderung die drei Rollen um eine weitere ergänzt werden – deshalb auch vier Farben, jede Farbe steht für eine Rolle.“*

Der Trainer präsentiert das Flipchart „Kreativ diskutieren – die vier Farben“ und erläutert:

„Die Farbe Gelb steht für den Visionär. Der Visionär ist der enthusiastische Ideenlieferant. Er blickt in die Zukunft und sieht Dinge, die die anderen nicht sehen, sprüht vor ausgefallenen Ideen, denkt um die Ecke, kümmert sich wenig darum, ob seine Ideen auch umsetzbar sind. Seine Stärken sind die neuen Ansätze.

Die Farbe Grün kennzeichnet den Realisten. Der Realist nimmt im Gegensatz zum Visionär den praktisch-rationalen Standpunkt ein. Er ist der Macher und entwickelt die Ideen für die Umsetzung. Für ihn hat oberste Priorität, ob das, was besprochen ist, auch realistisch ist. Insofern analysiert er notwendige Voraussetzungen und Maßnahmen, entwirft Pläne und behält immer die Realisierbarkeit einer Sache im Auge.

Die Farbe Blau steht für den Kritiker. Der Kritiker ist derjenige, der Dinge überprüft und hinterfragt. Er äußert seine Zweifel und legt seine Finger in die Wunden. Von neuen Ideen muss er erst einmal überzeugt werden, indem seine Zweifel komplett ausgeräumt werden. Somit ist er notwendiger Fragensteller und Qualitätsmanager in einer Person.

Die Farbe Weiß kennzeichnet die Rolle des neutralen Beraters und Beobachters. Er beobachtet aufmerksam die Geschehnisse um ihn herum, wahrt eine gewisse Distanz, die es ihm ermöglicht, den Prozess der Ideenfindung positiv voranzubringen, indem er die anderen berät und unterstützt.

Vermutlich kommen Ihnen diese vier Rollen bekannt vor. Sicherlich haben Sie sich auch schon mal ertappt, dass Sie in der ein oder anderen Diskussion in eine Ihrer Lieblingsrollen geschlüpft sind. Der Ideenfluss und die Kreativität lassen sich nachweislich fördern, wenn tatsächlich aus allen vier Rollen heraus an einem Tisch diskutiert wird. Die Methode ist besonders hilfreich, wenn es darum geht, Ziele und Visionen zu konkretisieren und alltagstauglich zu gestalten. Und genau das wollen wir nun ausprobieren. Ich würde Sie bitten, dass Sie drei Gruppen à vier Personen bilden. Bitte stehen Sie auf und suchen Sie sich Ihre Gruppe. In der Zwischenzeit werde ich Ihre Stühle so gruppieren und kennzeichnen, dass Sie gleich in den vier Rollen diskutieren können."

Dann stellt der Trainer jeweils vier Stühle in einer Ecke des Seminarraums zusammen und kennzeichnet jeden Stuhl mit einer der farbigen Moderationskarte, auf der die entsprechende Rolle vermerkt ist. Die Karte hängt er mit Klebestreifen an die Sitzkante, sodass die Rollen auch dann erkennbar sind, wenn der Stuhl besetzt ist. In jeder Grup-

pe gibt es einen Träumer, einen Realisten, einen Kritiker und einen neutralen Beobachter. Sobald dies geschehen ist, bittet der Trainer die Teilnehmer, sich in ihren Gruppen eine Anfangsrolle auszusuchen und sich auf den entsprechenden Stuhl zu setzen.
„Bitte suchen Sie sich nun in Ihrer Gruppe einen Stuhl. Ihre Rollenzuteilung spielt in den ersten fünf Minuten noch keine Rolle, denn Sie sollen sich zunächst ein Thema überlegen, das sie für die anschließenden zwanzig Minuten diskutieren wollen. Für die Themensetzung bleiben Sie noch außerhalb Ihrer Rollen und Blickwinkel. Erst mit Beginn der richtigen Themendiskussion schlüpft jeder von Ihnen für jeweils fünf Minuten in eine der Rollen."

Der Trainer kann es den Teilnehmern überlassen, sich ein geeignetes Thema zu suchen. Er sollte aber auch ein Thema in der Hinterhand haben. Bei einem Teamtraining bietet es sich beispielsweise an, gemeinsam zu überlegen, wie aus einer Gruppe von Mitarbeitern ein richtiges Team geformt werden kann. Nach Ablauf der fünf Minuten vergewissert sich der Trainer, dass alle Gruppen ein Diskussionsthema haben. Sobald dies der Fall ist, fährt er fort:
„Bitte denken Sie daran: Jeder von Ihnen hat nun eine bestimmte Rolle inne. Vergegenwärtigen Sie sich nochmals zu Anfang, was genau Ihre Rolle beinhaltet. Versuchen Sie wirklich die entsprechende Brille aufzusetzen und nur aus dieser Perspektive heraus zu diskutieren. Der neutrale Beobachter sollte ein kleines Zeichen geben, falls ihm auffällt, dass jemand aus seiner Rolle schlüpft. Ich gebe Ihnen nach fünf Minuten ein Zeichen, dann wechseln alle ihre Stühle und somit auch die Rollen und Sie diskutieren erneut aus der neuen Perspektive heraus. Alles klar? Dann können wir beginnen!"

Alle fünf Minuten gibt der Trainer ein Zeichen für den Stuhl- und Rollenwechsel. Nach zwanzig Minuten haben alle Teilnehmer einmal die vier Rollen innegehabt. Alle finden sich wieder im Stuhlkreis zusammen und besprechen im Plenum ihre Erfahrungen mit der Vier-Farben-Methode. Der Trainer kann abschließend darauf hinweisen, dass die vier Rollen auch von allen gemeinsam nacheinander eingenommen werden können. So lässt sich ein Thema beispielsweise zunächst aus der Sichtweise des Visionärs diskutieren, dann aus der Perspektive des Realisten, des Kritikers und abschließend des Neutralen.

Hinweise

- Das Kreativitätsthema lässt sich sehr gut mit dem „9-Punkt-Rätsel" (Seite 247 ff.) einleiten, da die Teilnehmer damit bereits auf spielerische Weise lernen, eingefahrene Denkmuster zu verlassen.
- Die vier Farben können auch über Tücher symbolisiert werden, die sich die Teilnehmer über die Schulter legen.
- Eine zusätzliche Information für die Teilnehmer ist der Hinweis, dass sich die Methode auch als Einzelperson anwenden lässt. Man beginnt mit der neutralen Position und analysiert das Problem. Dann bewegt man sich einen Stuhl weiter auf eine der anderen Positionen, nimmt diese Rolle ein und argumentiert aus dieser Perspektive. Man verändert die Positionen im Wechsel so lange, bis eine zufriedenstellende Idee entwickelt wurde. Tipp: Auch hierzu sollte man vier Stühle markieren und diese nicht nur gedanklich einnehmen!

Literatur

- Dilts, Robert u.a.: Know-how für Träumer: Strategien der Kreativität, NLP & Modelling, Struktur der Innovation. Junfermann, 1994.
- Klein, Zamyat M.: Kreative Geister wecken – Kreative Ideenfindung und Problemlösungstechniken. managerSeminare, 3. Aufl. 2010.

U Kommunikation in Teams verbessern – Input und Übung

Orientierung

Ziele:

- Die Teilnehmer lernen die wichtigsten Kommunikationsregeln kennen
- Sie üben die Regeln anhand eines konkreten Beispiels aus ihrem Teamalltag

Zeit:

- 70 Minuten (5 Min. Sammlung Praxisfall, 15 Min. Erläuterungen Gesprächsregeln, 5 Min. Erläuterungen Übung, 20 Min. Übung, 15 Min. Blitzlicht, 10 Min. Puffer)

Material:

- Moderationskarten für alle
- Flipchart „Tipps für Ihre Kommunikation"

Überblick:

- Die Teilnehmer notieren auf Karten, über wen oder was sie sich in letzter Zeit in ihrem Team geärgert haben
- Der Trainer erläutert die Kommunikationsregeln
- Die Teilnehmer üben zu zweit die Regeln anhand ihres konkreten Beispiels
- Die Erkenntnisse aus der Zweier-Übung werden über ein Blitzlicht ins Plenum geholt

Erläuterungen

Man kann nicht nicht kommunzieren", lautet eine der Grundregeln der Kommunikation. Gerade für die Zusammenarbeit im Team ist eine konstruktiv-sachliche Kommunikation das A und O. Die Übung „Kommunikation in Teams verbessern" eignet sich für jedes Teamseminar – in nur 60 Minuten werden die Grundregeln der Kommunikation aufgefrischt und jeder Teilnehmer hat die Möglichkeit, diese an einem konkreten Praxisbeispiel aus seinem Team zu üben.

Vorgehen

Der Trainer leitet in das Thema ein:
„Bevor ich Ihnen die Grundregeln für gute Kommunikation nahebringen werde, bitte ich Sie, dass Sie zunächst kurz überlegen: „Wer und was in Ihrem Team hat Sie in letzter Zeit geärgert? Das kann auch gerne etwas sein, was schon länger zurückliegt oder was Ihnen schon seit Langem auf dem Herzen liegt – wichtig ist nur, dass Sie die Sache bislang noch nicht angesprochen haben. Bitte überlegen Sie in Ruhe. Ich teile Ihnen solange eine Moderationskarte aus, auf der Sie dann stichwortartig für sich kurz notieren können, welche Person und welche Situation Ihnen dazu einfällt."

Er teilt jedem eine Moderationskarte aus. Er wartet, bis alle Teilnehmer einen Fall notiert haben und bittet die Teilnehmer dann, ihre Moderationskarten unter ihren Stuhl zu legen.

„Bitte legen Sie Ihre konkrete Situation zunächst einmal beiseite oder besser: unter Ihren Stuhl. Wir werden die Karte später noch benötigen. Zunächst möchte ich Ihnen einige Tipps für Ihre Kommunikation geben."

Der Trainer präsentiert das Flipchart „Tipps für Ihre Kommunikation".

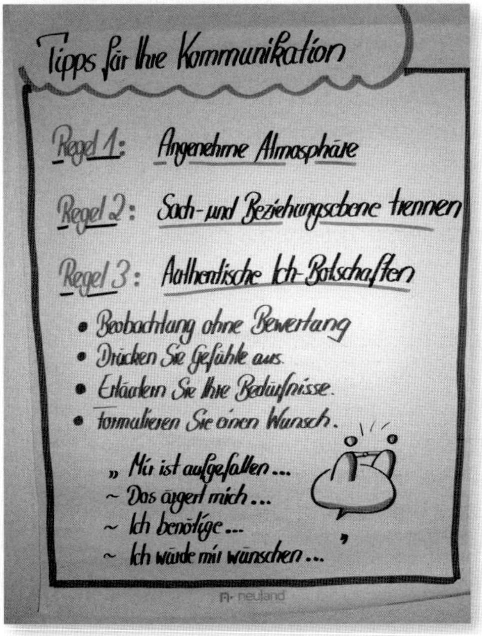

Regel Nummer 1 lautet: Sorgen Sie für eine angenehme Gesprächsatmosphäre!

„Jedes Gespräch lässt sich leichter führen, wenn eine angenehme Gesprächsatmosphäre herrscht. Wer sich in der jeweiligen Umgebung und Situation wohlfühlt, zeigt eher eine Bereitschaft, aufeinander zuzugehen und eine gemeinsame Lösung zu finden. Das heißt zunächst einmal, dass Sie Zeit und Ruhe für Gespräche mitbringen. Das hört sich zunächst lapidar an, aber überlegen Sie mal: Konzentrieren Sie sich tatsächlich immer ausschließlich auf denjenigen, der mit Ihnen in ein Gespräch geht? Ein erster positiver Eindruck gelingt Ihnen, wenn Sie Ihrem Gesprächspartner tatsächlich Interesse und Wertschätzung zeigen."

Regel Nummer 2 lautet: Trennen Sie immer Sach- und Beziehungsebene!

„Wir alle würden sehr viel einfacher miteinander in Teams zurechtkommen, wenn es uns gelänge, die Sachebene immer von der Beziehungsebene zu trennen. Es fällt uns in der Regel schwer, Unangenehmes zu thematisieren. Oft lässt man es dann lieber, bis die Sache eskaliert. Oder man sucht Trost und Unterstützung bei anderen, anstatt mit der Person zu reden, mit der man ein Problem hat. Sehr viel einfacher: Trennen Sie konsequent zwischen Person und Sache. Das Verhalten des Gesprächspartners kann kritisiert werden, als Person ist ihm aber immer Respekt und Wertschätzung zu zollen. In der Regel geht es um die Lösung eines Problems, deshalb immer auf der Sachebene bleiben. Akzeptieren Sie Differenzen, die es zwischen Ihnen und der Person gibt, ebenso andere Meinungen und Vorgehensweisen. Wie langweilig wäre ein Team, wenn es nur Teamkollegen gäbe, die genau so denken wie Sie!"

Regel Nummer 3 lautet: Verwenden Sie authentische Ich-Botschaften!

- *„Drücken Sie Beobachtungen ohne Bewertung aus! Beispiel: ‚Mir ist aufgefallen, dass, …' Vermeiden Sie Wörter wie ‚dauernd, oft, ständig'. Beziehen Sie sich lieber auf die ganz konkrete Situation.*
- *Drücken Sie Gefühle aus! Beispiele: ‚Das ärgert mich.', ‚Ich bin unsicher, was ich davon halten soll.'*
- *Erläutern Sie Ihre Bedürfnisse! Negative Gefühle entstehen, weil meine Bedürfnisse nicht erfüllt sind und nicht, weil mein Gegenüber sich nicht so oder so verhält. Deshalb sagen Sie nicht: ‚Ich bin ärgerlich,*

weil Sie ...', sondern formulieren Sie besser: ‚Ich bin ärgerlich, weil ich ... brauche.'

- *Formulieren Sie einen Wunsch! Gerade wenn es in schwierige Gesprächssituationen geht, fallen wir meist in das Muster, dem Gesprächspartner Vorwürfe zu machen. Wir verschaffen uns Luft, indem wir klar und deutlich sagen, was uns – häufig schon seit Längerem – stört. Dies ist ganz normal. Denken Sie aber immer daran, jedem Vorwurf, so er denn sein muss, eine Bitte oder einen Wunsch folgen zu lassen. Mit einem Vorwurf weiß der Gegenüber schon mal, dass Sie sich über etwas aufregen, dass Sie etwas stört. Er weiß aber noch nicht, was Sie sich konkret wünschen. Beachten Sie deshalb die sog. VW-Regel: Jeden Vorwurf in einen Wunsch verpacken!*

Bitte schauen Sie sich nun noch mal unsere drei Regeln zur Verbesserung der Kommunikation und speziell die Ich-Botschaften in Ruhe an. Haben Sie dazu noch Fragen?"

Der Trainer klärt nach Bedarf Fragen. Diese lassen sich in der Regel anhand des einen oder anderen Beispiels erklären. Der Trainer sollte jedoch nicht zu tief in weitere Erläuterungen einsteigen, da die Teilnehmer die Tipps zunächst an einem konkreten Beispiel anwenden sollen. Der Trainer leitet zur praktischen Anwendung der Regeln:
„Nun möchte ich Sie bitten, dass Sie Ihre Karte hervorholen, auf der Sie notiert hatten, was Sie in letzter Zeit in Ihrem Team geärgert hat. Bitte gehen Sie zu zweit zusammen und sprechen Sie das, was Sie geärgert hat, konstruktiv an – indem Sie nämlich unsere Regeln der Kommunikation, speziell der Ich-Botschaften, beachten. Ihr Partner spielt dabei den jeweiligen Teamkollegen. Geben Sie sich im Anschluss Feedback, wie die Botschaft beim Gegenüber ankam. Danach wechseln Sie die Rollen, sodass jeder sein Anliegen vorbringen kann und Feedback erhält. Für unsere Kommunikationsübung nehmen wir uns 15 Minuten Zeit. Ich werde mich auch beteiligen und ein wenig bei Ihnen mithören, um Ihnen noch den ein oder anderen konkreten Tipp zu geben. Wenn Sie sich mit einer Formulierung nicht sicher sind, geben Sie mir einfach ein kurzes Zeichen, dann komme ich zu Ihnen."

Die Gesprächspartner setzen sich verteilt im Seminarraum gegenüber. Der Trainer geht während der Übung von Gruppe zu Gruppe. Nach zehn Minuten gibt er ein Signal, dass noch fünf Minuten zur Verfügung stehen. Nach Ablauf der insgesamt 15 Minuten kommen alle wieder im Stuhlkreis zusammen. Der Trainer holt die Ergebnisse aus der Übung über ein Blitzlicht ins Plenum:

„Nachdem Sie zu zweit geübt haben, berichten Sie bitte kurz, was Sie aus der Übung mitnehmen konnten und ob noch Fragen aufgetaucht sind. Überlegen Sie kurz in Ihrem Zweier-Team.“

Die Teilnehmer erhalten eine Minute Bedenkzeit. Anschließend fragt der Trainer in die Runde: *„Wer möchte beginnen? Bitte von jeder Gruppe ein kurzes Statement in drei bis fünf Sätzen.“* Falls Fragen von den Teilnehmern auftauchen, beantwortet der Trainer diese direkt im Anschluss an das jeweilige Blitzlicht. Ansonsten geht das Blitzlicht reihum.

Der Trainer beschließt die Übung mit einem Appell:
„Bitte nehmen Sie die ein oder andere Kommunikationsregel mit in Ihr Team. Dann gibt es in Zukunft keine schwierigen Gesprächssituationen mehr und kleine Probleme werden viel häufiger direkt angesprochen, bevor sie sich zu großen auswachsen!“

Hinweise

- Die Übung steht und fällt mit der Qualität des Austausches in der Zweiergruppe. Deshalb sollte der Trainer darauf achten, bei allen Teams kurz vorbeizuschauen und zu unterstützen.
- Beim Blitzlicht ist darauf zu achten, dass die Teilnehmer nicht noch einmal von ihren konkreten Gesprächsanlässen berichten, sondern sich auf ihre Erkenntnisse aus der Übung beschränken.
- Der Trainer kann die abschließende Plenumsrunde damit beginnen, dass er ein Zweier-Team bittet, ihr Gespräch noch mal kurz für alle nachzuspielen, um ein Best-Practice-Beispiel zu haben. Um die Teilnehmer nicht zu überfahren, bittet er bereits während der Zweierübung ein Paar darum, ob es möglich wäre, dass sie ihr Gespräch in genau dieser Form noch mal für alle wiederholen, da die Formulierungen sehr gelungen sind.

Literatur

- Schulz von Thun, Friedemann: Miteinander reden. Störungen und Klärungen, Allgemeine Psychologie der Kommunikation. Bd. 1, rororo, 1981.
- Watzlawick, Paul u.a.: Menschliche Kommunikation: Formen, Störungen, Paradoxien. Huber, 11. Aufl. 2007.

Coaching-Kompetenz für Teams: Fünf Schritte zum Ziel – Input und Übung

V

Orientierung

Ziele:
- Die Teilnehmer lernen ein Coaching-Instrument kennen, um Probleme in Teams lösungsorientiert anzugehen
- Die Teilnehmer führen selbstständig ein effizientes Mini-Coaching durch

Zeit:
- Zwischen 85 und 100 Minuten (15 Min. Vorstellung der Methode, 15 bis 30 Min. Live-Coaching, 30 Minuten Übung im Zweier-Team, 15 Min. Abschlussrunde, 10 Min. Puffer)

Material:
- Flipchart „Coaching-Kompetenz: In fünf Schritten zum Ziel"
- Fragenübersicht „Coaching-Kompetenz für Teams: Fünf Schritte zum Ziel" (Kopiervorlage als PDF-Download)

Überblick:
- Der Trainer stellt die Coaching-Methode „Fünf Schritte zum Ziel" vor
- Die Teilnehmer erleben die Methode anhand eines Live-Coachings
- Die Teilnehmer probieren die Methode in Zweier-Teams aus
- Der Trainer holt die Eindrücke aus der Gruppenarbeit über ein Blitzlicht ins Plenum

Erläuterungen

Die „Fünf Schritte zum Ziel" sind eine Anleitung für lösungsorientierte Gespräche. Ein gewisses Grundverständnis von Coaching ist für alle Teammitglieder ein Gewinn, insofern lohnt sich die Vorstellung der Methode in jedem Teamseminar. Allerdings sollte die Methode erst dann vorgestellt werden, wenn die Teilnehmer eine gewisse Vertrauensbasis zueinander aufgebaut haben, um sich für die Coaching-Gespräche zu öffnen.

Vorgehen

Der Trainer führt zum Thema hin:

„Sicherlich kennen Sie das auch: In Teams gibt es immer wieder Situationen, in denen Probleme auftauchen und viel gejammert wird. Manche Teamkollegen sind dafür schon bekannt, dass sie häufiger die Dinge negativ wahrnehmen, manchmal lässt sich auch das ganze Team anstecken und alle sind sich beispielsweise einig, dass die neue Software einfach nur katastrophal ist. Sie haben aber sicherlich auch schon erlebt, dass Sie von Teamkollegen oder auch privat um Rat gefragt wurden: Es kam jemand zu ihnen, der in einer Situation nicht wusste, wie er sich verhalten soll. Oft fällt es uns dann schwer, die passenden Sätze zu finden und dem Ratsuchenden nicht nur Verständnis entgegenzubringen, sondern auch tatsächlich weiterzuhelfen. Für all diese und vermutlich auch noch unzählig weitere Situationen möchte ich Ihnen eine nahezu perfektes Coaching-Instrument mit auf den Weg geben, die ‚Fünf Schritte zum Ziel'."

Dann präsentiert er das Flipchart „Coaching-Kompetenz: Fünf Schritte zum Ziel".

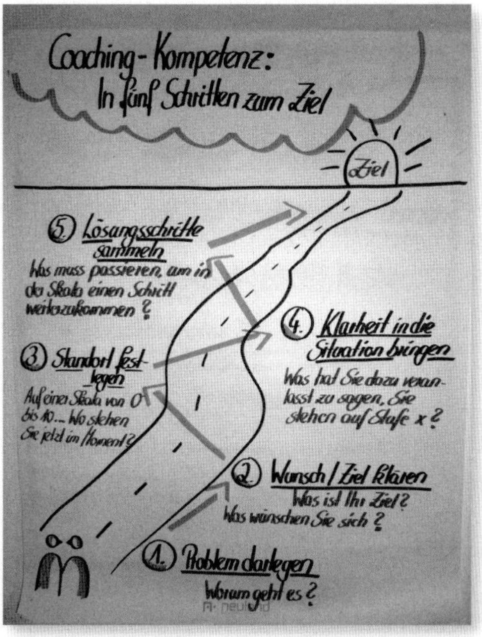

„Die Methode heißt deshalb ‚Fünf Schritte zum Ziel', da sie hilft, mit fünf Fragen in schwierigen Situationen weg vom Problem hin zur Lösung

zu kommen. Diese fünf Fragen stelle ich Ihnen nun vor. Ein solch lösungsorientiertes Gespräch gestaltet sich nämlich wie folgt:

1. Problem darlegen
Frage eins zum Ziel: „Worum geht es?“
„Hier gilt es, den Ratsuchenden kurz berichten zu lassen und dabei Verständnis für seine Situation zu zeigen, etwa mit dem Satz ‚Ich verstehe Dich‘ oder ‚Ich verstehe, dass das eine schwierige Situation für Dich ist‘. Versuchen Sie aber nicht, das Problem komplett zu verstehen. Das müssen Sie nicht, um dem Ratsuchenden helfen zu können. Lassen Sie sich deshalb das Problem nur kurz darlegen.“

2. Wunsch/Ziel klären
Frage zwei zum Ziel: „Was wünschen Sie sich stattdessen?“ oder „Was ist Ihr Ziel“ oder „Wie wäre es optimal?“
„Verlagern Sie den Blickwinkel des Ratsuchenden von seinem Problem weg hin zur Lösung. Dies fällt oft gar nicht leicht und erfordert Zeit zum Nachdenken. Wir wissen in der Regel relativ genau, was uns nicht gefällt. Es ist jedoch nicht einfach, immer gleich sagen zu können, was wir uns stattdessen wünschen. Geben Sie deshalb dem Ratsuchenden die Möglichkeit, sich in Ruhe anhand einer der drei oben genannten Fragen zu überlegen, was sein Ziel ist. Achten Sie auch darauf, dass das Ziel positiv formuliert ist, also nicht ‚Ich will nicht mehr, dass ...‘, sondern ‚Ich wünsche mir stattdessen ...‘“

3. Standort festlegen
Frage drei zum Ziel: „Stellen Sie sich eine Skala von 0 bis 10 vor: 0 bedeutet, dass die Lage für Sie absolut katastrophal und nicht mehr zu verschlimmern ist. 10 hingegen bedeutet, dass alles optimal für Sie läuft und Sie Ihr Ziel erreicht haben. Wo stehen Sie jetzt im Moment mit Ihrem Anliegen auf dieser Skala?“
„In schwierigen Situationen scheint uns der Berg von Problemen oft undurchdringlich – die Skalenfrage ermöglicht es, die Situation klar zu strukturieren, die Lösung wieder ins Auge zu fassen (die ‚10‘) und den Weg zum Ziel in einzelnen Schritten wieder sichtbar zu machen.“

4. Klarheit in die Situation bringen
Frage vier zum Ziel: „Ah, Sie stehen also auf Stufe x. Was hat Sie dazu veranlasst zu sagen, Sie stehen auf x und nicht auf Stufe 1?“
„In Problemsituationen verstellt uns das Problem gerne den Blick auf die Gesamtsicht. Wir sehen nur noch das Problem und nehmen anderes, speziell Positives, nicht mehr wahr. Hier hilft es Klarheit in die Situation

zu bringen, zu schauen, was auch gut läuft und sich selbst bewusst zu machen, warum man sich auf der jeweiligen Stufe sieht."

5. Lösungsschritte sammeln
Frage fünf zum Ziel: „Was müsste passieren, um in der Skala einen Schritt weiterzukommen, also von (beispielsweise) 4 auf 5? Was müssten Sie dafür tun? Was müssten andere tun? Wer könnte Sie dabei unterstützen?"
„Nachdem Ziel und Standort klar sind, gilt es nun, konkrete Lösungsschritte zu sammeln, wie das Ziel erreicht werden kann. Hier muss der Ratsuchende ‚arbeiten', das kostet Zeit. Geben Sie ihm diese Zeit und fragen Sie immer wieder nach: ‚Und was noch?' Falls dem Ratsuchenden auch nach längerem Nachdenken keine Maßnahmen einfallen, hilft die Frage: ‚Aber was könnten Sie tun, um das Problem zu verschlimmern?' Hier fällt einem in der Regel jede Menge ein – und als Ratgebender hat man zugleich die Stellschrauben des Problems, die natürlich nicht nur zur Verschlimmerung, sondern auch zur Lösung des Ganzen beitragen."

Soweit die „Fünf Schritte zum Ziel". Noch einmal kurz zusammengefasst:
1. Problem darlegen
2. Wunsch/Ziel klären
3. Standort festlegen
4. Klarheit in die Situation bringen
5. Lösungsschritte sammeln

„Ich habe für Sie eine Fragenübersicht der ‚Fünf Schritte zum Ziel' zusammengestellt, die ich Ihnen gerne an die Hand geben möchte."

Der Trainer teilt die Übersicht aus.

„Noch sind diese Fragen graue Theorie. Ich kann mir vorstellen, dass Sie sich fragen, ob das denn tatsächlich so funktioniert. Hierzu könnte ich Ihnen jede Menge erzählen, aber viel leichter können Sie sich überzeugen, wenn Sie die Methode gleich selbst erleben und natürlich auch ausprobieren können. Ich würde Ihnen gerne die Methode demonstrieren, bevor Sie sie zu zweit üben können. Dazu benötigen wir aber Anliegen, die für ein lösungsorientiertes Gespräch in Frage kommen. Bitte überlegen Sie, ob Sie eine Situation vor Augen haben, bei der Sie gerne Unterstützung hätten. Ob privat oder beruflich, ob ein größeres oder kleineres Problem, ganz egal. Einfach eine Situation,

bei der Sie sagen, die beschäftigt mich seit einiger Zeit, aber irgendwie komme ich da nicht weiter. Nehmen Sie sich ruhig drei Minuten hierfür Zeit."

Nach Ablauf der drei Minuten fragt der Trainer in die Runde: *„Wer würde gerne sein Anliegen in der Runde einbringen, sodass ich die Rolle des Coachs übernehmen kann?"* Der Trainer sucht einen Freiwilligen aus und weist die anderen Teilnehmer darauf hin, dass sie als aufmerksame Beobachter fungieren sollen: *„Schauen Sie genau hin und hören Sie aufmerksam zu, was welche Fragen beim Ratsuchenden bewirken."* Trainer und Ratsuchender stellen ihre Stühle aus dem Stuhlkreis nach vorne und setzen sich gegenüber. Der Trainer startet die „Fünf Schritte zum Ziel" mit der Frage: „Worum geht es?" und führt anschließend das Mini-Coaching anhand der vorgestellten Schritte und Fragen durch. Dies dauert je nach Anliegen zwischen 15 und 30 Minuten.

Im Anschluss an das Coaching wird zunächst der Coachee gefragt, wie er das lösungsorientierte Gespräch erlebt hat, dann schildert der Coach seine Eindrücke. Anschließend erhalten die Teilnehmer Gelegenheit, Fragen zu stellen oder ihre Eindrücke zu schildern.

Der Trainer leitet zur Übung über:
„Nachdem Sie nun die ‚Fünf Schritte zum Ziel' erlebt haben, sollen Sie die Methode auch selbst ausprobieren. Bitte suchen Sie sich einen Kollegen, mit dem Sie in das Coaching-Gespräch gehen möchten. Suchen Sie sich eine ruhige Ecke und besprechen Sie zunächst gemeinsam, wer Ratsuchender und wer Coach ist – und welches Anliegen Sie einbringen. Dann testen Sie die Methode einfach mal aus, nehmen Sie dazu Ihre Fragenübersicht mit. Besprechen Sie auch im Anschluss gemeinsam Ihre Eindrücke. Wenn Fragen auftauchen, halten Sie diese bitte fest – diese können wir dann im Plenum gemeinsam besprechen. Nehmen Sie sich hierfür 30 Minuten Zeit. Wir treffen uns dann um x Uhr wieder hier im Seminarraum."

Wenn alle wieder im Stuhlkreis versammelt sind, holt der Trainer die Erlebnisse aus den Coaching-Gesprächen über ein Blitzlicht ins Plenum: *„Ich hätte gerne von jedem von Ihnen in zwei Sätzen gehört, wie die Methode bei Ihnen ankam. Falls etwas unklar blieb oder Fragen aufgetaucht sind, bitte ebenso ansprechen. Überlegen Sie eine Minute und dann starten wir mit Ihren Eindrücken."*

Der Trainer gibt den Teilnehmern eine Minute Zeit zum Nachdenken, dann startet das Blitzlicht. Fragen oder Unklarheiten der Teilnehmer werden direkt geklärt, ansonsten geht das Blitzlicht ohne Diskussion reihum.

Der Trainer schließt die Übung mit einem Appell an die Teilnehmer: *„Bitte probieren Sie die „Fünf Schritte zum Ziel" einfach auch mal in Ihrem Berufsalltag aus. Sie werden feststellen, dass die Methode für sehr viele Situationen in Teams anwendbar ist!"*

Hinweise

- Der Trainer sollte darauf achten, dass das Anliegen für das „Live-Coaching" nicht zu komplex ist, da die „Fünf Schritte zum Ziel" ansonsten relativ lange dauern.
- Die Hemmschwelle, konkrete Anliegen für ein Mini-Coaching zu nennen, ist für die Teilnehmer am Anfang zunächst groß. Hier dauert es oft einige Zeit, bis Themen kommen. Der Trainer kann den Prozess beschleunigen, indem er einige Beispiele nennt (*„Ein Beispiel für solch ein Anliegen wäre, dass Sie mit Ihrem neuen Kollegen nicht zurechtkommen oder Sie wissen nicht, wie Sie sich verhalten sollen, nachdem Sie erst vor Kurzem vom Kollegen zum Teamleiter aufgestiegen sind."*).
- Zum Ausprobieren der Übung sollten die Teilnehmer immer nur zu zweit zusammengehen und sich ihren Coaching-Partner auch selbst aussuchen. Das Einbringen eines Anliegens und die Beantwortung der Fragen erfordert ein gewisses Maß an Vertrauen, insofern sollte der Trainer hier keine Vorgaben machen, wer mit wem zusammenarbeitet.

Literatur

- Kindl-Beilfuß, Carmen: Fragen können wie Küsse schmecken. Carl-Auer-Systeme, 2. Aufl. 2008.
- Prior, Manfred: MiniMax-Interventionen: 15 minimale Interventionen mit maximaler Wirkung. Carl-Auer-Systeme, 8. Aufl. 2009.
- Wehrle, Martin: Die 100 besten Coaching-Übungen. managerSeminare, 2010.

Download-Ressourcen

- Kopiervorlage der Fragenübersicht www.managerseminare.de/tmdl/b,199771

1.000 und eine Teamgeschichte – Übung W

Orientierung

Ziele:
- Die Teilnehmer reflektieren ihre Teamkultur
- Die Teilnehmer machen sich die Geschichte ihres Teams anhand einprägsamer Teamereignisse bewusst

Zeit:
- 100 Minuten (5 Min. Hinführung, 5 Min. Beschreibung Teamkultur mit Adjektiven, 10 Min. Aufstellung, 10 Minuten Reflexion, 50 Min. Teamgeschichten, 10 Min. Abschluss, 10 Min. Puffer)

Material:
- Karte mit aktueller Jahreszahl
- Flipchart „Ihr einprägsamstes Teamerlebnis"

Überblick:
- Der Trainer führt zum Thema hin
- Die Teilnehmer beschreiben die Kultur ihres Teams mit drei Adjektiven
- Sie positionieren sich nach der Länge ihrer Teamzugehörigkeit
- Jeder Teilnehmer erzählt das für ihn einprägsamste und charakteristischste Teamerlebnis

Erläuterungen

Die Übung „1.000 und eine Teamgeschichte" ist eine ideale Methode, um Teamentwicklungsprozesse zu unterstützen. Die Teilnehmer erinnern sich an Ereignisse, die ihr Team wesentlich beeinflusst haben und erzählen so die Teamgeschichte anhand einprägsamer Ereignisse nach – vom am längsten dazugehörigen Teammitglied bis zum Neueinsteiger. Die Übung ist zum Einsatz in klassischen Teamentwicklungen vorgesehen. In einem Seminar „Teams entwickeln und steuern" mit Teilnehmern aus unterschiedlichen Teams kann der Trainer die Methode vorstellen und auf spielerische Art und Weise durchführen, indem die Aufreihung der Teilnehmer nach Länge der Teamzugehörigkeit beibehalten wird und jeder in dieser Reihenfolge eine Geschichte von seinem Team erzählt. Die Teilnehmer lernen hierbei nicht nur die Methode zur Anwendung in ihrem Team kennen, sondern reflektieren gleichzeitig ihre Teamgeschichte im Vergleich zu anderen.

Vorgehen

Der Trainer führt zum Thema „Teamkultur" hin:
„Das Thema ‚Unternehmenskultur' bzw. ‚Teamkultur' ist ja gar nicht so einfach zu greifen. Wüssten Sie auf Anhieb, was die Kultur Ihres Teams ausmacht? Aus dem Stegreif fällt die Antwort in der Regel schwer. Schon etwas einfacher geht es, wenn wir unser Team mit zutreffenden Adjektiven beschreiben sollen, also z.B.: ‚Bei uns ist die Teamkultur sehr konservativ oder kreativ.' Überlegen Sie bitte mal: Mit welchen drei Adjektiven würden Sie Ihre Teamkultur beschreiben?"

Er gibt kurz Zeit zum Nachdenken und fragt dann die Teilnehmer reihum nach den drei Adjektiven. Anschließend fährt der Trainer fort:
„Je nachdem, wie stark Teamkulturen ausgeprägt sind, fällt es uns leichter oder schwerer, unsere Teamkultur direkt in Worte zu fassen. Die Kultur eines Systems ist auch nicht einfach zu greifen. Dahinter verbergen sich Normen, Werte und Einstellungen, die im Verborgenen schlummern und uns oft gar nicht bewusst sind. Und doch steuert die Kultur unser Verhalten in einem größeren Maße, als wir denken. Deshalb ist es sinnvoll, sich einmal die Zeit zu nehmen und die Teamgeschichte als roten Faden der Teamkultur in kleinen ausgewählten Episoden nachzuerzählen. Genau das wollen wir jetzt tun und dazu möchte ich Sie bitten, dass Sie sich nach der Länge der Teamzugehörigkeit positionieren. Diese Karte symbolisiert unser aktuelles Jahr 20xx."

Der Trainer legt die Moderationskarte mit der aktuellen Jahreszahl in eine Ecke des Raumes auf dem Boden ab:
„Derjenige, der am kürzesten bei seinem aktuellen Team dabei ist, stellt sich direkt an diese Karte, diejenigen, die schon länger dabei sind, sortieren sich dahinter nach der Länge ihrer Teamzugehörigkeit. Zum besseren Verständnis: Diese Karte bildet sozusagen das eine Ende unserer Schlange, das andere Ende bildet derjenige, der am längsten zu seinem Team gehört."

Er gibt den Teilnehmern Zeit, sich abzusprechen und nach Länge ihrer Teamzugehörigkeit aufzustellen. Haben sich alle Teilnehmer positioniert, fragt er nach: *„Bitte nennen Sie uns kurz, wie lange Sie bei Ihrem Team sind."* Er fängt bei dem Teilnehmer mit der kürzesten Teamzugehörigkeit an, dann geht es der Reihe nach durch.

Anschließend fährt der Trainer fort:
„Bitte merken Sie sich Ihre Position. Sie wird gleich noch eine Rolle spielen. Zunächst richten wir aber den Blick in die Vergangenheit."

Der Trainer präsentiert das Flipchart „Ihr einprägsamstes Teamerlebnis."

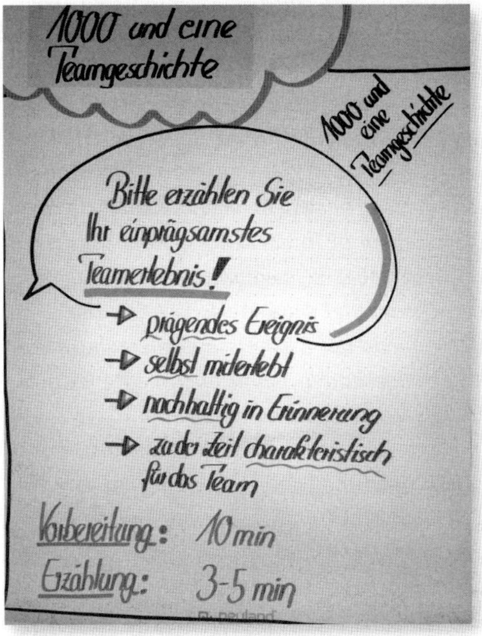

„Sie sollen sich nun ein Ereignis aus Ihrem Team ins Gedächtnis rufen, welches Sie miterlebt haben und das Ihrer Meinung nach für das Team prägend war. Etwas, das Ihnen nachhaltig in Erinnerung geblieben ist. Hierzu fallen Ihnen sicherlich verschiedene Begebenheiten ein. Nehmen Sie bitte die Geschichte, bei der Sie denken, dass sie charakteristisch für Ihr Team ist. Wir sind jetzt aber nicht in der Märchenstunde, Sie müssen nicht alle Erfolgsstorys oder Ähnliches erzählen. Erzählen Sie uns eine Geschichte, von der Sie denken, dass diese Geschichte wiederum uns sehr viel von Ihrem Team erzählt. Nehmen Sie sich zehn Minuten Zeit für die Auswahl, die Geschichte selbst sollten Sie uns dann in drei bis fünf Minuten erzählen."

Der Trainer gibt den Teilnehmern zehn Minuten Zeit. Anschließend stellen sich alle wieder in der Reihenfolge der Länge der Teamzugehörigkeit auf und der Teilnehmer mit der längsten Teamzugehörigkeit beginnt, seine Geschichte zu erzählen. Der Nachbar folgt – und so geht es weiter, bis alle ihre Geschichte erzählt haben.

Anschließend finden sich alle wieder im Stuhlkreis zusammen. Der Trainer fragt in die Runde: *„Was ist Ihnen aufgefallen?"* In der Regel stellt sich heraus, dass die Teilnehmer über die Geschichten teilweise einen sehr guten Eindruck von der Beschaffenheit des jeweiligen Teams erhalten. Oft sind sie erstaunt, da sie die Teams der Kollegen noch einmal auf ganz andere Art und Weise kennenlernen.

Schließlich beendet der Trainer die Übung mit einem Hinweis zum Einsatz der Methode in den eigenen Teams:
„Nun kommen Sie ja alle aus unterschiedlichen Teams. Stellen Sie sich bitte mal vor, dass die Teamgeschichten in Ihrem Team erzählt werden. Das Teammitglied, das am längsten dabei ist, beginnt und jeder erzählt die Geschichte, die für ihn einprägsam und charakteristisch ist. Die Teamgeschichte wird sozusagen anhand der Ereignisse nacherzählt und viel Erlebtes, das das Verhalten des gesamten Teams auch heute noch beeinflusst, tritt offen zutage. Ich kann Sie deshalb nur animieren, die Teamgeschichten auch mal in Ihrem Team zum Einsatz kommen zu lassen. Sie werden sehen, dass die Erinnerung von einem jeden wie ein Mosaiksteinchen ist, das zum Abschluss einen großen Teil der Teamkultur sichtbar macht."

Hinweise

Die Übung „1.000 und eine Teamgeschichte" ist gerade bei Teamentwicklungen und Veränderungsprozessen ein idealer Einstieg für einen Workshop.

- In Teamentwicklungsprozessen lässt sich die Übung sehr gut mit der Darstellung der Teamgeschichte über einen Zeitstrahl verknüpfen, bei dem die Teilnehmer die wichtigsten Epochen einzeichnen, für jede Epoche ein knackiges Motto finden und ebenso die Ereignisse festhalten, die einen einschneidenden Wandel für das Team mit sich brachten.
- Zum Erzählen der Geschichten können sich die Teilnehmer entweder auf den Boden setzen oder ihren Stuhl holen. Die Reihenfolge und die Positionierung außerhalb des gängigen Sitzkreises sollte jedoch beibehalten werden.

Teams hoch drei kunterbunt – Aktivierung X

Orientierung

Ziele:
- Sorgt für Abwechslung
- Bringt wieder Konzentration und Schwung in die Gruppe

Zeit:
- 30 Minuten (5 Min. Einführung, 2 Min. je Teilnehmer)

Material:
- Flipchart „Teams hoch drei kunterbunt"
- Für jeden Teilnehmer 3 kleine Karten oder Notizblätter
- Hut oder sonstigen Behälter
- Ball zur Bestimmung der Reihenfolge

Überblick:
- Der Trainer erläutert die Übung
- Die Teilnehmer schreiben drei Begriffe auf Karten. Diese werden eingesammelt, gemischt und neu verteilt
- Die Teilnehmer erzählen gemeinsam eine Geschichte. Jeder Teilnehmer knüpft hierzu an den Erzählungen der Vorgänger an und hat eine Minute Zeit, die Geschichte weiterzuerzählen und dabei die drei erhaltenen Begriffe einzubauen

Erläuterungen

„Teams hoch drei kunterbunt" ist eine Aktivierungsübung, die immer dann eingesetzt werden kann, wenn die Konzentration und Aufmerksamkeit der Teilnehmer nachlässt und wieder frischer Schwung in die Gruppe kommen soll.

Vorgehen

Der Trainer führt in die Übung ein:
„Ich habe für Sie heute einen Zauberhut mit dabei. Jeder von Ihnen bekommt aus diesem Hut drei kleine Kärtchen. Ich bitte Sie, dass Sie spontan auf jede Karte einen frei wählbaren Begriff schreiben – und zwar was Ihnen gerade einfällt. Auch ungewöhnliche Worte sind erlaubt. Bitte schreiben Sie groß und deutlich auf Ihre Moderationskarten, sodass die Karten auch von weiter weg gut lesbar sind."

Der Trainer teilt die Karten an die Teilnehmer aus. *„Sie haben nun eine Minute Zeit, Ihre drei Karten mit je einem Begriff zu füllen."* Nach Ablauf der Minute fragt der Trainer in die Runde: *„Hat jeder von Ihnen drei Begriffe notiert?"* Wenn alle Teilnehmer ihre Kärtchen beschrieben haben, geht der Trainer mit dem Hut reihum. Jeder der Teilnehmer wirft seine Karten in den Hut. Der Trainer mischt die Karten im Hut gut durch. Anschließend bittet er die Teilnehmer: *„Nachdem nun alle Karten gut durchgemischt im Hut sind, bitte ich Sie, dass jeder wieder drei Karten aus dem Hut zieht."*

Jeder der Teilnehmer zieht drei Karten. Dann erläutert der Trainer die Vorgehensweise und präsentiert hierzu das Flipchart „Teams hoch drei kunterbunt".

„Bitte kommen Sie nun nach vorne und erzählen Sie gemeinsam eine Teamgeschichte. Jeder von Ihnen hat hierzu eine Minute Zeit, dann kommt der Nächste. Dieser knüpft direkt an die Erzählung des Vorgängers an und erzählt die Teamgeschichte auf seine Art und Weise weiter. Einzige Regel: Jeder muss in seinem Abschnitt der Geschichte die drei von ihm gezogenen Begriffe verwenden. Dazu hebt er die jeweilige Karte hoch, sobald das Wort in seiner Geschichte vorkommt. Überlegen Sie hierzu nicht zu viel, sondern erzählen Sie frei von der Leber weg, was

Ihnen einfällt. Denken Sie aber daran: Am Schluss soll eine komplette, lustige und unglaublich interessante Geschichte erzählt worden sein. Hierfür tragen alle Verantwortung! Wer möchte beginnen?"

Der Trainer wirft demjenigen, der beginnen möchte, einen Ball zu. Der Teilnehmer kommt nach vorne und beginnt mit der Geschichte. Wichtig ist, dass der Trainer darauf achtet, dass nicht länger als eine Minute erzählt wird. Nach 45 Sekunden gibt er ansonsten ein kurzes Signal: *„Noch 15 Sekunden Zeit."* Der Teilnehmer wirft anschließend den Ball einem beliebigen Kollegen zu. Dieser kommt dann nach vorne und greift den Faden des Vorgängers auf.

Hinweise

- Bei dieser Übung ist die Bestimmung der Reihenfolge über das Ballzuwerfen wichtig. Ansonsten baut sich bei den Teilnehmern eine unerwünschte Spannungshaltung auf nach dem Motto „Gleich bin ich an der Reihe." Die „Teams hoch drei kunterbunt"-Geschichte soll jedoch spontan und mit viel Spaß der Teilnehmer erzählt werden.
- Bezüglich der Art der Geschichte können die Teilnehmer frei wählen. Das Ergebnis der Geschichte lässt sich nicht vorhersagen. Der Trainer sollte darauf hinweisen, dass die Teilnehmer zwar frei sind, was sie erzählen, aber alle die Verantwortung tragen, dass am Ende eine vollständige Geschichte entstanden ist.
- Falls jemand ins Stocken kommt, dürfen die Kollegen weiterhelfen und einen passenden Satz zurufen.
- Der Trainer kann die Geschichte ein wenig steuern, indem er die Anfangssätze übernimmt – und damit der Geschichte eine gewisse Richtung vorgibt. Hier können auch Gedanken aus dem Seminar aufgegriffen werden.
- Wichtiger als die Qualität der Geschichte ist bei der Übung, dass die Teilnehmer ihre Aufmerksamkeit eine halbe Stunde auf etwas anderes richten, um so neue Konzentration für das Seminar zu sammeln. In der Regel lauschen bei dieser Aktivierung alle gespannt dem jeweiligen Erzähler – und es wird viel gelacht!

Literatur

Wer weitere Anregungen für Aktivierungen und Seminarspiele sucht, dem seien folgende Bücher empfohlen:

- Beermann, Susanne: Spiele für Workshops und Seminare. Haufe-Lexware, 2008.
- Klein, Zamyat M.: Das tanzende Kamel. Kreative und bewegte Spiele für Trainings und Seminare, managerSeminare, 2008.
- Rachow, Axel (Hrsg.): Spielbar I bis III. managerSeminare.

Gemeinsame Teamvision: Ein Blick in die Zukunft – Übung

Orientierung

Ziele:
- Die Teilnehmer machen sich Gedanken über die weitere Entwicklung ihres Teams
- Sie entwickeln gemeinsam eine Teamvision

Zeit:
- 150 Minuten (10 Min. Einführung, 60 Min. Gruppenarbeit, 25 Min. Präsentation der Ergebnisse, 10 Min. Puffer, 45 Min. Kartenabfrage)

Material:
- Flipchart „Ein Blick in die Zukunft – unsere Teamvision"
- Pinnwand „Unsere Teamvision"
- Moderationsmaterial

Überblick:
- Der Trainer stellt die Übung vor
- Die Teilnehmer erarbeiten in zwei Gruppen die Erfolgsstory ihres Teams
- Die Erfolgsstorys werden präsentiert
- Die Ergebnisse werden in Form einer Kartenabfrage zu einem Gesamtbild zusammengefasst

Erläuterungen

Die Entwicklung einer gemeinsamen Teamvision ist eine Übung, die speziell für Teamentwicklungen geeignet ist. Es lohnt sich jedoch auch, die Übung in unserem „Teams entwickeln und steuern"-Seminar vorzustellen, denn dort taucht häufig die Frage auf, wie in Teams ein positives Zukunftsbild entworfen werden kann. In diesem Fall erläutert der Trainer, wie sich ein solcher Blick in die Zukunft umsetzen lässt. Agiert der Trainer mit einem Team im Seminar, wird die Übung direkt angewendet.

Vorgehen

Der Trainer erläutert die Übung:
„Ich möchte Ihnen nun eine Übung vorstellen, wie Sie in und mit Ihren Teams einen Blick in die Zukunft werfen und sich gemeinsam überlegen können, wo Ihr Team in fünf Jahren stehen soll. Versetzen Sie sich dazu bitte in folgende Situation. Sie alle befinden sich am Ende des Jahres 20xx. Ihr Team hat ein überaus erfolgreiches Jahr hinter sich. Sie haben Ihre gesetzten Ziele weit übertroffen, ihr erfolgreicher Ruf hat sich über das Unternehmen hinaus verbreitet. Nun möchte ein Wirtschaftsredakteur über Ihren Erfolgsweg und die Erfolgsfaktoren berichten. Sie haben ihn und sein Kamerateam zu einem Interviewtermin eingeladen, bei dem sie den Journalisten ihre Erfolgsstory berichten möchten. Soweit die Ausgangslage. Ihre Aufgabe ist es nun, dass Sie Ihre Erfolgsgeschichte schreiben – und zwar rückblickend vom Jahre 20xx aus."

Dann präsentiert er das Flipchart „Ein Blick in die Zukunft – unsere Teamvision".

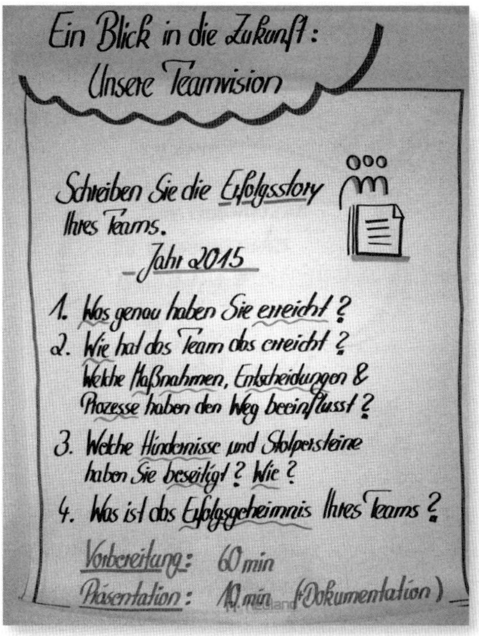

„Beantworten Sie dabei folgende Fragen:
1. *Was genau haben Sie erreicht?*
2. *Wie hat das Team das erreicht? Welche Maßnahmen, Entscheidungen und Prozesse haben den Erfolgsweg maßgeblich beeinflusst?*

3. Welche Hindernisse und Stolpersteine haben Sie aus dem Weg geräumt? Wie ist Ihnen das gelungen?
4. Was denken Sie ist das Erfolgsgeheimnis Ihres Teams?

Sie haben anschließend zehn Minuten Zeit, den Journalisten Ihre Erfolgsstory vorzustellen. Bereiten Sie hierzu auch ein Flipchart oder eine Pinnwand vor, in der Sie Ihre Erfolgsstory dokumentieren und mit Bildern hinterlegen!

Wir arbeiten hierzu in zwei Gruppen und schauen im Anschluss an die Vorstellung beider Erfolgsstorys, wo sich Gemeinsamkeiten finden lassen. Für Sie in der Gruppe geht es jetzt zunächst darum, Ihre Erfolgsstory für die Presse so aussagekräftig wie möglich zu gestalten. Für die Vorbereitung haben Sie 60 Minuten Zeit."

Anschließend werden zwei gleich große Gruppen gebildet. Bevor die Gruppen mit der Arbeit beginnen, gibt ihnen der Trainer noch einige Hinweise:
„Bevor Sie mit der Ausarbeitung Ihrer Erfolgsstory beginnen, würde ich Ihnen gerne noch ein paar Tipps für die Vorgehensweise mit auf den Weg geben. Nehmen Sie sich bitte zunächst jeder für sich fünf bis zehn Minuten Zeit, um sich in die Situation hineinzudenken. Stellen Sie sich die Situation im Jahr 20xx so konkret wie möglich vor. Was kommen Ihnen hier für Bilder in den Kopf? Besprechen Sie danach gemeinsam in Ihrer Gruppe Ihre Vorstellungen und Ideen. Fügen Sie diese zu einem gemeinsamen Bild zusammen. Am besten gehen Sie zunächst von der Ist-Situation in fünf Jahren aus – wie ist im Jahr 20xx die aktuelle Situation, wie funktioniert Ihr Team? Beantworten Sie anschließend die Fragen, um die Erfolgsstory möglichst lückenlos aufzuzeigen. Nutzen Sie dabei aussagekräftige Adjektive, um die Geschichte einprägsam zu machen. Vergessen Sie auf keinen Fall die Gestaltung Ihres Erfolgsstory-Bogens! Mit welchen Bildern können Sie Ihre Teamgeschichte darstellen? Moderationsmaterial liegt für Sie bereit. Bitte beginnen Sie jetzt – wir treffen uns um xx Uhr zur Präsentation der Erfolgsstorys wieder hier."

Die beiden Gruppen haben nun 60 Minuten Zeit, um ihre Präsentation vorzubereiten. Der Trainer fungiert in der Zeit als Ansprechpartner und fragt nach, ob die Gruppen zurechtkommen.

Anschließend präsentieren beide Gruppen in jeweils zehn Minuten ihre Ergebnisse. Der Trainer kann hierbei in die Rolle des Journalisten schlüpfen und das Team „interviewen". Dies hilft allen, sich tatsächlich

in das Jahr 20xx zu versetzen. Nachdem beide Teamvisionen vorgestellt wurden, geht es an die Konsolidierung zu einem Gesamtbild. Diese erfolgt im Plenum:
„Nachdem Sie beide Ihren Blick in die Zukunft vorgestellt haben, werden wir die Ergebnisse nun zu einer gemeinsamen Teamvision verdichten."

Der Trainer präsentiert die Pinnwand „Unsere Teamvision".

„Bitte bilden Sie gemischte Zweier-Teams, sodass sich jedes Duo mit je einem Kollegen aus beiden Gruppen zusammensetzt. Stecken Sie die Köpfe zehn Minuten zusammen und überlegen Sie, wo die Gemeinsamkeiten Ihrer Zukunftsvisionen sind: ‚Was haben wir erreicht? Und wie haben wir es erreicht?' Halten Sie zu jeder der beiden Fragen Ihre zwei wichtigsten Erkenntnisse auf Karten fest. Für die ‚Was haben wir erreicht'-Frage nutzen Sie die grünen Karten und für die ‚Wie haben wir es erreicht'-Frage die blauen Karten. Ich würde vorschlagen, dass Sie erst Ihre Zweier-Teams bilden und ich Ihnen dann die Karten austeile."

Nun wartet der Trainer, bis sich die Duos gebildet haben und teilt dann jedem Team zwei blaue und zwei grüne Moderationskarten aus.
„Bevor Sie loslegen: Denken Sie daran, dass wir keine neue Teamvision erarbeiten wollen, sondern lediglich die Gemeinsamkeiten der von Ihnen

bereits erarbeiteten Zukunftsbilder herausarbeiten. Überlegen Sie sich am besten, wie diese kurz und knapp mit Adjektiven und oder auch in Bildern zusammengefasst werden können. Suchen Sie für jeden Aspekt zwei wesentliche Bausteine, die in beiden Gruppen genannt wurden."

Die Teams haben hierfür zehn Minuten Zeit. Der Trainer fragt kurz nach, ob die Zeit ausreichend ist, ansonsten gewährt er noch drei bis fünf Minuten Verlängerung. Anschließend kommen die Zweier-Teams reihum nach vorne, pinnen ihre Karten an und erläutern diese kurz. Zum Abschluss fasst der Trainer die Ergebnisse der Konsolidierung zusammen.

Hinweise

- Die Übung lässt sich hervorragend mit der Erstellung eines gemeinsamen Teambildes verknüpfen. Hierzu werden die Teilnehmer gebeten, das an der Pinnwand festgehaltene Gesamtbild auch tatsächlich in ein Teambild umzusetzen. Dafür malen alle das gemeinsame Teambild im Anschluss auf eine Pinnwand, die mit der Überschrift „Unser Team im Jahr 20xx" versehen ist. Dies sorgt in der Regel für eine richtige Aufbruchstimmung im Team und gibt allen die Gelegenheit, die eher rational erarbeiteten Punkte auf nochmals andere Art und Weise umzusetzen. Für das gemeinsame Teambild sollten 30 Minuten zur Erstellung und 10 Minuten zur abschließend kurzen Erläuterungen eingeplant werden.
- Im Rahmen einer klassischen Teamentwicklung sollte geklärt werden, wie nun die Ergebnisse tatsächlich umgesetzt werden. Hierfür ist zu klären, wer die Aufbereitung und Ausformulierung des Zukunftsszenarios übernimmt und den Entwicklungsweg in Gang setzt.
- Idealerweise steht für die Entwicklung einer Teamvision mit anschließendem Teambild ein halber Seminartag zur Verfügung. Die Übung führt in der Regel zu viel Diskussionsbedarf und beschäftigt die Teilnehmer noch lange.

Z Teamernte einfahren – Übung

Orientierung

Ziele:

- Die Teilnehmer reflektieren ihre wichtigsten Erkenntnisse aus dem Seminar
- Sie geben ein Feedback zum Seminar

Zeit:

- 40 Minuten

Material:

- Pinnwand „Unsere Teamernte"
- Pinnwand „Unser Seminarfahrplan"

Überblick:

- Der Trainer erklärt die Vorgehensweise
- Die Teilnehmer erhalten Zeit, unter Rückblick auf das Seminar die für sie wichtigen Erkenntnisse zu reflektieren
- Die Teilnehmer „scrabbeln" ihre Erkenntnisse an den Teamernte-Baum und erläutern diese

Erläuterungen

Die Übung „Teamernte" ist eine unterhaltsame, interaktive Methode, um in der Cool-down-Phase des Seminars ein Fazit zu ziehen, Inhalte aufzufrischen und jedem Teilnehmer die Möglichkeit zu geben, die für ihn wichtigsten Erkenntnisse aus dem Seminar zu reflektieren.

Vorgehen

Der Trainer leitet die Abschlussrunde ein:
„Langsam nähern wir uns dem Seminarende. Wir sollten die Gelegenheit nutzen, noch einmal auf das zurückzublicken, was wir in den letzten drei Tagen alles gemacht haben."

Der Trainer rückt hierzu die Pinnwand „Unser Seminarfahrplan" in die Mitte.

„Bitte nehmen Sie sich fünf Minuten Zeit. Schauen Sie noch mal auf die verschiedenen Bausteine unseres Seminars und lassen Sie für sich Revue passieren, was für Sie wichtige Erkenntnisse aus unserem Seminar waren. Wir haben in den letzten Tagen viel gearbeitet, das ein oder andere Pflänzchen gesetzt, den ein oder anderen Stolperstein aus dem Weg geräumt – und nun gilt es, die Ernte einzufahren. Nehmen Sie sich also bitte fünf Minuten Zeit, um in Ruhe darüber nachzudenken, was Sie für sich mitnehmen können."

Nach Ablauf von drei Minuten gibt der Trainer ein kurzes Signal: *„Sie haben noch zwei Minuten Zeit. Machen Sie sich ruhig die ein oder andere Notiz für sich in Stichworten."*

Nach weiteren zwei Minuten präsentiert der Trainer die Pinnwand „Unsere Teamernte".

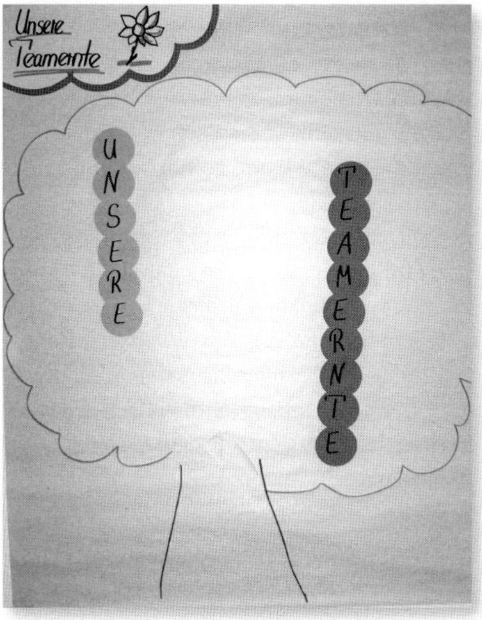

„Ich habe für Sie unseren ‚Teamernte-Baum' vorbereitet. Nun gilt es, unseren Baum der Erkenntnis zu füllen. Und zwar werden wir scrabbeln. Sie sollen Ihre wichtigsten Erkenntnisse so festhalten, dass Sie an die beiden Worte ‚UNSERE TEAMERNTE' Ihre Erkenntnis ‚anbauen'. Ich gebe Ihnen ein Beispiel. Wenn Sie sagen, eine meine wichtigsten Erkenntnisse war es, dass es in jedem Team ganz unterschiedliche Rollen gibt, die ihre jeweiligen Stärken und Schwächen haben, so ergänzen Sie z.B.

das Wort ‚Teamrollen' beim ‚E' von ‚UNSERE'.“ Der Trainer schreibt das Wort Teamrollen entsprechend auf die Pinnwand und fragt nach: *„Ist die Vorgehensweise klar? Haben Sie noch Fragen? Nein? Dann würde ich Sie bitten, dass Sie sich alle einen Moderationsstift nehmen, nach vorne kommen und mindestens eine Erkenntnis an unseren Erntebaum scrabbeln. Dieser sollte am Schluss vollhängen mit den Früchten unserer Arbeit, also ganz gefüllt sein. Anschließend besprechen wir gemeinsam unseren Baum der Erkenntnis."*

Für das Scrabbeln gibt es keine feste Reihenfolge. Die Teilnehmer arbeiten gemeinsam an der Pinnwand und organisieren sich hierzu selbst. Der Trainer kann aber unterstützend eingreifen und während des Scrabbelns nochmals darauf hinweisen, dass jeder die Möglichkeit erhalten soll, eine Erkenntnis unterzubringen, anderseits aber auch die Teilnehmer die Verantwortung haben, dass der gesamte Baum gefüllt wird.

Wenn alle Buchstaben ergänzt sind, gibt der Trainer das Signal, dass sich alle wieder hinsetzen. Nun wird das Scrabble von oben nach unten aufgelöst. Hierzu bittet der Trainer denjenigen, der das jeweilige Wort geschrieben hat, seine Erkenntnis in zwei bis drei Sätzen zu erläutern. Der Trainer fragt lediglich bei Unklarheiten nach, ansonsten werden die Beiträge nicht kommentiert oder gewertet. Abschließend hat der Trainer die Möglichkeit, eine seiner Erkenntnisse aus dem Seminar mitzuteilen. Hierzu scrabbelt er z.B. senkrecht an den gefüllten Teamernte-Baum und zieht ebenfalls ein Fazit.

Hinweise

- Der Trainer kann statt der Wörter „Unsere Teamernte" auch den Namen des Seminars als Grundlage für das Teamernte-Scrabble nutzen, z.B. „TEAMS ENTWICKELN UND STEUERN".
- Die Übung kann flexibel an die zum Abschluss eines Seminars zur Verfügung stehende Zeit angepasst werden. Schreiben die Teilnehmer nacheinander ihre jeweils wichtigste Erkenntnis auf und erläutern diese anschließend ausführlich, dauert die Übung 60 Minuten. Schreiben die Teilnehmer, wie oben erläutert, querbeet an die Pinn-

wand und erläutern ihr Fazit nur in wenigen Sätzen, reichen zur Durchführung der Übung 30 bis 40 Minuten aus.

- Wichtig ist, dass der Trainer den Teilnehmern zunächst eine Reflexionspause von fünf bis zehn Minuten einräumt, damit jeder die Möglichkeit hat, sich in Ruhe die für ihn wichtigsten Erkenntnisse durch den Kopf gehen zu lassen. Erst danach sollte das Scrabble beginnen.
- Wer möchte, kann die Seminarernte auch symbolisch mit einem Geschenk an die Teilnehmer verknüpfen und im Anschluss an das Scrabble jedem z.B. einen kleinen Holzapfel als Reminder an das Seminar und die dort gemachten Erfahrungen mitgeben.

Literatur

Weitere abwechslungsreiche Ideen – nicht nur, aber auch – für Abschlussrunden finden sich in folgenden Büchern:

- Klein, Zamyat M.: Das tanzende Kamel. Kreative und bewegte Spiele für Trainings und Seminare. managerSeminare, 2008.
- Rachow, Axel (Hrsg.): Spielbar I bis III. managerSeminare.
- Seifert, Josef/Göbel, Heinz-Peter: Games. Spiele für Moderatoren und Gruppenleiter. Gabal, 2001.

Geschichten oder Metaphern können Sie wunderbar im Training einsetzen, wenn Sie Ihre Teilnehmer zu einem Thema hinführen wollen, sie zum Nachdenken anregen möchten oder auch einen Wechsel der Perspektive empfehlen. Zehn insbesondere für das Teamtraining geeignete Geschichten und Metaphern stellen wir Ihnen hier vor.

Auf einen Blick

Zehn Geschichten und Metaphern für Teamseminare

Der schwarze Schwan 1

Erläuterungen

Die folgenden Überlegungen passen hervorragend als Input zu Teams, die vor Veränderungen stehen und der festen Überzeugung sind, dass es keinen anderen Weg gibt, als den, den sie kennen (vgl. Beispiel des „Schwarzen Schwans“) oder die nicht erkennen, dass ein Veränderung dringend notwendig ist, um das Überleben zu sichern (vgl. Beispiel des „Truthahns“).

Die Metapher

Der libanesische Autor Nassim Taleb schrieb 2007 den Bestseller „Der schwarze Schwan“. Er beschreibt darin die Unmöglichkeit, aus Vergangenem Schlüsse für die Zukunft abzuleiten. In der westlichen Welt waren alle Schwäne weiß, bis mit der Entdeckung Australiens schwarze Schwäne gefunden wurden.
Und vorbei war es mit der bis dahin gesicherten Erkenntnis „Alle Schwäne sind weiß“. Google, der Terror des 11. September, die große Finanzmarktkrise – alles schwarze Schwäne. Denn keiner – zumindest kaum einer – hätte damit gerechnet.

Warum wir nie das Unvorhergesehene erwarten: Taleb erzählt dazu die Geschichte vom Truthahn. Der Truthahn ist erst scheu, muss sich an die Hand seines Besitzers gewöhnen, bis er sich schließlich darauf freut, dass diese ihn jeden Tag füttert. Der Truthahn geht davon aus, dass er auch in Zukunft von dieser Hand gefüttert wird. Und jeder Tag, der vergeht, scheint das zu bestätigen. Bis zur Stunde der langen Messer, in der die Hand, die den Truthahn füttert, ihn schlachtet.

Die Bilder des schwarzen Schwans und des Truthahns zeigen: Mach doch an die Dinge, die du für selbstverständlich gehalten hast, immer mal wieder ein Fragezeichen!

Literatur

- Taleb, Tassim: Der Schwarze Schwan. Deutscher Taschenbuch Verlag, 2010.

Der weise Rabbiner 2

Erläuterungen

Die Geschichte „Der weise Rabbiner" lädt zum Perspektivenwechsel ein und ist hervorragend zur Verdeutlichung systemisch-lösungsorientierter Sichtweisen im Rahmen der kollegialen Beratung geeignet. Ebenso dient die Geschichte als hilfreicher Impuls zum Umgang mit Konflikten in Teams: Es kommt eben nicht darauf an, wer Recht hat – denn jeder hat aus seiner Perspektive Recht. Der Trainer kann deshalb im Anschluss an die Geschichte seinen Teilnehmern die Botschaft mit auf den Weg geben, dass es viel sinnvoller ist, gemeinsam im Team nach Lösungen zu suchen, als darüber zu streiten, wer Schuld hat oder im Recht ist.

Die Geschichte

Eines Abends klopfte ein Dorfbewohner an die Tür des alten und weisen Rabbiners. „Rabbi, Rabbi, es hat sich etwas sehr Schlimmes zugetragen", begann der Händler aufgeregt und schilderte den Streit, wie er sich heute auf dem Markt zugetragen hatte. Der Rabbi hörte sich die Geschichte in aller Ruhe an, fragte einiges nach und beruhigte anschließend den Händler: „Mach Dir keine Sorgen, Du hast Recht." Und er schloss die Tür.

Nur wenig später klopfte es erneut an der Tür. Diesmal war es der Sohn des Marktvorstehers, der in den Streit verwickelt war. „Rabbi, Rabbi, heute hat sich etwas Schlimmes zugetragen", begann der Besucher genauso aufgeregt wie sein Vorgänger und schilderte den Vorfall, wie er ihn erlebt hatte. Der Rabbi hörte sich in Ruhe die Version des Jungen an, fragte hier und da nach und brachte anschließend seinen Besucher wieder zur Tür. Er beruhigte ihn und sagte: „Mach Dir keine Sorgen. Du hast Recht."

Der alte Rabbiner freute sich nun auf eine ruhige Stunde in seinem bequemen Sessel. Doch als er gerade auf dem Weg dorthin war, stellte sich ihm seine Frau aufgebracht in den Weg. Sie hatte von der Küche aus, die nur durch einen Vorhang abgetrennt war, jedes Wort der beiden Besucher mit angehört: „Sag mal Rabbi, bist Du noch bei Sinnen? Ich habe jedes Wort mit angehört, wie kannst Du nur beiden Recht geben?" Und sie erzählte ihm ihre Fassung der Geschichte, so wie sie es heute Morgen auf dem Markt gesehen und erlebt hatte. Nach einem leichten Seufzer hörte der Rabbi seiner Frau aufmerksam zu und fragte mit Geduld nach, bis er sich sicher war, dass er auch alles richtig verstanden habe. Seine Frau sah ihn gespannt an. „Siehst Du, Frau", sagte der Rabbi, „und Du, Du hast auch Recht." Und mit einem zufriedenen Lächeln setzte er sich in seinen Sessel.

3 Der stille Kletterer

Erläuterungen

Diese Geschichte soll deutlich machen, dass so manches Vorhaben bereits an einer demotivierenden Vorgeschichte scheitern kann. Gerade als Neuling in einem Team (oder frisch motiviert nach einem Seminar) können einem manche Kollegen das Leben schwer machen. Die Geschichte macht Mut, sich trotz mancher Unkenrufe gegenüber Neuerungen nicht beirren zu lassen und seinen Weg zu gehen.

Die Geschichte

Es war einmal ein kleines, verschlafenes und ziemlich isoliertes Dorf am Fuße des berühmten Nebelbergs. Jedes Jahr am Tag des Dorffestes machten sich die jungen Männer und Frauen auf den Weg, um den bisher unbezwungenen Nebelberg zu besteigen. Dies war ein Ritual für die Jugend des Dorfes, das zusätzlich das Erwachsenwerden symbolisieren sollte.

Wie jedes Jahr bereitete sich die Gruppe auf die Klettertour vor und war hoch motiviert und aufgeregt zugleich, da sie die große Hoffnung hatten, dass einer von ihnen oder gar die ganze Gruppe den Gipfel erreichen könnte und sie somit für ewig in der Geschichte des Dorfes als Helden verehrt werden würden. Gerade als sie losgehen wollten, gesellte sich ein stiller Besucher zur Gruppe, ausgerüstet mit Wanderschuhen und einem Rucksack und bereit, sich dem Aufstieg anzuschließen. Nach kurzer Beratschlagung wurde entschlossen, dass der stille Fremde mitgehen könne.

Die Gruppe setzte sich in Bewegung und wurde von den Älteren des Dorfes nur belächelt. „Bleibt lieber hier ... der Nebelberg kann nicht bestiegen werden. Seit mehr als 120 Jahren versuchen wir es. Warum solltet ausgerechnet Ihr es schaffen? Kommt lieber gleich mit aufs Dorffest, dann erspart Ihr euch auch viele Mühen und Strapazen."

Als die Gruppe das Dorffest passierte, verschwanden bereits die ersten still und heimlich im Festzelt.

Der Aufstieg war tatsächlich sehr beschwehrlich und mühsam und auch die Kletterstellen waren schwieriger als bedacht. Nach und nach verabschiedeten sich kleine Gruppen und begaben sich wieder auf den Abstieg, aber nie ohne zu fragen, wer noch mit nach unten kommen will und dass es tatsächlich unmöglich sei, den Nebelberg zu besteigen, was wiederum den einen oder anderen überzeugte, sich den Absteigern anzuschließen. Schließlich waren nur noch die beiden stärksten jungen Männer und der stille Besucher übrig. Während einer kleinen Pause und vor einem komplizierten Aufstieg entschieden die beiden Männer ebenfalls aufzugeben und kehrten um, aber nicht ohne den stillen Besucher ebenfalls aufzufordern, mit ihnen nach unten zu kommen. Doch der Stille ging weiter und ließ sich nicht beirren von den intensiven Versuchen und Aufforderungen der beiden jungen Männer. Diese gaben irgendwann auf und beschimpften ihn als verrückt, lebensmüde und völlig realitätsfern.

Wieder unten angekommen, berichteten sie dem ganzen Dorf von ihren Erlebnissen und begannen mit den Älteren zu feiern und gaben ihnen Recht, dass es tatsächlich unmöglich sei, und dass sie besser von Anfang an auf sie gehört hätten.

Stunden später ertönte ein lauter Schrei von draußen, und als alle das Festzelt verließen, um nach draußen zu gehen, sahen sie auf dem Gipfel des Nebelbergs eine Fahne wehen, und durch das Fernglas konnte eindeutig der stille Fremde erkannt werden.

Sowohl Junge als auch Alte verstummten und konnten ihren Augen nicht trauen, aber es war tatsächlich geschehen, der Nebelberg wurde zum ersten Mal bestiegen. Alle warteten ungeduldig auf ihren Helden und wollten alles wissen – auch um zu erfahren, wie sie selbst auf den Gipfel gelangen konnten.

Endlich kam er langsam und erschöpft zurück ins Dorf und ging ohne eine einzige Frage zu beantworten geradeaus in seine Pension, wo ein älterer Herr bereits auf ihn wartete und ihm stolz auf die Schulter klopfte. Der stille Kletterer verschwand in der Pension, der ältere Herr stellte sich vor die Menge und sagte den Leuten, dass sein Enkel leider keine Fragen beantworten könne, da er sowohl taub als auch stumm sei.

4 Die drei Siebe

Erläuterungen

Die Geschichte dient als Anstoß zum Nachdenken, falls in Teams die „Gerüchteküche" vorherrscht. Sie liefert einen interessanten Impuls, wie in solchen Teams unnötige Informationen besser gefiltert werden können. Im Seminar passt die Geschichte sehr gut zu der Übung „Zin-Obelisk".

Die Geschichte

Zum weisen Sokrates kam einer gelaufen und sagte: „Höre Sokrates, das muss ich Dir erzählen!"

„Halte ein!" – unterbrach ihn der Weise, „hast Du das, was Du mir sagen willst, durch die drei Siebe gesiebt?"

„Drei Siebe?", frage der andere voller Verwunderung.

„Ja, guter Freund! Lass sehen, ob das, was Du mir sagen willst, durch die drei Siebe hindurchgeht: Das erste ist die Wahrheit. Hast Du alles, was Du mir erzählen willst, geprüft, ob es wahr ist?"

„Nein, ich hörte es erzählen und ..."

„So, so! Aber sicher hast Du es mit dem zweiten Sieb geprüft. Es ist das Sieb der Güte. Ist das, was Du mir erzählen willst gut?"

Zögernd sagte der andere: „Nein, im Gegenteil ..."

„Hm ...", unterbracht ihn der Weise, „so lass uns auch das dritte Sieb noch anwenden. Ist es notwendig, dass Du mir das erzählst?"

„Notwendig nun gerade nicht ..."

„Also", sagte lächelnd der Weise, „wenn es weder wahr noch gut noch notwendig ist, so lass es begraben sein und belaste Dich und mich nicht damit."

Das Segelteam 5

Erläuterungen

Diese Geschichte eignet sich sehr gut als „Gute-Nacht-Geschichte“ nach einem erfolgreichen Teamentwicklungs-Tag und soll deutlich machen, dass neben der sachlichen Komponente auch die emotionale Seite entscheidend für eine erfolgreiche Teamentwicklung ist.

Die Geschichte

Es war einmal eine Segelmannschaft, die gerade neu zusammengewürfelt wurde. Es wurden erfahrene und recht unerfahrene Segler gemischt. An den zentralen Punkten wurden die erfahrenen Segler eingesetzt, die Unerfahrenen sollten die alten Hasen beobachten und kleinere Aufgaben übernehmen. Schon bald lief das Boot für eine erste kleine Segelrunde aus.

Die Mannschaft konnte es sich selbst nicht so recht erklären, aber schon bald konnten sie aufeinander bezogen die Handgriffe so ausführen, dass es immer schneller gelang, die Segel zu wechseln und dass es immer flüssiger wurde, sich an den verschiedenen Positionen des Schiffs auszutauschen. Und dass sie sich immer schneller ihre Erfahrungen, ihre Einschätzungen von Wind und Wetter mitteilen konnten und dass die weniger Erfahrenen immer öfter in die zentralen Positionen kamen – und ähnlich wie die Erfahrenen begannen, deren Rolle auszufüllen.

Sie merkten aber, dass sie von einer bestimmten Exzellenz, wie sie vielleicht für eine Regatta notwendig gewesen wäre, doch noch ein ganzes Stück entfernt waren. Oft genug gingen Übergaben doch nicht so gut, es gab Missverständnisse in der Kommunikation, es gab kleine Fehler, die zu einigen Verwirrungen führten. Manchmal hatten sie auch einfach Regeln des gemeinsamen Segelns nicht beachtet, waren in ihre alten, vertrauten individuellen Denkmuster zurückgefallen, sodass das Boot an Fahrt verlor und müde in der Sonne auf dem Wasser dahindümpelte.

Und dann kam ein gemeinsamer Segeltörn an einem Wochenende, an dem sie zum ersten Mal nicht so sehr an ihrer Zusammenarbeit und Weiterentwicklung interessiert waren, sondern daran, eine Insel zu erreichen, auf der sie die Nacht in Zelten und am Lagerfeuer verbringen wollten, um die Natur und das gemeinsame Beisammensein zu feiern.

Sie erreichten die Insel. Sie bauten ihre Zelte auf, sie kochten zusammen, sie brieten sich etwas an einem Feuer, sie tranken ein Glas Wein. Es war eine schöne, laue Sommernacht, der Himmel war weit, die Sterne glitzerten, die Zikaden in der Luft zirpten. Eine Atmosphäre, die in vielen Menschen eine innere Weite und eine Offenheit auslöst.

Und ich weiß nicht mehr, wie es gekommen ist, aber irgendjemand begann zu erzählen, was das Segeln bei ihm für Träume, für Gedanken, für Bilder auslöst. Der eine erzählte, dass es ein kleines Segelboot gewesen war, das ihm der Onkel, den er so sehr verehrt hatte, als Kind schenkte, was in ihm die Sehnsucht nach dem Segeln geweckt hatte. Und in seiner Weise, wenn er jetzt das Segeln richtig lernte und zusammen mit anderen in der Mannschaft sich vorbereitete, um in einer Regatta das Können zu zeigen, war dies ein Beitrag, diesem Onkel für die frühe Anregung und die Bereitschaft, als Vorbild da zu sein, zu danken. So erfuhren die anderen, ohne dass sie es wussten, dass in einer Weise der Geist dieses Onkels im Boot immer mitfuhr. Es ging nicht allein um das Segeln, nicht allein um die Regatta.

Als diese Geschichte zu Ende war, begann die nächste. Es wurde erzählt und erzählt, bis in die späte Nacht hinein.

Am nächsten Morgen, als die Sonne aufging, wurden sie alle geweckt. Niemand hatte groß Anlass, über den Abend zuvor zu sprechen, aber man spürte eine andere Atmosphäre in der Mannschaft. Sie packten alles zusammen und machten das Segelboot klar.

Und jetzt fiel auf, dass sehr viel weniger Kommandos und Abstimmungsworte zu hören waren. Vieles ging ganz von selbst, es gab keine Fehler und es gab keine Unstimmigkeiten, die durch Klärungen beseitigt werden mussten. Fast wie blind ging es Hand in Hand, und sie wagten einige Manöver und selbst, als der Wind wie im Sturm über sie kam, waren sie gut vorbereitet, wussten irgendwie, was zu tun war und wie sie sich selbst und miteinander organisieren mussten. Und es war ein guter Tag – und als sie am Abend im Heimathafen ankamen, spürten sie alle, wie sie mit dem Wind und den Wellen und mit ihren Geschichten auf eine neue Stufe gekommen waren.

Quelle

Nach einer Idee von Schmid, Bernd: Geleitete Phantasie „Segel-Team". 2006.

▶ www.systemische-professionalitaet.de/isbweb/content/view/75/129/

Der Kampf der Wölfe 6

Erläuterungen

Diese Geschichte symbolisiert, dass wir selbst die Architekten unseres Lebens und unseres beruflichen Alltags sind. Sie eignet sich gut, um die selbsterfüllende Prophezeiung an einem Teamereignis zu verdeutlichen.

Die Geschichte

Der Großvater sagte zu seinem Enkel: „Manchmal habe ich das Gefühl, dass in mir ein Kampf tobt – ein Kampf zwischen zwei Wölfen. Der eine Wolf ist böse. Er ist der Wolf des Zorns und Neids, der Sorge, des Vorwurfs, der Gier und der Arroganz, des Selbstmitleids, der Schuld, der Ablehnung, der Minderwertigkeit oder Überlegenheit; der Angst vor der Heilwerdung von Körper und Seele, vor dem Erfolg und davor, dass das, was die anderen gesagt haben, wahr sein könnte; der Angst, in den Mokassins eines anderen zu laufen, um nicht mit seinen Augen sehen und seinem Herzen fühlen zu müssen, wie sich die Wirklichkeit aus seiner Sicht darstellt, sodass ich an hohlen Ausreden festhalten kann, die ich im Inneren längst als falsch erkannt habe. Der andere Wolf ist gut. Er ist der Wolf der Freude, des Friedens, der Liebe und Hoffnung, der Gelassenheit, Bescheidenheit und Güte, des Mitgefühls für jene, die mir geholfen haben, wenngleich ihre Bemühungen nicht immer perfekt waren, der Bereitschaft, mir selbst und anderen zu vergeben und zu erkennen, dass ich mein Schicksal selbst in der Hand habe."

Nachdem der Enkel eine Weile über die Worte seines Großvaters nachgedacht hatte, fragte er: „Sag mir, Großvater, welcher der beiden Wölfe wird nun gewinnen?" Der weise, alte Mann antwortete: „Der Wolf, den ich zu füttern beschließe."

7 Der zu enge Krug

Erläuterungen

Oft taucht in den Seminaren die Frage auf, wie eng Teams zu führen sind. Hier gibt es leider keine universelle Antwort, aber die folgende persische Geschichte gibt hierzu interessante Gedankenanstöße.
Der Trainer sollte den Teilnehmern im Anschluss gut eine halbe Minute Zeit geben, kurz über die Geschichte nachzudenken. Die Geschichte muss nicht weiter kommentiert werden; der Trainer kann aber im Anschluss an die Reflexionsminute ins Plenum fragen, wo die Teilnehmer Anknüpfungspunkte zu ihren Teamerlebnissen oder den bisherigen Seminarinhalten sehen.

Die Geschichte

„Der Mullah, ein Prediger, war im ganzen Dorf dafür bekannt, dass er Menschen auf wundersame Weise heilen konnte. Eines Tages saß er vor seinem Haus. Da kam ein reisender Händler zu ihm, der klagte: „Oh Mullah, bitte hilf mir! Ich reise viele Tage des Jahres mit meinem Esel von Dorf zu Dorf und biete meine Waren feil, um unser Brot zu verdienen. Doch ich bin unglücklich, weil mir mein Weib und meine Kinder so fehlen. Bin ich wieder zu Hause, kann ich gar nicht genug kriegen von ihnen und möchte sie nie wieder alleine lassen. Doch muss ich voll Schmerz wieder losziehen und Tag um Tag traurig darauf sinnen, sie wieder in den Armen halten zu können."

Schweigend nahm der Mullah einen Krug, gefüllt mit süßen Nüssen, und bot sie dem reisenden Händler an. Der versenkte seine Hand tief im Krug und nahm gierig so viele Nüsse in die Hand, wie er greifen konnte. Als er die volle Hand wieder aus dem Krug ziehen wollte, verklemmte sie sich jedoch in dem engen Hals des Kruges. Je mehr er daran zog, desto schmerzhafter verkeilte sich seine Hand darin. Hilfesuchend blickte er zum Mullah. Der nickte nur wissend und fragte: „Willst Du Dich von Deinen Schmerzen befreien?" Der Händler meinte flehend: „Oh ja, bitte hilf mir schnell!" Darauf erwiderte der Mullah: „Stecke Deine Hand zurück in den Krug, öffne sie und lasse alle Nüsse fallen ..." Der Händler tat, wie ihm geheißen, ließ die Nüsse los und zog seine befreite Hand heraus. Doch da er sich so auf den süßen Geschmack gefreut hatte, meinte er: „Aber die guten Nüsse ...?" Weise lächelnd nahm der Mullah den gefüllten Krug, drehte ihn um und ließ Nuss um Nuss in die Hände des Mannes fallen. Der reagierte völlig verwundert: „Bist Du ein Zauberer?" – „Nein, aber ich habe gelernt, dass, wenn Festhalten und Loslassen im Gleichgewicht sind, Du von beidem mehr haben kannst!"

Erhobenen Hauptes und ebenfalls mit einem Lächeln auf dem Gesicht nahm der Händler seinen Esel und zog zufrieden weiter.

Das geheimnisvolle Weinfass 8

Erläuterungen

Die folgende Geschichte verdeutlicht, wie viel der Einzelne in einem Team bewegen kann. Auch wenn man als einzelnes Teammitglied seinen Einfluss nur als begrenzt wahrnimmt, so trägt doch jeder Verantwortung für das Gesamtergebnis. Die Geschichte symbolisiert auf einprägsame Art, dass alle Teammitglieder voneinander abhängig und auch aufeinander angewiesen sind.

Die Geschichte

Es war einmal ein König, der Herrscher über ein kleines Land war. Das kleine Land war voller Weinberge und dank der ausgezeichneten und über Jahrzehnte hinweg verfeinerten Winzerqualitäten war das Land für seinen hervorragenden Wein weit über die Landesgrenzen hinaus bekannt. Die Reben hatten Wohlstand für das ganze Volk gebracht. Und die Untertanen liebten und verehrten ihren weisen König für diesen Reichtum. Seit Anfang des Jahres war das ganze Volk in Aufregung, denn die Tochter des Königs wollte heiraten. Hierzu sollte es ein großes Hochzeitsfest im Garten des Palastes geben, zu dem alle eingeladen waren. Statt Geschenken für das Brautpaar bat der König um das Beste, was seine Untertanen zu bieten hatten – nämlich ihren Wein. Hierzu wurde in der Mitte des Palastgartens extra ein riesiges Fass angefertigt, in das jeder einen Krug mit einem Liter von seinem besten Wein leeren sollte, auf dass alle ausreichend zu trinken für die Feierlichkeiten haben sollten. Die Freude der Leute über die Einladung zur Hochzeit war groß. Alle ließen den König hochleben und stießen auf das Wohl des Brautpaares an.

Dann kam der Tag der Hochzeit. Seit dem Morgengrauen strömten die Familien von den Weinbergen aus dem gesamten Königreich herab, den Krug fest in der Hand des Familienoberhauptes. Einer nach dem anderen kletterten sie die Leiter zum Rand des Fasses hinauf und leerten ihren Krug. Abends, rechtzeitig zu Beginn der Feierlichkeiten, war das Zehntausend-Liter-Fass randvoll. Der König stand auf und dankte seinem Volk. Er ließ dem Brautpaar, sich selbst und all seinen Untertanen von seinen Dienern ein Glas Wein aus dem Fass ausschenken. Alle erhoben ihre Gläser und ließen das Brautpaar hochleben. Doch was war das? Jeder nahm einen Schluck – und hatte nur Wasser im Mund, hundertprozentig reines Wasser.
„Ich verstehe nicht", zeigte sich der König ratlos. Derweil war das Geheimnis des Weinfasses schnell aufgedeckt: Ein Untertan hatte die Idee, statt seines teuren Weins lieber Wasser ins Fass zu schütten. Wem würde der Unterschied schon auffallen? Ein einziger Krug Wasser in einem Zehntausend-Liter-Fass mit kostbarem Wein. Kein Mensch würde das merken. Das Dumme daran war nur: So wie er hatten alle gedacht.

9 Der junge Adler

Erläuterungen

Die Geschichte eignet sich sehr gut in Teamseminaren, wenn die Frage aufkommt, wie ein Team zu führen ist bzw. wie jüngere Teammitglieder am besten vom Wissen und den Erfahrungen der Älteren profitieren.

Die Geschichte

Ein Adler-Vater lehrte seinen Sohn das Fliegen. Fünf Kilometer schaffte das junge Tier, dann war es vollkommen erschöpft. Der Vater erzählte ihm, er müsse das Fliegen eifrig üben, denn in einigen Tagen stünde eine große Reise an. „Bis dahin, mein Sohn, musst Du 50 Kilometer fliegen können." Der kleine Adler war sehr ängstlich und verzagt. Wenn er sich schon nach einem Flug von nur fünf Kilometern so kraftlos fühlte, wie soll er dann jemals 50 Kilometer schaffen?" Verzweifelt stellte er seine Flugversuche ein.

Da kam der Großvater, der die beiden seit einigen Tagen beobachtet hatte, zum Adler-Jungen geflogen und sagte: „Lass den Kopf nicht hängen. Zeig mir doch einfach einmal, wie Du fliegst." Und der Adler-Junge erhob sich schnell in die Lüfte und schlug so heftig er konnte mit seinen Flügeln. Denn er glaubte, um so viele Kilometer fliegen zu können, müsse er sich schon sehr anstrengen. Doch der Adler-Großvater gebot ihm mit einem Lächeln Einhalt. „Schau her, Kleiner, ich zeig Dir, wie man es richtig macht." Und er erhob sich mit weiten Schwingen in die Höhe, flog einige Male in großen Kreisen über das Tier hinweg, ließ sich dabei in Ruhe vom Auf- und Abwind tragen und schlug nur dann wenige Male mit seinen mächtigen Flügeln, wenn er den Kurs oder die Flughöhe verändern wollte. Dann kehrte er zu dem Adler-Jungen zurück und erklärte ihm: „Deine Flügel brauchst Du nur, um Dich in die Höhe zu schwingen, den Kurs zu halten und um wieder herunterzukommen. Ansonsten vertrau Dich ruhig dem Wind an, er trägt Dich sicher durch die Luft."

Der nicht perfekte Topf 10

Erläuterungen

Die Geschichte „Der nicht perfekte Topf" ist eine schöne Metapher, wie wichtig alle Teammitglieder, auch die vermeintlich schwächeren, sind. Sie lehrt einen Toleranz und rückt das von uns häufig verfolgte Streben nach Perfektion in ein anderes Licht.

Die Geschichte

Ein Wasserträger in Indien hatte zwei große Töpfe. Sie hingen von je einem Ende einer Stange, die er quer über seinen Nacken trug. Einer der Töpfe hatte einen Sprung. Der andere Topf war perfekt. Aus diesem perfekten Krug bekam der Wasserträger immer eine volle Portion Wasser. Aber am Ende des langen Weges von dem Bach zum Haus war der Topf mit dem Sprung nur noch halb voll. Das passierte täglich zwei Jahre lang, und der Wasserträger hatte immer nur einen ganzen und einen halben Topf Wasser, wenn er zu Hause ankam.

Natürlich war der perfekte Topf sehr stolz auf seine Leistungen. Der arme Topf mit dem Sprung machte sich dagegen immer Vorwürfe und schämte sich, dass er nur die halbe Leistung erbringen konnte.

Eines Tages, nach zwei bitteren Jahren der Selbstvorwürfe, sprach der Topf den Wasserträger beim Bach an. „Ich schäme mich und ich möchte mich bei dir entschuldigen. Der Sprung auf meiner Seite macht es nicht möglich, das ganze Wasser zu Dir nach Hause zu bringen. Den ganzen Weg entlang tröpfelt das Wasser hinaus. Weil ich fehlerhaft bin, bekommst Du trotz Deiner Schwerarbeit nicht alles, was Du bekommen solltest", sagte der Topf.

Doch der Wasserträger sprach zum Topf: „Aber ist es Dir nicht aufgefallen, dass es auf Deiner Seite des Weges wunderschöne Blumen gibt? Auf der anderen Seite gibt es keine. Ich habe immer gewusst, dass Du einen Sprung hast. Und deswegen habe ich Blumensamen auf deiner Seite des Weges gesät. Jeden Tag auf dem Weg nach Hause bewässerst Du sie. Und seit zwei Jahren kann ich diese Blumen pflücken und mein Haus damit schmücken. Wenn Du anders wärst als Du bist, würde ich auf diese Schönheit in meinem Haus verzichten müssen. Ich danke Dir für die Freude, die Du mir damit machst."

III.

Basics: Zehn Faktoren erfolgreicher Trainingsgestaltung

Mit dem letzten Kapitel dieses Buches verlassen wir die Thematik des Teamtrainings und widmen uns den allgemeinen Erfolgsfaktoren einer erfolgreichen Trainingsgestaltung. Jungen Kolleginnen und Kollegen dienen die folgenden Abschnitte als eine Art Checkliste, für erfahrene Trainer stellen sie eine Auffrischung dar, die sie gerne nutzen können, wenn es ihnen erforderlich scheint.

Auf einen Blick

Zehn Faktoren erfolgreicher Trainingsgestaltung

Aufbau eines Seminars: Phasen und Funktionen 1

Seminare planen Sie am besten phasenweise. Jedes Training gliedert sich in bestimmte Phasen, die unterschiedliche Funktionen erfüllen. Es werden sechs typische Trainingsphasen unterschieden, wobei die Reihenfolge nicht immer starr nach diesem Schema erfolgen muss. Da jede Phase jedoch eine bestimmte Funktion erfüllt, sollte auch keine ausgelassen werden.

Orientierung

Phasen und Funktionen

▶ Phase 1: Warm-up
Funktion: Ankommen, Kennenlernen

▶ Phase 2: Transparenz
Funktion: Klarheit über Organisation, Inhalte, Ziele, Seminarablauf

▶ Phase 3: Hinführung zum Thema
Funktion: Interesse für das Thema wecken, Aufmerksamkeit fokussieren

▶ Phase 4: Informationsphase
Funktion: Inhalte vermitteln bzw. von Teilnehmern erschließen lassen

▶ Phase 5: Verarbeitungsphase
Funktion: Aktives Verarbeiten der Inhalte bzw. „passives Sackenlassen"

▶ Phase 6: Cool-down
Funktion: Fazit, Feedback und Seminarabschluss

Phase 1: Warm-up

In dieser Phase gilt es, eine angenehme Seminaratmosphäre zu schaffen und den Kontakt zu den Teilnehmern herzustellen (Beziehungsebene). Der Trainer sollte die Teilnehmer dabei unterstützen, die Anfangsunsicherheit in der für sie ungewohnten Situation schnell zu überwinden.

Tipps für Trainer

- Begrüßen Sie jeden Teilnehmer beim Eintreten in den Seminarraum persönlich.
- Nutzen Sie die Zeit bis zum Seminarbeginn für einen ersten Small Talk mit einzelnen Teilnehmern.
- Hängen Sie ein Begrüßungschart mit einem witzigen Titel oder Motto an der Tür zum oder im Seminarraum auf.
- Geben Sie in der Warm-up-Phase auch etwas von sich persönlich preis.
- Legen Sie Wert auf die Kennenlernrunde. Planen Sie hierfür ausreichend Zeit ein.

Phase 2: Transparenz

In dieser Phase ist es wichtig, den Teilnehmern Informationen über Inhalte und Struktur des Trainings zu geben. Auch Erwachsene haben Bedürfnis nach Orientierung. Diese fokussiert sich zu Beginn eines Seminars auf folgende vier Aspekte, denen in der Anfangsphase ausreichend Zeit und Raum zur Klärung eingeräumt werden sollten:

1. Ankommen
   - Orientierung im Raum
   - „Verschnaufen" – Externes hinter sich lassen und sich auf das Seminar konzentrieren

2. Soziale Kontakte knüpfen
   - Andere Teilnehmer und den Trainer näher kennenlernen

3. Inhaltliche Transparenz
   - Inhalte des Seminars
   - Ziele des Trainers und Ziele der Teilnehmer in Einklang bringen

4. Organisatorische Transparenz
   - Wie läuft das Seminar ab? (Interaktivität, Pausen etc.)
   - Wie sieht die Seminarorganisation aus? (Zeiten, Unterlagen, Betreuung etc.)

Tipps für Trainer

- Seien Sie in dieser Phase als Trainer präsent. Noch schwanken die Teilnehmer zwischen Distanz wahren und Nähe suchen und orientieren sich an Ihnen als Fixpunkt.
- Visualisieren Sie die wichtigsten Punkte auf einer Agenda oder einer Transparenz-Pinnwand.
- Praxistipp: Weisen Sie die Teilnehmer in der Anfangsphase klar und höflich auf Regeln, wie Pünktlichkeit und Handyverbot im Seminarraum, hin. Solche Anfangstransparenz macht es sehr viel einfacher, Teilnehmer später daran zu erinnern, als diese ohne vereinbarte Regeln später zu „rügen".

Phase 3: Hinführung zum Thema

Die Hinführungsphase dient dazu, das Interesse der Teilnehmer zu wecken und ihnen einen Zugang zum anstehenden Thema zu ermöglichen. Es gilt, die Aufmerksamkeit in der Seminargruppe zu fokussieren. Für den Trainer bietet die Hinführung zudem die Möglichkeit, sich warmzureden.

Tipps für Trainer

- Die Hinführung sollte kurz und knackig sein, auf keinen Fall langatmig ausfallen.
- Das Wecken von Interesse kann auch noch vor dem Warm-up erfolgen – dies sorgt für einen Überraschungseffekt zu Seminarbeginn und hebt die Spannung.
- Einige Ideen für die Hinführung
  - Cartoon oder Bild
  - Provozierende These
  - Zitat
  - Persönliche Anekdote
  - Punkten
  - Blitzlicht
  - Zuruffrage

Phase 4: Informationsphase

In dieser Phase vermittelt der Trainer Informationen bzw. lässt Inhalte von den Teilnehmern selbst erarbeiten. In der Informationsphase sollten sich solche passiven und aktiven Phasen für die Teilnehmer abwechseln.

Tipps für Trainer

- Die Informationsphasen bilden das Kernstück eines jeden Seminars.
- Vermitteln Sie überschaubaren Input in kleinen Schritten.
- Ziehen Sie nach jedem Themenblock ein Zwischenfazit.
- Bringen Sie Abwechslung in Ihre Medien und Methoden.
- Wechseln Sie Phasen mit Informationsvorgabe und Selbsterarbeitung von Inhalten.

Phase 5: Verarbeitungsphase

In der Verarbeitungsphase erhalten die Teilnehmer die Möglichkeit, Inhalte aktiv zu verarbeiten bzw. auch passiv sacken zu lassen. Im Training werden bspw. durch Übungen im Anschluss an Inputs Lehrinhalte verarbeitet und gefestigt. Den Teilnehmern sollte auch Zeit gegeben werden, neues Wissen zu verinnerlichen. Hierzu bieten Reflexionsrunden Gelegenheit.

Tipps für Trainer

- Denken Sie immer daran: Neue Informationen benötigen schlichtweg Zeit zum Verarbeiten.
- Wiederholen Sie wichtige Punkte regelmäßig.
- Knüpfen Sie an das Vorwissen der Teilnehmer an. Dies fördert nachweislich den Lernerfolg.
- Bringen Sie die Teilnehmer ins Anwenden, Ausprobieren und Hinterfragen.

Warum ist ein Methoden- und Medienmix in Seminaren so wichtig?

Wir nehmen Informationen über unsere Sinneskanäle auf. Dabei unterscheidet man vier unterschiedliche Typen. Auditive Typen lernen viel über das Hören. Sie können leicht gehörte Informationen aufnehmen, behalten und wiedergeben. Der visuelle Typ kann sich Inhalte besser einprägen, wenn diese in Form von Texten, Grafiken und Bildern veranschaulicht sind. Er bevorzugt das Lesen und Beobachten. Der kommunikative Typ wiederum muss Inhalte durchsprechen und besprechen. Er lernt am besten durch Diskussionen und Gespräche. Der motorische Typ lernt am besten, indem er Handlungsabläufe selber durchführt und nachvollzieht. Experimente, Rechenaufgaben, Ausprobieren sind sein Metier. Bei uns allen sind die verschiedenen Lernkanäle unterschiedlich stark ausgeprägt. Wir alle sind aber Mischtypen, deshalb gilt es, den Lernstoff über möglichst viele Sinneskanäle zu vermitteln. Zudem ist es wichtig, den Teilnehmern eine Verarbeitung der Informationen zu ermöglichen, sodass Inhalte auch tatsächlich gespeichert werden können. Rufen Sie sich bei der Trainingsvorbereitung immer die folgende Übersicht ins Gedächtnis, um sich daran zu erinnern, wie viel Prozent der Informationen tatsächlich behalten werden, wenn bspw. Teilnehmer diese nur hören.

Informationsaufnahme

über	
nur Hören	20%
nur Sehen	30%
Sehen und Hören	50%
Sehen, Hören und Diskutieren	70%
Sehen, Hören, Diskutieren und selber tun	90%

Phase 6: Cool-down

Die Cool-down-Phase ist sozusagen die Zielgerade des Seminars. Der Trainer sollte gemeinsam mit den Teilnehmern einen Rückblick auf die vergangenen Seminartage halten und den Teilnehmern die Möglichkeit zur Reflexion wichtiger Erkenntnisse geben. Es gilt, ein Fazit zu ziehen, Feedback einzuholen, sich für die Teilnahme und das Engagement zu bedanken und insgesamt einen gelungenen Ausstieg aus dem Seminar zu finden.

Tipps für Trainer

- Wiederholen Sie nochmals alle wichtigen Punkte.
- Ziehen Sie ein Gesamtfazit: Wie haben Sie die Seminartage aus Trainersicht erlebt? Was möchten Sie den Teilnehmern noch mit auf den Weg geben?
- Knüpfen Sie an den Seminaranfang an.
- Hören Sie am besten mit einer Botschaft oder einem Appell an die Teilnehmer auf.
- Vergessen Sie auf keinen Fall das Dankeschön an die Teilnehmer, möglichst konkret und individuell.

2 Strukturierte Seminarvorbereitung

Wie lange dauert die Vorbereitung für ein dreitägiges Training? Hier gibt es kaum pauschale Aussagen. Was der eine Trainer ruckzuck in einem Tag erledigt, kann bei einem Kollegen drei Mal so lange dauern. Eine Gewissheit gibt es aber: Eine Vorbereitung benötigt genau so viel Zeit, wie ihr zur Verfügung steht. Mit einem vorher festgelegten Zeitbudget und einer klaren Zielsetzung werden Sie sehr viel effizienter Trainingsvorbereitungen meistern. Gehen Sie strukturiert vor, orientieren Sie sich beispielsweise an den zwölf Schritten der Vorbereitungstreppe, die Sie im Folgenden beschrieben finden.

Die Vorbereitungstreppe – 12 Schritte zur strukturierten Vorbereitung von Seminaren

1. Thema festlegen

Bei der Auftragsklärung ist es wichtig, dass Sie Ziele und Inhalte genau klären, ebenso wie die Rahmenbedingungen. Fragen Sie den Auftraggeber genau nach seinen Wünschen: Was muss passieren, damit es für den Auftraggeber ein erfolgreiches Training war? Gibt es spezielle Erwartungen an Sie als Trainer? Legen Sie nach Auftragsklärung den konkreten Titel fest. Achten Sie darauf, dass sich gut klingende „Marketing-Titel" nicht zu weit von tatsächlichen Inhalten entfernen. Ansonsten werden bei den Teilnehmern falsche Erwartungen hervorgerufen.

2. Zielgruppe analysieren

Bevor es an die inhaltlichen Fragen geht, ist unbedingt die Zielgruppe zu analysieren. Mit wie vielen Teilnehmern können Sie rechnen, was bringen diese an Hintergrund, Vorerfahrungen und Erwartungen mit? Ist die Seminarteilnahme freiwillig bzw. aus welchem Anlass heraus findet die Teilnahme statt? Wie harmonieren die Teilnehmer untereinander? Ist mit dem Auftauchen von Konflikten zu rechnen? Erst bei genauer Kenntnis der Teilnehmer kann das Seminar zielgruppenspezifisch vorbereitet und durchgeführt werden.

3. Gesamtseminarziel formulieren

Formulieren Sie für sich das Ziel des jeweiligen Seminars. Denken Sie daran: Themen sind keine Ziele! Was wollen Sie mit dem Seminar erreichen? Wann ist es für Sie ein erfolgreiches Training? Die Zielfestlegung ist wesentlich, denn danach richten sich der rote Faden, Inhaltsbausteine und Methodeneinsatz.

4. Recherche/Ideensammlung für Inhalte

Nach der Festlegung von Titel und Zielen geht es bei der Planung eines neuen Seminars an die Recherche. Welche Ideen haben Sie, was ist bereits vorhanden, was gibt es Aktuelles? Sammeln Sie so viel wie möglich, schließen Sie die Ideensammlung aber zu einem festgelegten Zeitpunkt ab.

5. Auswahl relevanter Bausteine

Sichten Sie das vorhandene Material – und dann kommt der für viele schwierigste Part: Wählen Sie die relevanten Seminarinhalte aus, der Rest bleibt außen vor! Die Erfahrung zeigt: je weniger, desto besser, auch wenn die Reduktion schwerfällt. Sortieren Sie nach Muss-, Soll- und Kann-Inhalten. Dies gibt Ihnen bei der Seminardurchführung Flexibilität in Bezug auf Zeitmanagement und Teilnehmerwünsche.

6. Feinlernziele bestimmen

Bestimmen Sie für jeden der inhaltlichen Bausteine Lernziele: Was sollen die Teilnehmer im Anschluss an das Training wissen, kennen, können oder anwenden? Die Formulierung von Feinlernzielen ist aufwendig, gehört aber zu einem guten Training dazu. Ohne konkrete Lernziele können Sie auch nicht überprüfen, ob das Training erfolgreich war.

7. Grobstruktur erstellen

Bringen Sie die geplanten inhaltlichen Bausteine in eine logische Struktur. Planen Sie den roten Faden für jeden Tag. Berücksichtigen Sie dabei die typischen Phasen eines Seminars. Jeder inhaltliche Baustein sollte eine Hinführung, eine Informations-, eine Informationsverarbeitungsphase und eine Zusammenfassung beinhalten.

Ein Merker bildet hier das sog. VITT-Modell:

VITT-Modell

Vitalisieren
Teilnehmer gedanklich ins Boot holen

Informieren
Zahlen, Daten und Fakten vermitteln

Trainieren
Teilnehmer ins Tun bringen

Transferieren
Inhalte mit der Praxis der Teilnehmer verlinken

Den roten Faden über den Tag erstellen Sie am schnellsten, wenn Sie zunächst Seminarzeiten und Pausen eintragen. Nehmen Sie anschließend Warm-up, Aktivierung nach dem Mittagessen und Cool-down heraus (diese können Sie im Anschluss planen) – und untergliedern Sie die dann noch freien Zeiten in Ihre Bausteine. Dadurch wird die Tagesplanung schnell überschaubar.

8. Inhalte zielgruppengerecht aufbereiten

Nun gilt es, Inhalte zielgruppengerecht aufzubereiten. Nutzen Sie hierzu die Ergebnisse Ihrer Zielgruppenanalyse und nehmen Sie einen gezielten Perspektivenwechsel vor. Schlüpfen Sie in die Rolle Ihrer Teilnehmer und setzen Sie deren Brille auf: Was benötigen diese? Was bringt ihnen am meisten? Richten Sie danach Inhalte, Beispiele und Übungen aus. Achten Sie auf einen durchgängigen Praxisbezug.

9. Methoden auswählen

Anschließend geht es an die Methodenauswahl. Denken Sie an einen Methodenmix, bringen Sie auch immer mal wieder Abwechslung in Ihren Methodenkoffer. Nutzen Sie aber niemals eine Methode zum Selbstzweck. Wechseln Sie bei der Planung zwischen aktiven und passiven Phasen für die Teilnehmer ab. Haben Sie neben den Kann-Bausteinen auch immer ein paar kürzere und längere Aktivierungsmethoden in der Hinterhand.

10. Medien auswählen

Planen Sie anschließend Ihren Medieneinsatz. Wann ist welches Medium angebracht? Für welche Bausteine nutzen Sie Flipchart, Pinnwand oder Beamer? Legen Sie sich nach und nach auch eine Sammlung von guten Kurzfilmen und Musikstücken an, die Sie immer wieder in Trainings einsetzen können (Achtung: vor dem Aufführen Nutzungsrechte klären!).

11. Trainerleitfaden erstellen

Erstellen Sie nun die Dramaturgie, in der sie den Seminarablauf inhaltlich und zeitlich konkret festlegen. Der Trainerleitfaden gibt Ihnen während des Trainings Sicherheit und dient Ihnen zur Orientierung. Kleben Sie aber nicht zu fest an Ihrer Dramaturgie, bleiben Sie flexibel, gerade in Bezug auf Teilnehmerwünsche. Ganz wichtig sind Pufferzeiten, denn es gibt in jedem Training Unvorhergesehenes. Unter Umständen läuft eine Übung zeitlich aus dem Ruder oder die Teilnehmer sind so begeistert von einem Thema, dass Sie sich auf einmal ganz ungeplant in einer ausführlichen Diskussion befinden. Deshalb ist es sinnvoll, einerseits Zeiten immer großzügig zu planen – und andererseits die ein oder andere Übung und Methode bzw. ein oder zwei Kann-Bausteine in der Hinterhand zu haben. Dann kann nichts schiefgehen! Mehrtägige Seminare bieten einem zudem die Möglichkeit, tageweise den Trainerleitfaden anzupassen. Behalten Sie dabei immer Ihre Lernziele im Auge. Untergliedern Sie Ihren Trainerleitfaden bspw. nach Startzeit – Dauer – Lernziel – Methode – Beschreibung – Medium – aktiv/passiv – Endzeit.

12. Unterlagen vorbereiten

Zum Abschluss geht es an die Unterlagen. Je nach Training sind Skripte, Präsentationen, Handouts und Übungsmaterialien zu erstellen, Flipcharts und (je nach Bedarf) Pinnwände vorzubereiten. Bei einem neuen Training ist die Vorbereitung zeitintensiv, dafür können Sie bei weiteren Trainings auf das Vorhandene zurückgreifen.

3 Optimaler Medieneinsatz

Bei jedem Training stellt sich die Frage nach der Auswahl der Medien. Auch wenn jeder Trainer in der Regel gewisse Präferenzen hat: Es gibt kein grundsätzlich geeignetes Medium. Überlegen Sie sich als Trainer immer vorab, was Sie mit dem jeweiligen Input erreichen wollen und welches Medium hierfür am besten geeignet ist. Für jede Trainingssituation ist eine zielgerichtete Medienauswahl zu treffen. Generell wird in Seminaren mittlerweile überwiegend mit permanenten Medien wie Flipchart und Pinnwand gearbeitet, die durch flüchtige Medien, wie einer kurzen PowerPoint-Präsentation oder einem Film, ergänzt werden.

Permanente und flüchtige Medien

Zu den *flüchtigen* Trainingsmedien zählen Beamer und Laptop, Overheadprojektor und Film. Kennzeichnend für diese Medien sind:

- Informationen werden in der Regel nur für kurze Zeit dargestellt, dann erscheint die nächste Info.
- Sie eignen sich somit für leicht verdauliche Themen.
- Sie sind ungünstig für eine „Dauerberieselung", da Informationen nicht haften bleiben.

Die *permanenten* Medien umfassen die klassischen Trainingsmedien wie Pinnwand und Flipchart. Ihre Vorteile:

- Informationen können über einen längeren Zeitraum bzw. für die gesamte Seminardauer visualisiert werden.
- Sie eignen sich besonders für die Darstellung komplexerer Themen und zum Sichtbarmachen des roten Fadens.
- Wichtige Informationen und Informationen, auf die wiederholt zurückgegriffen wird, werden am besten auf Flipchart oder Pinnwand präsentiert.

Live-Medien und fertige Medien

Sie bringen Abwechslung und Professionalität in Ihre Seminare, wenn Sie sowohl fertige Medien nutzen als auch Medien gemeinsam mit den Teilnehmern entwickeln. Kombinieren Sie deshalb

- „Fix-und-fertig-Medien"

Sie sind schon komplett vorher erstellt, werden im Training nur noch präsentiert (z.B. „Willkommenschart").

- „Live-Medien"

Diese werden im Seminar vor den Augen der Teilnehmer bzw. auch mit den Teilnehmern gestaltet (z.B. Flipchart „Kriterien eines guten Teams").

- „Teilfertig-Medien"

Sie sind zum Teil schon vorbereitet, werden in der Veranstaltung ergänzt, z.B. durch Pfeile, Beschriftungen oder Karten (z.B. Pinnwand „Teamentwicklungsuhr").

Tipps für den optimalen Medieneinsatz

- Bringen Sie Abwechslung in Ihren Medieneinsatz.
- Arbeiten Sie niemals mit zu vielen Medien. In der Regel sollten Sie maximal zwei Medien gleichzeitig verwenden.
- Nutzen Sie den Raum als Bühne; postieren Sie an verschiedenen Stellen Ihre Medien. Bauen Sie für die einzelnen Bausteine Ihres Seminars die „Bühne" jeweils um, sodass der Fokus der Teilnehmer immer auf den von Ihnen gewünschten Medien liegt.
- Hängen Sie fertige Flipcharts an die Seminarwände, sodass die Teilnehmer die Inhalte parat haben und immer wieder auffrischen können.
- Suchen Sie für sich und Ihre Medien den idealen Standort. Achten Sie darauf, dass Sie alle Teilnehmer sehen und die Teilnehmer freien Blick auf alle Medien haben.
- Kommen Sie den Teilnehmern regelmäßig entgegen, d.h., lösen Sie sich immer wieder vom Medium, gerade bei längeren Erklärungen.
- Beim Präsentieren stehen Sie am besten parallel zum Medium bzw. etwas davor.
- Am wichtigsten ist, dass alle Medien gut lesbar sind. Achten Sie auf eine ordentliche Schrift bzw. setzen Sie die Moderationsschrift ein. Dies ist eine Schrift, die speziell für Flipcharts und Pinnwände entwickelt wurde und relativ schnell zu erlernen ist.

Tipps für die Gestaltung von Flipcharts

Schreiben Sie ein Flipchart nicht nur einfach voll, sondern gestalten Sie es:

- Nutzen Sie unterschiedliche Schriften, variieren Sie mit Stiften, Schriftgröße und -breite (durch unterschiedliches Aufsetzen der Stiftspitze).
- Sie können Text unterstreichen, farbig unterlegen oder umranden.

- Heben Sie Überschriften immer hervor, z.B. durch Stiftbreite, Farbe oder Einrahmung.
- Bringen Sie Farbe in Ihre Flipcharts. Entweder mit bunten Stiften – oder kombinieren Sie einen schwarzen Stift mit grauem oder farbigen Marker.
- Strukturieren Sie Inhalte mit Linien, Feldern, Pfeilen und Effekten.
- Setzen Sie Text in einen Container (z.B. Wolken oder Fahnen), um ihn hervorzuheben. Wichtig: Immer erst den Text schreiben, dann den Container drumherum zeichnen.
- Arbeiten Sie mit einfachen Bildern, um Inhalte zu visualisieren.
- Kolorieren Sie Motive mit Pastellkreiden. Praxistipp: Pastellkreide immer mit Haarspray fixieren!

Die vier Klassiker der Trainingsmethoden 4

Im Folgenden stellen wir Ihnen die vier Klassiker der Trainingsmethoden vor, ohne die ein Training nicht denkbar ist. Das Blitzlicht, die Kartenabfrage, die Zuruffrage und die Punktabfrage lassen sich in allen Phasen und allen Seminaren einsetzen, bringen jede Menge Aktivität in die Seminargruppe und gehören zum Handwerkszeug eines jeden Trainers.

1. Das Blitzlicht

Blitzlichter sind Momentaufnahmen. Jeder Teilnehmer erhält die Möglichkeit, sich kurz und knapp zu einer Frage zu äußern – ohne weitere Diskussion. Das Blitzlicht ermöglicht auf einfache Weise, schnell ein Meinungsbild in einer Gruppe zu erheben.

Vorgehen

- Der Trainer erläutert die Frage.
- Er kann begründen, warum er dazu gerne von jedem ein Statement hätte.
- Er erklärt beim ersten Mal kurz die Grundregeln des Blitzlichts:
  - Jeder antwortet in einem kurzen Satz auf die Frage,
  - maximal in ein bis zwei Sätzen,
  - ohne Diskussion,
  - der Reihe nach.
- Die Anweisung könnte lauten: „Ich hätte dazu gerne von jedem von Ihnen ein kurzes Statement in ein bis zwei Sätzen, schnell und ohne Diskussion!"
- Praxistipp: Kurze Nachdenkpause einräumen! Die Qualität der Beiträge steht und fällt mit der Pause zwischen Fragestellung und Start.
- Der Trainer bittet einen Teilnehmer anzufangen. Dann geht es reihum.
- Jeder kann etwas sagen.
- Jeder spricht von sich selbst.
- Jeder spricht möglichst kurz.
- Die Beiträge werden weder kommentiert noch diskutiert.

Mit dem Blitzlicht lässt sich beispielsweise fragen nach
- Erwartungen zum Seminar,
- Vorwissen zu einem Thema,
- der persönlichen Meinung,
- dem momentanen Gefühlszustand,
- offenen Fragestellungen,
- Wünschen und Vorschlägen für das weitere Vorgehen.

Die Vorteile des Blitzlichtes sind:
- Der Trainer kann sich ruckzuck ein Meinungsbild der Gruppe einholen.
- Es kommen alle Teilnehmer zu Wort.
- Das Blitzlicht schafft in jeder Trainingssituation auf schnelle Weise Transparenz.

2. Die Kartenabfrage

Die Kartenfrage dient dazu, auf umfassende Art und Weise Wissen, Ideen, Erfahrungen und Meinungen der Gruppe visualisiert zusammenzutragen. Ihr großer Vorteil liegt darin, dass alle Teilnehmer zu Wort kommen und jeder Beitrag gleichermaßen Gewicht erhält. Stille Teilnehmer werden aktiviert und dominante Teilnehmer etwas gebremst. Trotz der vielen Vorteile: Setzen Sie die Kartenabfrage sparsam ein – zeitweise trat eine regelrechte „Kartenschwemme" in Trainings auf.

Vorgehen

- Der Trainer visualisiert die Fragestellung und erläutert diese.
- Der Trainer erklärt die Regeln: Gut lesbare, große Schrift! Pro Karte nur eine Idee!
- Unklarheiten zur Aufgabenstellung werden beseitigt.
- Alle Teilnehmer erhalten Karten und Stifte.
- Die Teilnehmer schreiben ihre Beiträge auf Karten und heften diese nacheinander mit kurzer Erläuterungen an eine Pinnwand.

Varianten

- Die Teilnehmer schreiben Karten nicht allein, sondern zu zweit oder zu dritt.
- Der Trainer gibt Kategorien (Cluster-Überschriften) an der Pinnwand vor – jeder Teilnehmer hängt seine Karte selbst in die entsprechende Spalte. In diesem Fall zusätzlich leere Überschriftenstreifen anbieten, um die Kreativität der Teilnehmer nicht einzuengen.

Tipps für die Kartenabfrage

- Entscheidend ist die Fragestellung. Am besten vorab testen und die Frage immer visualisieren.
- Praxistipp: Musterkarte für Schriftgröße und Umfang der Beiträge annadeln.

Anschließendes Clustern

Die gesammelten Karten werden anschließend „geclustert". Das Clustern oder Klumpen dient dazu,

- gesammelte Antworten in eine sinnvolle Struktur zu bringen,
- gleiche Antworten zusammenzuführen,
- einen (Themen-)Überblick zu bekommen.

Das Clustern kann auf vielfältige Weise erfolgen. Hier zwei Varianten.

- Variante eins
  - Die Teilnehmer lesen nacheinander ihre Karten laut vor.
  - Es werden gemeinsam Oberbegriffe gebildet.
  - Die Teilnehmer entscheiden über die Zuordnung der Karten.
  - Im Zweifelsfall entscheidet der Autor der jeweiligen Karte.
  - Karten, die nicht eindeutig zuzuordnen sind, werden gedoppelt (kopiert) und zu den passenden Clustern dazugehängt.

- Variante zwei
  - Einer der Teilnehmer beginnt, erläutert seine Karten und hängt diese geordnet nach Themenzusammengehörigkeit auf.
  - Reihum ergänzen die Teilnehmer mit ihren Karten; hängen entweder ihre Karten zu bestehenden oder bilden neue Kategorien.
  - Abschließend werden noch mal alle Karten nach Gemeinsamkeiten durchforstet und thematisch gleiche Karten, sofern noch nicht erfolgt, zusammengehängt.
  - Der Trainer ergänzt anschließend die Themengebiete mit Überschriften (z.B. auf Wolken oder andersfarbigen Moderationskarten geschrieben), die ihm die Teilnehmer zurufen.

3. Die Zuruffrage

Die Zuruffrage ist eine einfache, unspektakuläre und effektive Methode! Hierbei werfen die Teilnehmer dem Trainer Ideen zu einer Fragestellung zu – und zwar ohne feste Reihenfolge. Dieser notiert die

Beiträge sichtbar für alle. Dabei werden die Ideen nicht gewertet, nicht kommentiert und in der Sammelphase auch nicht diskutiert!

Der Einsatz der Zuruffrage im Training ist immer dann angebracht, wenn

- Ideen und Beiträge der Gruppe in schriftlicher Form zusammengetragen werden sollen,
- alle Teilnehmer aktiv an einer Aufgabenstellung mitarbeiten sollen,
- eine kurze Hinführung oder Ergebnissammlung angebracht ist.

Der große Vorteil der Zuruffrage: Sie benötigt viel weniger Zeit als z.B. eine Kartenabfrage.

Tipps für die Zuruffrage

- Nehmen Sie einen Helfer zum Schreiben.
- Nach Erläuterungen der Fragestellung benötigen die Teilnehmer etwas Zeit zum Nachdenken: einfach warten!
- Der Trainer wertet auf keinen Fall die Zurufe. Der Trainer kann die Zuruffrage über Impulse steuern. Beispiel: „An xy haben wir jetzt noch gar nicht gedacht."
- Unerlässlich ist es bei der Zuruffrage, immer die Originalformulierung anzuschreiben, die Beiträge der Teilnehmer dürfen nicht umformuliert werden. Im Zweifelsfall sollte nachgefragt werden: „Kann ich das so formulieren ...?" oder „Wie darf ich Ihren Beitrag festhalten?"
- Praxistipp: Zweite „Welle" abwarten! Nach einiger Zeit versanden in der Regel die Beiträge. Hier gilt es, den Teilnehmern Zeit zu geben und die sog. „zweite Welle" abzuwarten. In dieser stecken oft die besten Ideen! Der Trainer kann die Teilnehmer entsprechend motivieren: „Schauen Sie sich bitte die Ideen noch mal an! Haben wir wirklich alles?"

4. Die Punktabfrage

Die Punktabfrage ist eine wortwörtlich „auf den Punkt" gebrachte Form der Meinungsäußerung. Die Teilnehmer kleben hierbei selbsthaftende Punke in vorbereitete Plakate oder Listen. Damit lassen sich ...

- Aussagen oder Argumente gewichten,
- Ideen/Vorschläge aus einer Sammlung auswählen,
- Entscheidungen treffen,
- Meinungen und Gefühle ausdrücken.

Vorgehen

- Die Frage und die Auswahlmöglichkeit sind z.B. auf einem Flipchart visualisiert.
- Der Trainer informiert die Teilnehmer über die inhaltlichen Aspekte.
- Anschließend werden Ziel und Vorgehensweise des Punktens erläutert. Der Trainer erklärt kurz,
  - wohin Punkte geklebt werden,
  - wie viele jeder Teilnehmer erhält,
  - ob „gehäufelt" werden darf oder jeder Vorschlag pro TN maximal einen Punkt erhalten darf.
- Die Teilnehmer kleben ihre Punkte – am besten verdeckt (Flipchart umdrehen).
- Der Trainer dreht das Flipchart um und kommentiert die Ergebnisse.
- Praxistipp: Die spontan zu erfolgende Auswertung und Kommentierung der Ergebnisse einer anonymen Punktabfrage erfordert ein wenig Übung. Bei Unsicherheit einfach zwei, drei potenzielle Ergebnisse vorab „durchspielen".

Tipps für die Punktabfrage

- Die Teilnehmer werden gebeten, ihre Punktwahl sowie die Beweggründe hierfür zu erläutern. Dies muss der Trainer vor dem Punkten aber unbedingt ankündigen!
- Der Trainer lässt zwei Mal punkten – z.B. zu Beginn und am Ende eines Themenabschnittes.
- Auch ein Punkten mit dem Körper ist möglich. Hierzu gibt jeder Teilnehmer persönlich und körperlich seine Wertung zu einem Problem oder einer Frage ab, indem er sich etwa mehr in Richtung der vom Trainer gekennzeichneten Ja- oder Nein-Ecke eines Raumes stellt.

5 Die Top Ten der schnellen aktivierenden Methoden

Sicherlich kennen Sie auch Seminare, in denen der Dozent vorträgt, redet, erläutert, zeigt und erklärt – und dies ohne Unterbrechung. Der Einsatz der Teilnehmer beschränkt sich darauf, zuzuhören, zuzuschauen und den Gedanken des Vortragenden zu folgen. In der Regel schalten die Zuhörer dann nach spätestens zwanzig Minuten ab ... Anders gestalten sich Veranstaltungen, wenn die Teilnehmer zwischendurch selbst erklären, lesen, schreiben, diskutieren und fragen können – und sich so Wissen, angeleitet durch den Trainer, selbst erarbeiten. Je aktiver Sie die Teilnehmer in das Seminar mit einbeziehen, desto höher sind der Lernerfolg und die Zufriedenheit mit der Veranstaltung! Es gibt eine Vielzahl von aktivierenden Trainingsmethoden, die Sie ganz individuell an das jeweilige Thema, die jeweilige Gruppe und Situation anpassen können. Wir haben für Sie die Top Ten der schnellen aktivierenden Methoden zusammengestellt.

1. Murmelgruppe – einfach, schnell und effizient

Orientierung

- Ziel: Meinungen der Teilnehmer einholen
- Material: Keines
- Dauer: 5 bis 10 Minuten
- Vorbereitung: Keine

Kurz beschrieben

Der Dozent stellt eine Frage an die Teilnehmer. Die Teilnehmer bekommen zwei Minuten Zeit, um die Frage mit ihrem Nachbarn zu diskutieren („murmeln"). Im Anschluss werden die Antworten in den Zweier-Teams vorgestellt.

Varianten

Entweder stellen alle Zweier-Teams ihre Antworten vor oder nur ein bis zwei Teams – je nach zeitlichem Rahmen.

2. Blinde Entscheidung – unkompliziert, anonym, blitzartig

Orientierung

- Ziel: Ja-/Nein-Fragen von allen Teilnehmern entscheiden lassen
- Material: Keines
- Dauer: 3 Minuten
- Vorbereitung: Entscheidungsfrage formulieren

Kurz beschrieben

Der Trainer stellt eine Ja-/Nein-Frage (z.B. „Sollen wir das neue Thema noch vor der Pause beginnen?"). Alle Teilnehmer entscheiden mit geschlossenen Augen und ihren Daumen über die Frage. Daumen hoch bedeutet dabei „JA", Daumen nach unten bedeutet „NEIN". Es wird gleichzeitig „blind" abgestimmt. Auf Kommando dürfen alle die Augen öffnen und schauen, wie die Entscheidung ausfällt.

Variante

Einzelne Teilnehmer können gebeten werden, ihre Entscheidung zu begründen.

3. Brillenträgervotum – frech, verblüffend, ungewohnt

Orientierung

- Ziel: Gezielte Ansprache eines bestimmten Teilnehmerkreises
- Material: Keines
- Dauer: 5 bis 10 Minuten
- Vorbereitung: Keine

Kurz beschrieben

Der Trainer stellt eine Frage oder These vor und spricht die Gruppe an: *„Hierzu wünsche ich mir eine Stellungnahme von allen Brillenträgern in dieser Runde."* Dies führt zunächst zu einem Überraschungseffekt, zugleich wissen die Brillenträger: „Oh, ich bin gemeint." Nach einer kurzen Denkpause spricht der Trainer einige der Brillenträger direkt an. Dies müssen natürlich nicht immer die Brillenträger sein. Es geht lediglich darum, eine mehr oder weniger zufällige Teilgruppe herauszugreifen. Sehr gut auch geeignet bei der Auswahl eines Freiwilligen für die Präsentation von Ergebnissen.

Varianten

Sie können natürlich auch andere Kriterien verwenden, beispielsweise:
- An dieser Stelle hätte ich gerne ein Votum von den Frauen/den Männern!
- Welche Meinung haben hierzu die Teilnehmer ohne Führungsverantwortung?
- Hier interessieren mich die Fragen der Hemden-Träger!

4. Gruppenarbeit – Tipps und Tricks

Orientierung

- Ziel: Gemeinsames Erarbeiten von Inhalten
- Material: Zur Visualisierung der Ergebnisse: Moderationsmaterial für alle Teilnehmer
- Dauer: Mindestens 40 Minuten
- Vorbereitung: Arbeitsauftrag visualisieren

Tipps und Tricks

- Möglichst detaillierter Arbeitsauftrag in schriftlicher Form.
- Sinn und Zweck der Gruppenarbeit erläutern.
- Ausreichend Zeit geben. Richtwert: Mindestens 40 Minuten.
- Fungieren Sie als Ansprechpartner. Fragen Sie zwischendurch nach.
- Ergebnisse immer visualisieren lassen und im Plenum besprechen.

5. Eins weiter nach rechts – effizient, schnell, aufschlussreich

Orientierung

- Ziel: Bearbeitete Inhalte kurz festigen und auffrischen
- Material: Karten und Stifte für alle Teilnehmer
- Dauer: 10 bis 15 Minuten
- Vorbereitung: Keine

Kurz beschrieben

Jeder Teilnehmer notiert auf einer Karte einen Aspekt der vorangegangenen Seminareinheit. Auf Kommando geben alle ihre Karten weiter nach rechts zu ihrem Nachbar. Die Information auf der Karte wird nun dem neuen Besitzer kurz vorgestellt und kommentiert – entweder im Zweiergespräch (Austausch mit dem, von dem die Karte kam) oder im Plenum.

6. Von A bis Z – sportlich, kreativ, knifflig

Orientierung

- Ziel: Lernstoff wiederholen oder Brainstorming zur Themenhinführung
- Material: Flipchartbögen, DIN-A4-Blätter oder Overhead-Folien, entsprechende Stifte
- Dauer: 10 bis 15 Minuten
- Vorbereitung: 1 Alphabet je Arbeitsgruppe

Kurz beschrieben

Einzeln oder in Teams tragen die Teilnehmer zu einem Seminarthema wichtige Fachbegriffe zusammen. Ihre Aufgabe ist es, zu möglichst allen 26 Buchstaben des Alphabets Stichworte zum Thema zu finden (z.B. Thema „Trainingsgestaltung", A wie Aktivierung der Teilnehmer, B wie Beziehungsebene herstellen, C wie ...). Der Trainer kann das Alphabet vorab auf Flipchartbögen schreiben oder Folien bzw. A4-Bögen von einem Original kopieren und immer vorrätig halten.

Varianten

Entweder stellen alle Zweier-Teams ihre Antworten vor oder nur ein bis zwei Teams.

7. Stuhlorakel – überraschend, lustig, anders

Orientierung

- Ziel: Interesse für einen nächsten Seminarbaustein wecken. Bestimmen, wer eine anstehende Aufgabe/Präsentation übernimmt
- Material: Kleine Süßigkeit und Klebeband
- Dauer: 2 Minuten
- Vorbereitung: Süßigkeit vor Seminarbeginn oder in einer Pause unauffällig unter einen Teilnehmerstuhl kleben

Kurz beschrieben

Das Stuhlorakel entscheidet darüber, welcher Teilnehmer die nächsten Aufgaben lösen oder mit der Präsentation seiner Antworten beginnen soll. Die Teilnehmer werden mit der Bitte überrascht, an den Unterseiten ihrer Stühle zu suchen. Wer die Süßigkeit gefunden hat, darf beginnen.

8. Schätzfragen – knifflig, witzig, fokussierend

Orientierung

- Ziel: Interesse und Aufmerksamkeit der Teilnehmer auf ein Thema lenken
- Material: Moderationskarten, Stifte
- Dauer: 3 bis 10 Minuten
- Vorbereitung: Schätzfrage formulieren

Kurz beschrieben

Die Teilnehmer haben die Aufgabe, die Antwort auf eine Frage zu schätzen (z.B. „Was glauben Sie: Wie hoch ist der Lernerfolg, wenn die Teilnehmer einen neuen Stoff lediglich hören? Bitte schätzen Sie die Prozentzahl, zu der ...") Die Teilnehmer schreiben die Antwort groß und deutlich auf eine Karte. Auf Kommando des Trainers heben alle ihre Schätzungen hoch.

Variante

Die Teilnehmer werden gebeten, ihre Antworten zu begründen.

9. Fazitkarte – ergebnisorientiert, lehrreich, abschließend

Orientierung

- Ziel: Lernfortschritt feststellen, Fazit ziehen
- Material: Moderationskarten und Stifte
- Dauer: 10 bis 15 Minuten
- Vorbereitung: Fazitfrage(n) formulieren, z.B. „Was sind Ihre wichtigsten Erkenntnisse?“, „Welches war für Sie die Kernaussage?“, „Was hat Sie zum Nachdenken gebracht?“ etc.

Kurz beschrieben

Am Ende eines Seminarbausteins erhalten die Teilnehmer eine Moderationskarte und werden gebeten, ihr Fazit auf die jeweilige Frage festzuhalten. Je nach der zur Verfügung stehenden Zeit stellen Einzelne oder alle ihre Antworten vor.

10. Schwärzen – befreiend, ungewohnt, erhellend

Orientierung

- Ziel: Texte konzentriert lesen, Wichtiges von Unwichtigem trennen
- Material: Schwarze Stifte und Kopien der Texte für alle Teilnehmer
- Dauer: 5 bis 10 Minuten (je nach Länge des Textes); 10 Minuten für die Diskussion
- Vorbereitung: Text finden und Schwärzen zur Probe durchführen

Kurz beschrieben

Die Teilnehmer lesen einen Text und erhalten die Aufgabe, alle Informationen, die ihnen nicht wichtig erscheinen, mit einem schwarzen Stift wegzustreichen. Anschließend Austausch und Diskussion im Plenum. Wichtig: Halten Sie für jeden Teilnehmer zwei Kopien bereit (eine zum Schwärzen, eine als vollständige Ausgabe).

6 Souveränes Auftreten als Trainer

Als Vortragender kommunizieren wir zu einem großen Teil nonverbal. Der Seminarraum gestaltet sich als Bühne, auf dem wir Trainer unseren Auftritt haben. Für Trainingseinsteiger ist dies oft noch mit etwas Unsicherheit verbunden, insofern legen wir Ihnen die acht goldenen Aspekte eines erfolgreichen Auftritts besonders ans Herz. Für Trainingsprofis stellen diese sicherlich Routine dar, doch auch für sie ist es sinnvoll, sich immer mal wieder einzelne Aspekte des Präsentationsverhaltens bewusst zu machen. Zu leicht rutscht man ansonsten in bestimmte Gewohnheiten hinein, die einen nicht immer im optimalen Licht zeigen!

Die acht goldenen Aspekte eines erfolgreichen Auftritts

1. Haltung und Auftreten

Ihre Körperhaltung drückt aus, in welcher Verfassung Sie sich im Moment befinden. Eine natürliche und gute Haltung zeugt von Selbstsicherheit. Eine solche Haltung nehmen Sie ein, wenn Sie mit beiden Beinen etwa hüftbreit fest auf dem Boden stehen und Ihr Brustbein anheben. Ihre Knie sind nicht durchgedrückt, sodass Sie beweglich und flexibel agieren können. Man spricht hier auch von der sog. „Wohlfühlhaltung"!

Es ist sinnvoll, sich vor dem Redebeginn zu Start des Seminars etwas Zeit zu lassen, um eine lockere und allen Zuhörern zugewandte Haltung zu finden. In dieser Zeit, die in der Regel zwischen 3 bis 6 Sekunden dauert, können Sie zwei- bis dreimal bewusst ausatmen und den Blickkontakt zu den Teilnehmern aufbauen. Eine wichtige Rolle bei Ihrem Auftreten spielt der Muskeltonus, d.h. der Grad der körperlichen Anspannung. Der Abbau körperlicher Verspannung kann helfen, auch die innere Überspannung zu lösen und damit Ruhe und Sicherheit geben. Deshalb nutzen viele Trainer vor Seminaren gezielt Sport, Bewegung oder Entspannungsübungen.

Tipps für die richtige Haltung

- Eine Standbein/Spielbein-Variante, keine starre Breitbeinhaltung
- Aufrechte, den Hörern zugewandte Körperhaltung
- Keine statische Haltung (Arme verschränken, am Medium oder Trainerleitfaden festhalten)

Für einen gelungenen ersten Eindruck sollten Sie sich auch Gedanken über Ihre Kleidung machen. „Kleider machen Leute" – dieses Sprichwort kommt nicht von ungefähr. Die Kleidung und das Auftreten prägen entscheidend das Bild des Trainers; schließlich wollen Sie Kompetenz, Sicherheit und Vertrauenswürdigkeit ausstrahlen. Ein gepflegtes äußeres Erscheinungsbild ist dazu unerlässlich. Ob Jackett und Krawatte oder lockerer Stil hängt sehr von der Situation, dem Thema und dem Publikum ab. Im Zweifel bei der Kleiderwahl lieber ein bisschen overdressed als zu leger. Ganz entscheidend ist jedoch, dass Sie sich selbst gut und angemessen gekleidet fühlen! Kontrollieren Sie Ihr Äußeres vorab auch immer noch mal mit einem kritischen Blick in den Spiegel.

2. Standort

Jeder Trainer hat bevorzugte „Standorte" im Seminarraum: Sei es mittig vor den Teilnehmern oder am Rande des Stuhlkreises, neben einem Medium oder lieber freistehend, sitzend oder stehend. Weichen Sie hin und wieder von Ihren Gewohnheiten ab und sorgen Sie für Aufmerksamkeit durch gezielte Standortwechsel.

Tipps für den Standort

- Stehen Sie frei, lehnen Sie sich nicht an.
- Gerade bei Diskussionsphasen ist es sinnvoll, wenn Sie sich als Trainer auf „Augenhöhe" mit den Teilnehmern begeben. Setzen Sie sich dazu immer mal wieder links oder rechts in den Stuhlkreis. Platzieren Sie hierfür von Anfang an Ihren Stuhl nah ans Geschehen.
- Stellen Sie Ihren Stuhl nur dann mittig, wenn es Ihnen wichtig ist, dass die Aufmerksamkeit der Teilnehmer auf Sie gezogen wird.
- Wechseln Sie gezielt die Position, wenn Sie das Thema wechseln oder das Publikum direkt ansprechen möchten.
- Verzichten Sie auf eine Barriere zwischen sich und Ihren Teilnehmern. Achten Sie darauf, dass alle freie Sicht auf Sie und die verwendeten Medien haben.
- Denken Sie daran, dass Sie nicht unsichtbar sind. Versperren Sie Ihren Zuschauern nicht den Blick auf die Medien. Auch „Schattenspiele" im Licht des Beamers oder des Overheadprojektors wirken ablenkend und unprofessionell.

3. Bewegung im Raum

Je nach Person und Situation wird man während eines Trainings mehr oder weniger Bewegung ins Spiel bringen. Generell ist es empfehlenswert, den vorhandenen Raum als Bühne zu nutzen und sich selbst dadurch einen größeren Handlungsspielraum zu verschaffen.

Tipps für die richtige Bewegung

- Verzichten Sie auf zu viel Bewegung Ihrer Beine. Ein andauerndes „Herumtigern“ lenkt die Teilnehmer von den Inhalten ab.
- Halten Sie auch im Gehen bzw. bei einem Standortwechsel Blickkontakt zu Ihren Teilnehmern. Sprechen Sie aber nicht weiter, wenn Sie den Zuhörern den Rücken zuwenden, z.B. beim Anpinnen von Karten.
- Suchen Sie die Nähe zu Ihren Teilnehmern, kommen Sie Ihren Zuhörern jedoch nicht zu nahe. Halten Sie die Distanzzone ein.

4. Gestik

Bei zunehmendem Stress steigt die Tendenz, als Trainer eine Haltung einzunehmen, die die Gestik eher unterdrückt, z.B. indem Sie die Hände verschränken. Untersuchungen an der Universität Regensburg haben gezeigt, dass bei einer – auch absichtlichen – Reduzierung der Gestik Versprecher zunehmen, der Satzbau komplizierter wird, es häufiger zu sog. Satzbrüchen kommt und der Vortragende leichter den Faden verliert. Achten Sie deshalb gezielt auf Ihre Hände.

Tipps zur Gestik

- Blockieren Sie Ihre Gestik nicht, etwa durch Gegenstände in Ihren Händen oder indem Sie die Arme verschränken.
- Setzen Sie Ihre Gestik gezielt ein.
- Ihre Arme und Hände sollten sich in der Regel vor dem Körper oberhalb der Hüfte befinden. Dies drückt kompetente Gelassenheit aus und bietet die ideale Ausgangsposition für eine lebendige Gestik.
- Vermeiden Sie das Herumspielen mit einem Stift, Presenter oder Ähnlichem.
- Die Hände haben in den Hosentaschen nichts verloren!
- Gesten sollen Ihre gesprochene Botschaft unterstützen. Bedenken Sie dabei aber: Wie es ein Zuwenig an Gestik gibt, so gibt es auch ein Zuviel. Fuchteln Sie nicht mit Ihren Händen herum.

5. Mimik

Der Gesichtsausdruck spiegelt persönliche Eigenschaften wider, zeigt Emotionen und die innere Haltung des Einzelnen. Bewusste Beobachtung der Mimik lässt die Teilnehmer Zustimmung oder Ablehnung sowie Unsicherheit schnell erkennen. Für Sie als Trainer bedeutet das:

Tipps zur Mimik

- Rufen Sie sich zwischendurch immer mal wieder Ihren Gesichtsausdruck ins Bewusstsein.
- Setzen Sie Ihre Mimik der jeweiligen Situation angemessen ein.
- Haben Sie auch die Mimik Ihrer Teilnehmer immer im Blick (Unverständnis, Fragen etc.).
- Schenken Sie Ihren Teilnehmern immer ein freundliches Gesicht – und regelmäßig ein Lächeln!

6. Blickkontakt

Blickkontakt fällt vor allem da auf, wo er nicht vorhanden ist. Mit zunehmender Verunsicherung, aber auch Konzentration auf ein Thema nimmt der Blickkontakt zum Publikum meist ab. Achten Sie deshalb bewusst auf diesen Aspekt!

Tipps zum Blickkontakt

- Der Blickkontakt stellt das wirkungsvollste Werkzeug dar, um zu „Ihren" Teilnehmern eine Beziehung aufzubauen.
- Suchen Sie Blickkontakt zu allen (!) Teilnehmern und lächeln Sie regelmäßig. Ihr Lächeln signalisiert, dass Sie entspannt, humorvoll und kompetent sind und Ihnen das Training Spaß macht.
- Achten Sie auf die Reaktionen Ihrer Teilnehmer. Wenn Sie zwölf Augenpaare fragend anstarren, sollten Sie sich überlegen bzw. direkt in die Runde fragen, was unklar geblieben ist.

7. Sprache

Im Privatleben reden wir meist locker und unverkrampft. Doch sobald wir vor Zuhörern agieren, ist die Lockerheit oft dahin, der Vortragende wirkt distanziert und unpersönlich. Im Wortschatz häufen sich die „Ääähs" und „Ähms".

Tipps zur Sprache

- Sprechen Sie möglichst natürlich und sprechen Sie Ihre Zuhörer zwischendurch direkt an.
- Versuchen Sie etwas von Ihrer Lockerheit mit in das Training zu bringen. Nutzen Sie zwischendurch immer wieder mal den Plauderton.

- Machen Sie gezielt Pausen zwischen zwei Gedankengängen. Dies erleichtert den Teilnehmern die Informationsaufnahme.
- Nutzen Sie die aktive Sprache und vermeiden Sie das abstrakte nichtssagende Wörtchen „man".
- Verzichten Sie möglichst auf Konjunktive („würde, könnte etc.").

8. Stimme

Die Stimme ist eines der wichtigsten Werkzeuge eines Trainers. Setzen Sie Ihre Stimme gezielt ein – und gönnen Sie sich als professioneller Redner auch mal ein Stimmtraining, um zu lernen, wie Sie Ihre Stimme ohne Anstrengung optimal zum Einsatz bringen.

Tipps zur Stimme

- Beginnen Sie Ihre Beiträge zunächst immer mit einem kurzen Schweigen, bis die Aufmerksamkeit ganz bei Ihnen ist.
- Haben Sie den Mut zu Pausen. Bedenken Sie, dass Ihnen als Vortragendem Pausen viel länger vorkommen als Ihrem Publikum.
- Betonen Sie durch bewusste Pausen – vor oder nach einer wichtigen Aussage.
- Nutzen Sie den Klang Ihrer Stimme.
- Achten Sie auf die Sprechmelodie: Spricht man in überhöhter Stimmlage – was gerade bei Nervosität passieren kann – gelangt man durch bewusstes Absenken der Stimme am Schluss der Sätze wieder in den individuellen Hauptsprechtonbereich.
- Achten Sie immer auf eine raum- und situationsangemessene Lautstärke.
- Fragen Sie zwischendurch bei Ihren Teilnehmern nach, ob Sie gut zu verstehen sind.

Strategien zur Teilnehmergewinnung 7

Geht es Ihnen auch manchmal so? Irgendwie läuft einem bei einer Seminarvorbereitung immer die Zeit davon. Da gibt es dort noch eine neue Theorie, die man gerne einbauen möchte, eine neue Übung, die den Praxisbezug noch verstärken soll, irgendwo hatte man doch auch eine neue Trainingsmethode beiseitegelegt, die man unbedingt ausprobieren wollte ... Ideen gibt es genug, doch manchmal gerät einem bei der Fokussierung auf die Inhalte etwas ganz Wesentliches aus den Augen: Als Trainer sprechen wir nicht nur über ein Thema, wir sprechen zuallererst zu Menschen! Machen Sie sich das immer wieder bewusst und beschränken Sie Ihren Fokus nicht nur auf inhaltliche Aspekte. Während des Trainings gilt es zunächst einmal die Teilnehmer von sich zu überzeugen und für sich zu gewinnen!

1. Gewinnen Sie Ihre Teilnehmer für sich

Dies gelingt Ihnen, wenn Sie ...

- alle Teilnehmer von Anfang an freundlich-wertschätzend behandeln.
- Körper und Gesicht den Teilnehmern zuwenden.
- regelmäßig Blickkontakt zu allen Teilnehmern suchen. Achten Sie darauf, keinen zu übersehen.
- den Standort regelmäßig wechseln.
- angemessen laut sprechen; Lautstärke sowie Sprechtempo variieren.
- ausdrucksstarke Gestik und Mimik nutzen.
- die Teilnehmer direkt ansprechen und rhetorische Fragen an die Teilnehmer richten („Sie sehen hier ...", „Sie fragen sich sicher ...").
- Beispiele aus dem Zuhörerkontext bringen und immer den persönlichen Bezug der Teilnehmer zum Thema verdeutlichen.
- das Fragenstellen der Teilnehmer fördern („Ich bitte Sie, mir Fragen jederzeit zu stellen.", „Haben Sie dazu noch Fragen?").
- Anekdoten zur Veranschaulichung nutzen und zwischendurch auch Bilder und Cartoons einbauen.
- mit den Teilnehmern lachen, gerne auch mal über sich!
- gelassen bleiben. Sie müssen nicht perfekt sein, auch nicht während eines Trainings. Kleine Fehler machen sympathisch!
- mit Herz und Kopf bei der Sache sind. Zeigen Sie Engagement und stehen Sie hinter Ihren Seminarinhalten!

2. Fördern Sie die Motivation und Aktivität Ihrer Teilnehmer

Dies gelingt Ihnen, wenn Sie

- das Interesse aller Teilnehmer am Seminarinhalt wecken.
- Ihre Begeisterung für das Thema auf Ihre Teilnehmer übertragen. Weisen Sie die Teilnehmer immer wieder auf die Aspekte hin, die Sie selber faszinierend an dem Thema finden.
- einen möglichst hohen Praxisbezug herstellen, möglichst gleich zu Seminarbeginn.
- das Seminar interessant und abwechslungsreich gestalten (Methoden- und Medienmix).
- in der Vorbereitung ausreichend Pausen und Aktivierungselemente mit einplanen, damit die Konzentrationsfähigkeit der Teilnehmer im Laufe des Seminars immer wieder aufgefrischt wird.

Umgang mit herausfordernden Teilnehmern 8

Für den Umgang mit herausfordernden Teilnehmern und vermeintlich schwierigen Situationen in Seminaren gibt es leider kein Patentrezept. Insofern können die folgenden Tipps nur als Anregungen dienen. Machen Sie sich aber bewusst: Im Prinzip gibt es keine wirklich „schwierigen" Situationen. Es gibt nur Situationen, die Sie unvorbereitet treffen. Stellen Sie sich deshalb am besten schon mal vorab vor, welche für Sie unangenehmen Situationen eintreffen könnten und wie Sie darauf reagieren wollen.

1. Persönliche Angriffe gegen mich

- Überlegen Sie zunächst, ob es tatsächlich ein Angriff gegen Sie ist – oder Sie nicht Opfer Ihrer Dünnhäutigkeit, Nervosität und übertriebenen Interpretation werden.
- Überhören Sie kleine Provokationen einfach. Wenn es oft auch gilt, Anfängen zu wehren, so sollten Sie nicht bei jeder kleinen Bemerkung sofort die Auseinandersetzung suchen. Sie bestimmen selbst, inwieweit Sie sich provozieren lassen!
- Atmen Sie tief (aber unauffällig!) durch und wechseln Sie ganz bewusst Ihren Standort, bevor Sie auf den Einwand reagieren.
- Geben Sie sich Zeit, um die Situation richtig einzuschätzen. Hilfreich ist beispielsweise die Formulierung: „Sie sind also der Meinung, dass ..."
- Erfragen Sie das Ziel des Angreifers: „Was beabsichtigen Sie mit dieser Äußerung?"
- Lassen Sie sich nicht aus dem Konzept bringen. Stellen Sie in Ruhe den Sachverhalt klar.

2. Angriffe gegen die Inhalte („Killerphrasen")

Unter Killerphrasen versteht man Äußerungen und Redewendungen, die ein weiteres Gespräch erschweren oder abbrechen. Killerphrasen orientieren sich nicht an der Sache, sondern an Scheinargumenten und meist pauschalen, abwertenden Angriffen.

Beispiele hierfür sind:

- Theoretisch mag das ja richtig sein, aber praktisch ...
- Das funktioniert eh nicht.

- Das mag grundsätzlich richtig sein, ist bei uns aber nicht durchführbar.
- Das ist doch nur Theorie.
- Das habe ich alles schon probiert.

Auf Killerphrasen sollten Sie als Trainer reagieren, ansonsten kann es schnell passieren, dass Sie mit Ihren Aussagen unglaubwürdig wirken. Achten Sie dabei aber immer darauf, dass Sie auf der Sachebene kommunizieren und nicht die Beziehungsebene ins Spiel bringen.

Tipps zum Umgang mit Killerphrasen
- Hinterfragen Sie den Einwand und lassen Sie den anderen erst mal konkretisieren und reden: „Was genau wollen Sie damit aussagen?" Oft stecken hinter solchen Äußerungen Geltungssucht und Ähnliches.
- Führen Sie Killerphrasen auf die sachliche Ebene zurück. „Hierzu möchte ich klarstellen ...", „Lassen Sie uns die genauen Gründe noch einmal ansehen."
- Thematisieren Sie, dass die Äußerung nicht zur Lösungsfindung beiträgt. „Das ist eine recht pauschale Feststellung. Inwiefern bringt uns Ihre Aussage weiter?"
- Bitten Sie um Konstruktivität: „Und was ist Ihr konkreter Vorschlag?"
- Binden Sie die Gruppe ein: „Hierzu interessiert mich sehr die Meinung der anderen."
- Nutzen Sie die „Ja, aber"-Technik: „Sie sprechen da einen interessanten Aspekt an, aber mir ist der Bezug zu unserem Thema unklar."

3. Störung durch Besserwisser

Besserwisser tauchen in Seminaren immer mal wieder auf. Solche Teilnehmer können eine Gruppe dominieren, deshalb sind sie möglichst frühzeitig zu erkennen und gefühlvoll „auszuschalten". Am besten gelingt Ihnen das, wenn Sie die entsprechende Person wertschätzen: „Vielen Dank Herr X, dass Sie uns auf diesen wichtigen Punkt hinweisen, der sicherlich zu bedenken ist ...!" Bitten Sie aber auch mit Hinweis auf das Seminarthema um Zurückhaltung bzw. weisen Sie bei größerer Störung auf die Spielregeln hin: „Wir hatten vereinbart, ..." Falls dies nicht hilft, so versuchen Sie die Situation bei einem Vier-Augen-Gespräch in der Pause mit einem deutlichen Hinweis auf das Verhalten zu klären.

4. Störung durch unruhige Teilnehmer

Wenn Sie sich durch einzelne oder mehrere Teilnehmer gestört fühlen, so nutzen Sie am besten die aufeinander aufbauenden Stufen des Reagierens und Deeskalierens:

1. Schauen Sie die Person während Ihrer Ausführungen länger an, aber reden Sie normal weiter.
2. Schauen Sie die Person während Ihrer Ausführungen länger an, unterbrechen Sie Ihre Ausführungen kurz.
3. Fragen Sie nach, ob Unklarheit mit dem Sachinhalt Ihrer Präsentation besteht oder ob die Person Fragen hat.
4. Teilen Sie Ihre eigene Befindlichkeit mit, z.B.: „Durch den Geräuschpegel fühle ich mich gestört, sodass ich mich nur schlecht konzentrieren kann. Bitte etwas leiser."
5. Fordern Sie die Person direkt auf, das Reden einzustellen.

Generell gilt: Bleiben Sie „cool". Halten Sie Distanz zu vermeintlichen Störern, zur Situation und zu der eigenen Rolle. Betrachten Sie die Situation aus der Außenperspektive und versetzen Sie sich auch immer mal wieder in die Rolle der Teilnehmer. Nehmen Sie nichts persönlich! Geben Sie sich Zeit, lassen Sie sich nicht unter Druck setzen. Profis meistern vermeintlich kritische Seminarsituationen mit Humor!

9 Tipps gegen Lampenfieber und Blackout

Lampenfieber bei Trainern – wie, das gibt es doch gar nicht? So mag der ein oder andere Außenstehende denken. Wir Trainer wissen hingegen, dass Nervosität vor Seminarbeginn nichts Ungewöhnliches ist. Bei einigen tritt das Lampenfieber stärker hervor, bei anderen nur leicht. Und auch sehr erfahrene Trainer geraten immer mal wieder in Situationen, in denen sie auf einmal eine gewisse Nervosität wahrnehmen. Das ist auch gut so, denn Lampenfieber gehört einfach dazu! Schließlich nimmt man als Trainer eine gewisse exponierte Rolle ein: Wir stehen auf der Seminarbühne und die Teilnehmer erwarten von uns einen souveränen Auftritt.

Die Medizin erklärt das Phänomen des Lampenfiebers mit einem erhöhten Adrenalinausstoß, ausgelöst durch den Hypothalamus im menschlichen Gehirn. Es ist ein Teil unseres biologischen Schutzmechanismus, der die Aufmerksamkeit erhöht und zugleich vor Überlastung schützt. Wie stark sich diese Reaktion bei einem Menschen ausdrückt, ist von Mensch zu Mensch unterschiedlich und von der Persönlichkeit sowie vorhandenen Erfahrungen abhängig. Unter Umständen werden die Knie weich, man schwitzt, errötet, spürt den Puls, die Stimme zittert und das Denken blockiert.

Lampenfieber wirkt sich aber nicht nur negativ aus! Wenn uns das Lampenfieber packt und uns das Adrenalin puscht, können wir Höchstleistungen vollbringen. Eine gewisse Anspannung ist somit durchaus sinnvoll; sie macht den Trainer wacher, steigert das Leistungsvermögen, mobilisiert Kraftreserven, wirkt wie ein Aufputschmittel und transportiert Spannung. Die positive Funktion des Lampenfiebers besteht darin, alle Kräfte zu mobilisieren, den Vortragenden in einen hellwachen und hoch konzentrierten Zustand zu versetzen. Der Kirchenmann Augustinus (354-430) drückt das so aus: „In Dir muss brennen, was Du in anderen entzünden willst."

Zu viel davon kann aber auch blockieren und den Einzelnen lähmen. Ganz loswerden kann man das Lampenfieber nicht, man kann aber darauf achten, die Anspannung nicht zu groß werden zu lassen. Unser Gehirn kann am besten arbeiten, wenn wir weder zu gleichgültig, noch zu angespannt in ein Seminar gehen. Bei zu großer Anspannung funktioniert plötzlich die Informationsübertragung zwischen den einzelnen Nervenzellen nicht mehr und dann kommt der oft zitierte „Blackout".

Gesucht ist also eine gesunde Balance: So viel Lampenfieber wie nötig, so wenig wie möglich!

Tipps gegen das Lampenfieber

- Kennen und vertrauen Sie auf Ihre Stärken. Rufen Sie sich diese vor Seminarbeginn noch mal gezielt ins Bewusstsein.
- Übung macht den Meister! Je häufiger Sie die Rolle als Trainer einnehmen, desto mehr gewöhnen Sie sich an die Situation. Sie werden lernen, mit den Symptomen Ihrer Nervosität umzugehen und immer weniger Lampenfieber zu empfinden.
- Eine gute Vorbereitung ist die halbe Miete, denn Sie gibt Ihnen Sicherheit! Arbeiten Sie mit einem Dramaturgiebogen/Trainerleitfaden, den Sie an einem festen Platz im Seminarraum liegen haben und auf den Sie immer wieder zurückgreifen.
- Planen Sie während des Seminars immer nur von Pause zu Pause.
- Bewegung vorab senkt den erhöhten Adrenalinspiegel. Die vom Körper produzierten Endorphine wirken als Stimmungsaufheller. Ob Sport am Vorabend oder ein kurzer Spaziergang vor dem Seminar: Bewegung entspannt und macht locker!
- Sorgen Sie dafür, dass Sie sich im Seminarraum wohlfühlen! Ziehen Sie z.B. Kleidung an, in der Sie sich sicher und gut fühlen.
- Bringen Sie sich in eine positive Stimmung! Erinnern Sie sich kurz vor Seminarbeginn an eine Situation, in der Sie erfolgreich waren und rufen Sie sich diese ins Gedächtnis.
- Relativieren Sie die Bedeutung der Situation! Es gibt (zum Glück) nur selten Alles-oder-nichts-Situationen im Leben. Machen Sie sich bewusst, dass die Welt nicht untergeht, wenn Sie einen kleinen Hänger haben. Fehler machen sympathisch!
- Stehen Sie während des Seminars immer wieder fest auf beiden Beinen, um sich eine sichere Basis zu schaffen.
- Suchen Sie Blickkontakt und lächeln Sie Ihre Teilnehmer immer wieder an.
- Praxistipp: Machen Sie sich immer bewusst, dass das Lampenfieber nicht in der Situation an sich begründet ist, sondern allein aus den Gedanken resultiert, die Sie in die Situation hineininterpretieren. Deshalb: Keine Katastrophenfantasien, sondern eine positive Einstellung!

Und falls es doch mal passiert ...

Tipps bei einem Blackout

- Nutzen Sie die Zeit für eine Wiederholung bzw. Zusammenfassung des Bisherigen. Dabei können Sie sich z.B. an der Transparenz-Pinnwand orientieren.
- Bei einem schlimmen Filmriss hilft gelegentlich auch ganz einfach eine Denkpause. Suchen Sie dann nicht nach erklärenden Worten, sondern schweigen Sie einfach eine kurze Zeit und blicken Sie nachdenklich ins Publikum. Die Teilnehmer werden die Pause als gewollt ansehen. Machen Sie dann einfach weiter, wo es sich für Sie ergibt oder schauen Sie in Ruhe in Ihren Trainerleitfaden. Für die Teilnehmer ist es in der Regel angenehm, wenn Sie eine kurze „Ohrenpause" haben.
- Machen Sie sich bewusst: Ihre Teilnehmer wissen nicht, was Sie als Trainer genau geplant haben. Insofern fällt ihnen auch nichts auf, falls Sie etwas vergessen oder in eine andere Reihenfolge bringen.
- Nutzen Sie Medien wie Flipcharts und Pinnwände als Erinnerungsraster. Gerade bei neuen Seminarthemen geben vorab vorbereitete Medien viel Sicherheit.
- Trainer mit einem gesunden Selbstbewusstsein scheuen sich nicht, auch einmal ihre Teilnehmer zu fragen: „Wo waren wir gerade stehen geblieben?"
- Nehmen Sie es mit Humor. Der berühmte Komiker Heinz Erhardt löste sein Problem mit dem Blackout einmal so: Er schaute suchend in die Höhe, dann zur Seite, dann strahlend zu Boden und hob etwas Imaginäres mit der Bemerkung auf: „Ach da ist er ja, der rote Faden, den ich gerade verloren hatte."
- Stellen Sie eine Frage an die Seminargruppe. Dies gibt Ihnen Zeit und in der Regel fällt Ihnen dann auch automatisch wieder ein, was Sie ursprünglich geplant hatten.
- Eine der wirkungsvollsten, wenn auch nicht beliebig oft einsetzbaren Blackout-Bewältigungsstrategien ist ein kurzes „Time-out". Kündigen Sie kurzerhand eine Pause an, etwa mit dem Hinweis: „Ich glaube, wir können alle eine kurze Pause brauchen."

Steuerung gruppendynamischer Prozesse in Seminaren 10

Genau wie jedes Team bestimmte Entwicklungsphasen durchläuft (vgl. hierzu die Teamentwicklungsuhr, Tag 2, Seite 84 ff.), durchläuft auch jede Seminargruppe entsprechende Phasen. Diese Entwicklungsphasen sind notwendig, um die optimale Arbeitsfähigkeit der Gruppe zu gewährleisten. Es ist eine wesentliche Kompetenz jedes Trainers, die auftretenden gruppendynamischen Prozesse zu (er-)kennen, zu verstehen und steuern zu können. Im Folgenden werden die Gruppenphasen mit entsprechenden Interventionsmöglichkeiten dargestellt.

Gruppendynamische Prozesse und Interventionsmöglichkeiten

Phase 1: Orientierung („Forming")

Die Teilnehmer müssen zu Beginn des Seminars erst mal ankommen, „auftauen" und sich orientieren. Die Orientierungsphase ist geprägt von einer gewissen Unsicherheit der Beteiligten. Die Teilnehmer wissen noch nicht, was sie erwartet, wie viel sie von sich preisgeben sollen und ob sie in der Gruppe akzeptiert werden. Der Trainer erkennt diese Phase an einem zurückhaltenden Verhalten der Teilnehmer. Die Teilnehmer gehen höflich miteinander um, greifen Small-Talk-Themen auf und agieren insgesamt eher distanziert und vorsichtig.

Tipps für die „Forming"-Phase

- Begrüßen Sie jeden Teilnehmer bei Eintreten in den Seminarraum mit persönlichen Worten und einem freundlichen Willkommen.
- Geben Sie den Teilnehmern ausreichend Gelegenheit zur Orientierung: Klären Sie die Rahmenbedingungen des Seminars wie Inhalte, Zeiten, Pausen und Unterlagen.
- Geben Sie von Anfang an Raum für Fragen.
- Nehmen Sie sich Zeit für eine ausführliche Kennenlernrunde aller Teilnehmer.
- Ermutigen Sie die Teilnehmer von Anfang an zur Interaktion. Alle Teilnehmer sollten möglichst frühzeitig im Seminar aktiv werden und sich einbringen.

Phase 2: Positionskampf und Rollenfindung („Storming")

In der „Storming"-Phase werden Rollen geklärt. Jeder Teilnehmer muss seinen Platz in der Seminargruppe finden. Dies äußert sich in mehr oder weniger subtilen Machtkämpfen, die gerade auch gegenüber dem Trainer offen zutage treten können. Die Gruppe arbeitet noch relativ langsam und beschäftigt sich beispielsweise ausführlich damit, wie ein bestimmtes Thema bearbeitet oder eine Übung ausgeführt werden soll. In dieser Phase muss sich jeder Teilnehmer positionieren und die Gruppe sich insgesamt ordnen, damit sie als Team zusammenwachsen kann. Die Teilnehmer haben in dieser Phase ein starkes Bedürfnis nach Führung, teilweise kann aber auch Widerstand gegen die Leitung auftreten, indem beispielsweise vereinbarte Rahmenbedingungen (Zuspätkommen, Handynutzung etc.) bewusst nicht eingehalten werden und die ein oder andere provozierende Frage in Richtung des Trainers auftaucht („Sind Sie sich da sicher?"). Einige der Teilnehmer profilieren sich in dieser Phase auffällig nach dem Motto „Ich kenne mich hier am besten aus – mir muss man hier nichts erzählen".

Tipps für die „Storming"-Phase

- Zeigen Sie durch Ihr Auftreten und Ihre Körpersprache klare Präsenz im Raum.
- Nehmen Sie die Leitungsrolle ein, höflich, aber bestimmt.
- Lassen Sie sich nicht provozieren und ergreifen Sie nicht Partei.
- Ziehen Sie bewusst alle Teilnehmer mit ein und heben Sie regelmäßig Gemeinsamkeiten und Verbindendes der Seminargruppe hervor.

Phase 3: Gemeinsame Umgangsregeln und Normen („Norming")

In der „Norming"-Phase haben die Teilnehmer nach den vorangegangenen Konflikten und Positionskämpfen das Bedürfnis nach Nähe und Übereinstimmung. Streitereien hören auf, die Teilnehmer akzeptieren sich nun gegenseitig. In der Seminargruppe stellt sich ein Wir-Gefühl ein. Die Teilnehmer konzentrieren sich verstärkt auf die Sachebene.

Tipps für die „Norming"-Phase

- Sie können sich in Ihrer Leitungsrolle bewusst zurücknehmen: Die Gruppe läuft von alleine; es sind nur noch behutsame Interventionen notwendig.
- Konzentrieren Sie sich als Trainer auf die Inhalte.
- Übertragen Sie zunehmend Verantwortung für das Seminar in die Gruppe.

- Fordern Sie die Teilnehmer mit anspruchsvollen Aufgaben heraus, damit diese nicht in einer Art Gruppenselbstzufriedenheit verharren.

Phase 4: Integration („Performing")

Die „Performing"-Phase tritt in der Regel nur bei Gruppen ein, die über einen längeren Zeitraum hinweg zusammenarbeiten. Bei Teamtrainings kann dies jedoch auch der Fall sein, da die Teilnehmer sehr intensiv miteinander zusammenarbeiten. In dieser Phase sind die besonderen Fähigkeiten und Stärken der Einzelnen bekannt und werden bewusst genutzt. Die Phase ist gekennzeichnet durch wenig Machtprobleme, gute Kommunikation und klare Rollenverteilung. Alles läuft wie „geschmiert", die Gruppe arbeitet sehr effektiv und steuert sich größtenteils selbst.

Tipps für die „Performing"-Phase

- Halten Sie sich zurück, lassen Sie die Gruppe arbeiten.
- Geben Sie regelmäßig neue Impulse (neue Inputs und Methoden), damit die Gruppe Anregungen erhält.
- Machen Sie immer wieder das Ziel bzw. die Seminarziele deutlich.
- Loben und unterstützen Sie.
- Machen Sie die Fortschritte transparent und betonen Sie bewusst die Erfolge der gemeinsamen Arbeit.

Phase 5: Abschluss und Transfer

Anders als bei der Teamentwicklungsuhr ist für jede Seminargruppe das Ende der Zusammenarbeit genau festgelegt. Themen müssen beendet, Ergebnisse gesichert werden. Jeder Teilnehmer sollte sich noch mal bewusst machen, wie er das Gelernte mitnehmen und umsetzen kann. Zudem muss auch der Abschied auf der Beziehungsebene eingeleitet werden.

Tipps für die Abschlussphase

- Gutes Zeitmanagement: Für die Abschlussphase muss ausreichend Zeit vorhanden sein.
- Jeder Teilnehmer sollte die Möglichkeit erhalten, sich abschließend zu äußern.
- Das Seminar mit persönlichen Abschlussworten und einem Dank an die Teilnehmer beenden.

Stichwortverzeichnis